Nuovi Saggi Bollati Boringhieri

44

Beau Lotto

Percezioni

Come il cervello costruisce il mondo

Illustrazioni di Luna Margherita Cardilli e Ljudmilla Socci

Traduzione di Giuliana Olivero

Bollati Boringhieri

Prima edizione ottobre 2017

Titolo originale *Deviate. The Science of Seeing Differently*

Torino, corso Vittorio Emanuele II, 86
Gruppo editoriale Mauri Spagnol
ISBN 978-88-339-2705-3

www.bollatiboringhieri.it

Stampato in Italia dalla Rotolito S.p.A., Seggiano di Pioltello (Mi)

FSC www.fsc.org MISTO Carta | A sostegno della gestione forestale responsabile FSC® C005461

Anno: 2028 2027 2026

Edizione: 10 11 12 13

Indice

Ringraziamenti

Tutto il sapere deriva da una domanda. E una domanda deriva dall'essere in cerca di qualcosa. Dunque all'essenza del vivere c'è il coraggio di muoversi, di gettarsi nelle cose e di farlo nonostante i dubbi (magari evitando di gettarsi da una scogliera...) Per fortuna, nessuno si getta da solo (eccetto l'ultimo rimasto). Personalmente, ho vinto le mie esitazioni grazie al coraggio di altre persone che in maniera diversa mi hanno sostenuto: la mia mamma deviante, mio padre e Janet, le mie quattro sorelle matte, i miei fantastici gremlin Zanna, Misha e Theo, e la mia fondamentale e bellissima (co)esploratrice e creatrice Isabel. Tutte persone straordinariamente variopinte che mi hanno mostrato nuovi modi di vedere, a volte contro la mia volontà (*sorry*), alla fine sempre a mio vantaggio. Tutti loro sono il «*mio perché*», la mia base di sostegno per cercare di vedere in maniera libera, e la mia motivazione ad aiutare altri nel loro tentativo di farlo.

Ringrazio i miei insegnanti (e tutti gli insegnanti in generale). Gran parte della nostra vita avviene senza che nemmeno siamo presenti, dato che molte delle nostre percezioni sono state seminate da altri, e molte le abbiamo ereditate. Di particolare importanza, per me, sono state le percezioni di uno dei più importanti neuroscienziati del mondo, Dale Purves, al quale devo il mio modo di pensare rispetto alla scienza, e soprattutto alla scienza della percezione. È stato un mentore nel vero senso della parola. Dale, insieme a Richard Gregory, Marian Diamond, Joseph Campbell, Houston Smith, Carl Sagan e ai loro discepoli devianti, mi hanno dimostrato, con il loro esempio concreto, che la *vera* scienza (e il pensiero creativamente critico in generale) è un *modo di essere* capace di trasformare. Sono dei maestri che ci indicano come guardare (e non cosa guardare). Ringrazio di cuore insegnanti come la signora Stuber di Interlake, la signora Kinigle-Wiggle e Marshmellow, il signor Groom e Orlando e Cherry Crest. Sono grato anche ai miei più stretti collaboratori (insegnanti di un diverso genere): Isabel Behncke, che ha esteso e consolidato le mie conoscenze accademiche e personali (compresi i diversi tipi di foreste di kelp che ci sono nelle acque del Cile), Rich Clarke, di vitale importanza per le idee e le attività del laboratorio fin dall'inizio, Lars Chittka, che mi ha insegnato ad addestrare le api, Dave Strudwick, il cui aiuto è stato prezioso per il programma scientifico educativo del laboratorio... e tutta la diversità rappresentata dai miei specializzandi e dottorandi di neuroscienze, informatica, design, architettura, teatro, installazione artistica e musica, come David Maulkin, Daniel Hulme, Udi Schlessinger e Ilias Berstrom, che sono diventati esperti in aree in cui io non lo sono, complessificando in questo modo il laboratorio e il mio pensiero.

Ringrazio anche i miei editor, Mauro, Bea e Paul, per l'impegno profuso, il mio brillante agente e amico Doug Abrams (la cui passione per l'editoria mi è stata di grande ispirazione) e il mio straordinario collaboratore alla scrittura, Aaron Shulman, senza il quale né io né tantomeno nessun altro avrebbe mai visto la fine di questo progetto ventennale. Tutti insieme abbiamo lottato per innovare, cioè per trovare un equilibrio fra creatività ed efficienza (o meglio, per essere più precisi, loro hanno pazientemente lottato per trovare un equilibrio in me).

E infine ringrazio *voi*. Una delle massime sfide che si possano affrontare è addentrarsi nell'incertezza. Ho concepito *Percezioni* come un esperimento sotto forma di libro, un luogo nel quale condividere la mia conoscenza, necessariamente limitata, della percezione insieme alle mie ipotesi e alle mie opinioni (ereditate e inseminate), nella speranza – e lo posso davvero solo sperare – che alla fine della lettura sappiate meno di quanto pensavate di sapere all'inizio, e di conseguenza possiate comprendere meglio. In natura la forma (o il cambiamento) deriva dal fallimento, non dal successo. Il cervello – come la vita – non cerca di vivere, ma di non morire. Questo fa sì che il successo sia un accidente del caso tra ciò che il fallimento si lascia dietro, quando uno è consapevolmente delirante quanto basta da camminare fuori rotta, per tutto il tempo che occorre.

Percezioni

Per percepire liberamente...
Attraverso la tempesta...
Senza lasciar spazio alla violenza...
Dubitando con coraggio...
Un sé rovesciato...

Dedicato a coloro che avanzano fuori rotta.

L'unico vero viaggio ... consisterebbe ... nell'avere altri occhi, nel vedere l'universo con gli occhi di un altro.

Marcel Proust

Introduzione

Il Lab of Misfits: percezioni in libertà

Quando apriamo gli occhi, vediamo il mondo com'è realmente? Vediamo la realtà?

È una domanda che gli esseri umani si pongono da migliaia di anni. Dalle ombre sulle pareti della caverna descritta da Platone nella *Repubblica*, a Morpheus quando offre a Neo la pillola rossa o la pillola azzurra in *Matrix*, l'idea che ciò che vediamo potrebbe non corrispondere a ciò che è realmente presente ci infastidisce e ci sconcerta da sempre. Nel Settecento, il filosofo Immanuel Kant sostenne che non possiamo mai avere accesso al *Ding an sich*, la cosa in sé priva di filtri, la realtà oggettiva. Le grandi menti della storia hanno affrontato infinite volte questo interrogativo che solleva tante perplessità. Tutti hanno formulato teorie, ma oggi le neuroscienze hanno una risposta.

La risposta è che non vediamo la realtà.

Il mondo possiede una sua oggettività, solo che noi non la vediamo. La nostra esperienza del mondo non coincide con ciò che quest'ultimo è realmente *perché il nostro cervello non si è evoluto per fare questo*. È una sorta di paradosso: il cervello ci dà l'impressione che le nostre percezioni siano oggettivamente reali, eppure i processi sensoriali che consentono la percezione ci impediscono un accesso diretto a quella realtà. I nostri cinque sensi sono come la tastiera di un computer: sono il mezzo tramite cui le informazioni provenienti dal mondo esterno entrano in noi, però hanno molto poco a che fare con ciò che poi viene esperito come percezione. Sono in sostanza soltanto dei mezzi meccanici, e dunque giocano un ruolo limitato in quello che percepiamo. Di fatto, in termini di pura e semplice quantità di connessioni neurali, solamente il dieci per cento delle informazioni che il nostro cervello utilizza per vedere deriva dagli occhi, il resto proviene da altre regioni del cervello, ed è proprio quell'altro novanta per cento ciò di cui tratta principalmente questo libro. La percezione non deriva affatto in maniera esclusiva dai nostri cinque sensi, bensì dalla rete di comunicazione infinitamente sofisticata del cervello, che conferisce senso all'insieme delle informazioni che vi entrano. Avvalendoci della neuroscienza della percezione – ma non *soltanto* di questo – vedremo innanzitutto perché non percepiamo la realtà, e poi perché questo può condurci alla creatività e all'innovazione nel lavoro, in amore, in famiglia o nel gioco. Ho inteso il libro affinché *sia* esattamente ciò che descrive: una manifestazione del processo di vedere in modo diverso.

Prima di tutto, però, perché tutto questo dovrebbe interessare a qualcuno di voi? Perché mai dovreste voler deviare dalla comune maniera di percepire? In fin dei conti, *ci sembra* di vedere la realtà con precisione, almeno quasi sempre. Chiaramente il modello percettivo del nostro cervello è stato molto utile alla nostra specie, consentendoci di governare con successo il mondo e le sue sempre mutevoli complessità, dai giorni lontani che ci videro cacciatori-raccoglitori nelle savane fino alle nostre vite di oggi, alle prese con smartphone e bollette da pagare. Siamo da sempre in grado di procurarci cibo e rifugio, di trovarci un lavoro e di costruirci relazioni dense di significato. Abbiamo edificato città, lanciato astronauti nello spazio e inventato Internet. Qualcosa di giusto lo sappiamo ben fare, quindi... chi se ne importa se non vediamo la realtà?

Chi se ne importa se non vediamo la realtà?

La percezione è importante perché è alla base di tutto quello che pensiamo, conosciamo e crediamo: le nostre speranze e i nostri sogni, gli abiti che indossiamo, le professioni che scegliamo, i ragionamenti che compiamo, le persone di cui ci fidiamo... e di cui non ci fidiamo. La percezione è il sapore di una mela, il profumo dell'oceano, l'incanto della primavera, il rumore echeggiante delle metropoli, il sentimento dell'amore, e anche le conversazioni sull'impossibilità dell'amore. Il nostro senso del sé, lo strumento essenziale per comprendere l'esistenza, inizia e finisce con la percezione. La morte che tutti temiamo non riguarda tanto il corpo quanto la percezione, non a caso molti di noi sarebbero felici di sapere che, dopo la «morte corporale», la nostra capacità di percepire il mondo circostante potesse ancora continuare. Questo perché la percezione è ciò che ci permette di esperire l'esistenza, di sentirci vivi a tutti gli effetti. Eppure quasi nessuno sa come la percezione funzioni o perché, né come o perché il nostro cervello si sia evoluto per percepire nella maniera in cui lo fa. Ma le implicazioni del modo in cui il cervello umano ha evoluto la percezione sono al tempo stesso radicate nel tempo *e* profondamente personali.

Il nostro cervello è l'incarnazione fisica degli automatismi percettivi dei nostri antenati, così come si sono plasmati attraverso il processo della *selezione naturale*, combinati ai nostri stessi automatismi e a quelli della cultura in cui siamo immersi. A loro volta, questi ultimi due sono influenzati dai meccanismi dello sviluppo individuale e dell'apprendimento, un processo che ha avuto come esito quello di farci vedere soltanto ciò che in passato ci è servito per sopravvivere – e nient'altro. Ci portiamo dietro tutta questa storia *empirica* e la proiettiamo nel mondo che ci circonda. Tutte le scelte positive ai fini della sopravvivenza compiute dai nostri avi esistono ancora dentro di noi, unitamente alle nostre (i meccanismi e le strategie che avrebbero portato a percezioni negative sono stati scartati, un processo che prosegue anche attualmente, giorno per giorno).

Ma se il cervello è una manifestazione della nostra storia, com'è possibile distaccarsi dal passato così da poter vivere e creare in maniera differente nel futuro? Per fortuna le neuroscienze della percezione – e in realtà l'evoluzione stessa – ci offrono una soluzione. La risposta è fondamentale, perché ci porterà a future innovazioni nel pensiero e nel comportamento in tutti gli aspetti dell'esistenza, dall'amore all'apprendimento. Qual è la prossima grande innovazione?

Non è una tecnologia.
È un modo di vedere.

Gli esseri umani mpdlkkt thas fbr dotig ke ednxoa oe ds
possegono per natura yudrtfgyu jokmplifefbsv98 igharog
il dono prodigioso di essere uir albwireuty owuegoiw sydpo
in grado di vedere la propria vita v aufdagv ieudagfx oqpie
e di condizionarla semplicemente swii ikglisdykghw lisdw
riflettendo sul processo stesso della percezione. gsdf voila

Possiamo vedere noi stessi nell'atto di vedere. È questo l'obiettivo fondamentale del libro: che alla fine voi possiate vedere il vostro vedere e percepire il vostro percepire, che è presumibilmente il passo principale per vedere in maniera differente. Diventando consapevoli dei principi in base ai quali opera il vostro cervello percettivo, potrete diventare partecipanti attivi delle vostre stesse percezioni e quindi essere in grado di modificarle in futuro.

Giù nella buca del coniglio

Alice insegue un coniglio bianco scivolando all'interno di una buca che sfocia in un mondo in cui accadono cose fantastiche. La bambina protagonista cresce di dimensioni, per il Cappellaio Matto il tempo è perennemente fermo alle sei del pomeriggio; il sorriso dello Stregatto rimane sospeso nell'aria anche quando il gatto è svanito. Alice deve districarsi in questo bizzarro nuovo ambiente mantenendo al tempo stesso il proprio senso del sé, un compito non facile per nessuno, figuriamoci per un bambino. Il romanzo *Alice nel Paese delle meraviglie* esalta la capacità di adattarsi quando ci si ritrova ad affrontare circostanze variabili e inaspettate. Dal punto di vista delle neuroscienze, però, costituisce una lezione molto più pregnante: tutti noi siamo Alice, in ogni momento della nostra vita (ogni singolo giorno il nostro cervello deve elaborare nuove strane informazioni derivanti da esperienze imprevedibili, e fornirci risposte utili), tranne per il fatto che non abbiamo avuto bisogno di cadere nella buca del coniglio – perché ci siamo già profondamente dentro.

Il mio obiettivo, con questo libro, è rivelarvi il paese delle meraviglie della vostra percezione, così come i miei più di venticinque anni di ricerca lo hanno rivelato a me. Non occorre che siate «persone di scienza», come si suol dire. Benché io sia un neuroscienziato, non sono interessato unicamente al cervello, perché le neuroscienze vanno ben oltre: quando vengono applicate al di fuori delle discipline che vi sono tradizionalmente associate (quali la chimica, la fisiologia, la medicina), le possibilità sono non soltanto smisurate, ma fantasticamente imprevedibili. Considerate in un'accezione più ampia, le neuroscienze hanno la potenzialità di influenzare qualsiasi cosa, dal software all'arte, dalla progettazione web alla moda, dall'istruzione alla comunicazione e, forse più importante di tutto, la nostra vita personale. Ciascuno di noi è l'unico che vede ciò che vede, quindi la percezione è in ultima istanza qualcosa di personale. La conoscenza e la comprensione del cervello (e della sua relazione con il mondo che ci circonda) può condizionare *ogni cosa*, e portare a sorprendenti deviazioni da quella che si presume essere una rotta prestabilita.

Una volta che si comincia a guardare alle neuroscienze della percezione in questo modo, come io ho iniziato a fare molti anni fa, diventa difficile rimanere chiusi in laboratorio, quanto meno nella sua concezione più convenzionale, per certi versi monotona. Motivo per cui, una decina di anni fa, ho iniziato a ridirigere le mie energie verso l'ideazione di esperienze in grado di modificare il cervello, basate sulla scienza ma fruibili dal grande pubblico: esperimento come esperienza, persino come teatro. Il tema di una delle mie prime installazioni in un importante museo era appunto *Alice in Wonderland*. Questa mostra, un po' come l'eccentrico romanzo di Lewis Carroll, dove tutto è «all'incontrario», conduceva i visitatori attraverso illusioni mirate a sfidare e arricchire la loro idea della percezione umana. A quella mia prima esperienza – prodotta insieme a Richard Gregory, un geniale studioso della percezione che ha posto le fondamenta di gran parte di ciò che si conosce oggi sul cervello percettivo – ne sono seguite molte altre, tutte basate sulla convinzione che, se vogliamo creare degli spazi che aiutino la comprensione, dobbiamo considerare non solo come vediamo, ma anche perché vediamo quello che vediamo. Per rispondere a questa finalità, ho fondato il Lab of Misfits (letteralmente, «Laboratorio di ciò che è disadattato»), uno spazio pubblico aperto a tutti dove io avrei potuto portare la scienza «nel suo habitat naturale», un ambiente pensato per essere divertente, lasciare libero sfogo alla creatività e andare contro le regole. Ed è ciò che è avvenuto da quando ci siamo stabiliti presso lo Science Museum di Londra.

Il mio Lab of Misfits mi ha permesso di mettere insieme primatologi, ballerini, coreografi, musicisti, compositori, bambini, insegnanti, matematici, informatici, investitori, studiosi del comportamento, e ovviamente neuroscienziati, in un luogo dove concetti e principi si confrontano, dove l'innovazione riveste grande importanza, dove con passione indaghiamo sui temi che ci stanno a cuore. Abbiamo organizzato innumerevoli iniziative, e pubblicato articoli sugli argomenti più disparati: computazione non lineare e danza, comportamento delle api e architettura, musica visuale, evoluzione dello sviluppo vegetale. Abbiamo creato Immersive Messaging, la prima app al mondo che consente di percepire lo spazio fisico attraverso la realtà aumentata, procurando esperienze sensoriali arricchite. Abbiamo inaugurato un nuovo modo di interagire con il pubblico chiamato NeuroDesign, che unisce persone brillanti nel raccontare storie e persone che sanno quali sono le storie che il cervello desidera ascoltare. Abbiamo messo a punto una piattaforma educativa che, muovendo dall'intento di stimolare coraggio, condivisione e creatività, non insegna la scienza bensì fa diventare scienziati gli studenti, tanto che ne è poi emerso il più giovane scienziato mai pubblicato al mondo (e il più giovane a tenere una conferenza TED). Molte delle idee presenti in questo libro sono state create, prototipizzate e sperimentate nello spazio fisico e concettuale del Lab of Misfits. Ciò significa che anche il libro stesso è un prodotto di tutti questi «disadattamenti», delle interazioni fra di essi e, cosa ancora più importante, delle nostre interazioni con i «disadattamenti» del passato e del presente riscontrabili al di fuori del laboratorio.

Questo mi porta a un tema centrale delle pagine che seguono, il fatto cioè che la percezione non è un'operazione che ha luogo nell'isolamento del nostro cervello, bensì fa parte di un processo incessante all'interno di un'*ecologia*, termine con il quale intendo la relazione di ogni cosa con le cose che la circondano, e le loro reciproche influenze. Per capire come agisce un vortice non occorre tanto sapere come siano fatte le molecole dell'acqua, quanto invece conoscere le interazioni fra queste molecole. E comprendere la condizione dell'essere umani implica comprendere le interazioni fra il nostro corpo e il nostro cervello e fra altri corpi e cervelli, come pure tutte le loro interazioni con il mondo nel suo insieme. Per questa ragione ritengo che la vita sia un'ecologia, non un semplice ambiente. La vita – e ciò che percepiamo – sta in quello che io chiamo «spazio di mezzo». Il mio laboratorio e tutta la mia ricerca sulla percezione vertono su questa interconnettività insita in ogni cosa, sulla quale la biologia, e la vita stessa, si basano.

Ora ho ricominciato tutto da capo e ho trasformato il mio laboratorio in un libro, un libro piacevolmente «disadattato», mi auguro, costellato di deviazioni. Questo genera una sensazione di pericolo, non solo per me ma anche per voi, dato che insieme dobbiamo mettere in dubbio assunti fondamentali, come ad esempio se ciò che vediamo sia o meno realtà. Addentrarsi in una simile incertezza non è facile né semplice. D'altro canto il cervello è terrorizzato dall'incertezza, e per buone ragioni. Modificare un riflesso automatico maturato nel tempo avrà conseguenze ignote. Il non sapere è una pessima idea da un punto di vista evoluzionistico. Se i nostri antenati si fossero fermati a riflettere perché non erano sicuri se la sagoma scura di fronte a loro fosse un'ombra o un predatore, be', poi sarebbe stato troppo tardi. Abbiamo evoluto la capacità di prevedere. Perché tutti i film dell'orrore hanno scene girate al buio? Pensate alle sensazioni che si provano camminando di notte in un bosco, anche se vi è familiare, rispetto al farlo di giorno. Di notte non possiamo vedere quel che ci sta intorno. Siamo immersi nell'incertezza. È qualcosa che fa paura, un po' come le «prime volte» che la vita ci offre: il primo giorno di scuola, il primo appuntamento, il primo discorso in pubblico. Non sappiamo quel che sta per succedere, e perciò queste situazioni inducono nel nostro corpo e nella nostra mente delle specifiche reazioni.

L'incertezza è il *problema per la cui soluzione il nostro cervello si è evoluto.*

L'incertezza è *il* problema per la cui soluzione il nostro cervello si è evoluto.

Risolvere l'incertezza è un principio unificante che permea tutta la biologia, ed è il compito insito nell'evoluzione, nello sviluppo di ogni individuo e nell'apprendimento. È una cosa molto positiva. Come l'esperienza vi avrà insegnato, la vita è intrinsecamente incerta perché il mondo e tutti i suoi costituenti sono in perenne cambiamento. E la questione dell'incertezza è divenuta un risvolto sempre più pressante in ogni aspetto della nostra esistenza. Questo perché, via via che ci interconnettiamo sempre di più con le nostre istituzioni, diventiamo più interdipendenti. Con un numero sempre maggiore di persone connesse le une con le altre, gli effetti della metaforica farfalla che batte le ali all'altro capo del mondo si fanno sentire dovunque più rapidamente e più intensamente, con un incremento nel ritmo del cambiamento (fenomeno che costituisce l'essenza di un sistema complesso, non lineare). Un mondo sempre più interconnesso è di per sé anche sempre più imprevedibile. Questo pone grandi sfide alla vita di oggi, in tutti i suoi aspetti, personali e professionali. Molte delle professioni attualmente più ambite, come esperto di social media o web designer, vent'anni fa nemmeno esistevano. Ma un'azienda di successo, una relazione appagante, un ambiente privo di pericoli, sono tutte cose che oggi ci sono e domani potrebbero non esserci più. In un mondo connesso, attraversato da innumerevoli flussi, non si è mai davvero «immuni». Ci saranno sempre degli eventi che ci colgono impreparati, che non avevamo previsto, da un temporale non annunciato dal meteo che rovina il barbecue di un sabato sera, ai londinesi che da un giorno all'altro si ritrovano fuori dall'Unione Europea. È per questo motivo che il cervello umano si è evoluto allo scopo di trasformare in certezza tutto ciò che è intrinsecamente incerto, ogni istante di ogni giorno. La motivazione biologica di molte delle nostre abitudini e dei nostri automatismi sociali e culturali, compresi quelli religiosi e politici, persino l'odio e il razzismo, è quella di diminuire l'incertezza attraverso l'imposizione di regole e contesti rigidi, nel vano tentativo di disconnettersi da un mondo che vive proprio perché è interconnesso e in costante movimento. Così facendo, questi automatismi ereditari – per una dinamica determinata dall'evoluzione – ci impediscono di vivere un'esistenza più creativa, più appagante, più collaborativa, più coraggiosa. Nell'andare a costruire questo tipo di certezza, perdiamo... libertà.

All'edizione del 2014 del Burning Man, ho vissuto un'esperienza che mi è rimasta impressa, anzi, più d'una, ma mi limiterò a raccontare questa. È stato un esempio eclatante, nella sua semplicità, di come il deviare da una rotta possa radicalmente modificare il cervello di un individuo. Come molti sapranno, il Burning Man è un festival annuale che si svolge per una settimana in agosto nel deserto del Nevada e unisce arte, musica, danza, teatro, architettura, tecnologia, oltre che all'incirca settantamila esseri umani. Si vedono in giro costumi di ogni tipo, e talvolta una loro totale mancanza (anche se magari sostituiti dalla *body paint*). È un circo, grande come una città, dove liberare il proprio estro creativo, dipingi una gigantesca nave pirata che veleggia su ruote, che poi esplode sulla distesa del deserto, e nel giro di sette giorni scompare, senza lasciare la minima traccia, questo per rendere l'idea di cosa sia nella sua essenza il Burning Man.

In una giornata ventosa, a metà della settimana, la mia compagna Isabel e io stavamo girando in bicicletta per la «città». La polvere del deserto sollevata dal vento si depositava su di noi e sui nostri occhiali ricoprendoci di un sottile strato biancastro. Siamo finiti in un accampamento di persone provenienti da una località situata all'estremità meridionale del Midwest, e lì abbiamo conosciuto un tizio che chiamerò Dave. Era la sua prima volta al Burning Man, e sosteneva che si stava rivelando per lui un'esperienza trasformativa. Lì per lì ho alzato gli occhi al cielo, fra me e me, sentendo quelle parole, dato che venire «trasformati» al Burning Man è diventato non solo un cliché, ma praticamente un'aspirazione imposta. Se non ti *trasformi* là, vuol dire che in un modo o nell'altro hai fallito. Ma cos'è la trasformazione? Naturalmente nessuno lo sa, perché ha un significato diverso per ognuno di noi, motivo per cui tanta gente al Burning Man va ansiosamente a caccia di suoi segnali per l'intera settimana, domandando a destra e a sinistra: «Ti senti trasformato?»

Più parlavamo con Dave, però, più mi rendevo conto che lui stava realmente attraversando un profondo cambiamento nella sua percezione del sé e dell'altro. Era un programmatore informatico proveniente da un luogo dove imperano valori religiosi fondamentalisti e una visione molto ristretta di ciò che è socialmente accettabile. Nella sua città, o si impara ad adattarsi o si viene ostracizzati. Dave aveva imparato ad adattarsi – l'abito casual da ufficio che indossava al Burning Man ne era la dimostrazione. Ma tutto questo aveva chiaramente limitato le possibilità della sua vita, la sua curiosità, l'immaginazione. Eppure era lì, al Burning Man! Era la decisione di *essere lì* che contava. Era la sua scelta... la sua intenzione attuata di venirci, e l'atteggiamento indagatore che aveva portato con sé.

Mentre chiacchieravamo nel suo accampamento, ci disse che il fiorellino di plastica verde che portava infilato dietro l'orecchio – forse l'ornamento più sobrio di tutta la storia del Burning Man – aveva provocato in lui una lotta epica. Quel mattino era rimasto seduto per due ore nella sua tenda a domandarsi se dovesse o meno mettersi quel fiore. Questo lo aveva costretto a confrontarsi con una complessa serie di luoghi comuni impressi nella sua mente, in merito alla libera espressione, la mascolinità, la bellezza, il controllo sociale. Alla fine, si era concesso di mettere in dubbio questi assunti con la manifestazione simbolica di un fiore di plastica fra i capelli, ed era uscito dalla tenda. Appariva compiaciuto e inquieto al tempo stesso, e ai miei occhi molto più coraggioso della maggior parte di tutta quella gente che si riuniva laggiù nel deserto del Nevada in cerca di qualche potere straniante.

Come neuroscienziato, sapevo che il suo cervello si era modificato. Idee e azioni in precedenza fuori dalla sua portata sarebbero ora state accessibili, se lui era davvero disposto a mettere in dubbio quei suoi principi fino ad allora dati per scontati, e nel fare questo creare un nuovo, ignoto terreno di investigazione. Come persona, ero commosso.

Questa è la trasformazione: una deviazione verso se stessi. Molto semplice, e molto complicato.

Niente di interessante accade mai senza un dubitare *attivo*. Tuttavia, nella nostra cultura, il dubbio è spesso denigrato in

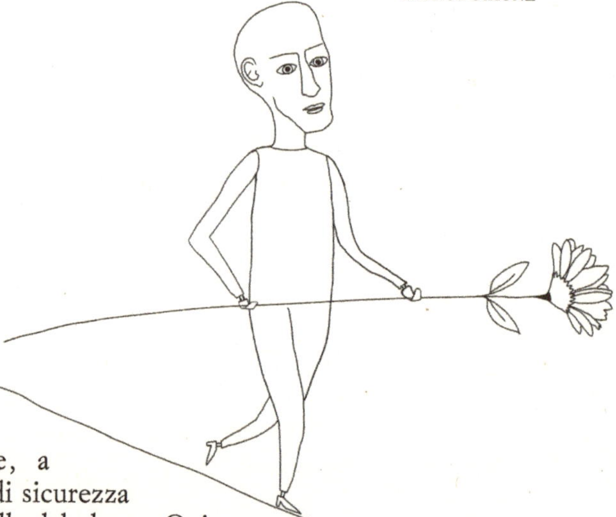

quanto associato all'indecisione, a una mancanza di sicurezza in sé, e quindi alla debolezza. Qui sosterrò esattamente l'opposto. Ovvero che, in molti contesti, dubitare di sé con umiltà, come nel caso di Dave, è probabilmente la cosa più forte che una persona possa fare. Se dubitiamo con coraggio, il nostro cervello ci ricompenserà con le nuove percezioni che questo processo rende possibili. Interrogarci sui nostri assunti, soprattutto quelli che ci definiscono, richiede di accettare il fatto che non vediamo la realtà – ma soltanto la versione della realtà creata dalla nostra mente – e di ammetterlo, e ovviamente richiede anche di accettare la possibilità che qualcun altro possa saperne più di noi. Nel laboratorio sotto forma di pagine rappresentato da questo libro, il non sapere è tenuto nella massima considerazione. Il termine «deviante», nel senso comune, ha ogni sorta di connotazione negativa, eppure deriva dal verbo «deviare», che significa semplicemente non prendere la strada prestabilita. Benché i politici amino sottolineare la bontà dei percorsi che restano invariati, nella nostra cultura teniamo però in altissima considerazione anche persone che hanno osato deviare, da Rosa Parks a Oscar Wilde e William Blake, perché ammiriamo le strade non prefissate che hanno imboccato e siamo loro grati per averlo fatto, spesso con il senno di poi, molto più di rado nel momento presente (è un fatto, ad esempio, che l'opera di Blake, come quella di tanti altri, sia stata compresa nel suo vero valore solo molto tempo dopo la sua morte). Persino la stragrande maggioranza dei film di supereroi hollywoodiani sono basati sulla devianza: avete mai sentito di un eroe che stia nella media?

Il dubbio è la genesi di potenti possibilità devianti. In questo modo, il cervello umano è in grado di liberarsi di assunti costrittivi e di vedere al di là del senso di utilità con cui il passato lo ha allenato a vedere. Come amo dire, *il valore sta nelle domande*.

Siate deliranti

Il viaggio guidato dal dubbio che compirete con questo libro *modificherà fisicamente il vostro cervello*. Non è millanteria, ma una considerazione basata su fatti di vario genere, dagli schemi elettrici dei pensieri ai neuroni delle emozioni. Il semplice atto della lettura può cambiare il cervello, perché venticinque anni di ricerca mi hanno condotto a una conclusione irrefutabile: a rendere meraviglioso il cervello umano è il fatto di essere *delirante*.

Non parlo di insanità mentale. Ciò che intendo si riferisce alle immense capacità immaginative del cervello e al modo con cui interagiscono con il comportamento. Tutti noi siamo in grado di avere allo stesso tempo nella nostra mente delle *realtà che si escludono reciprocamente*, e di «viverle» con l'immaginazione.

La percezione umana è così stratificata e complessa che il nostro cervello risponde costantemente a stimoli che non sono reali sotto alcun aspetto fisico, concreto, ma sono di importanza altrettanto vitale: i nostri pensieri. Siamo meravigliosamente deliranti perché il nostro contesto *interiore* è determinante tanto quanto quello esteriore. È un fatto verificabile a livello neurale: la fMRI (imaging a risonanza magnetica funzionale, una tecnica che traccia l'attività cerebrale attraverso il flusso sanguigno) mostra che uno scenario immaginato attiva determinate regioni del cervello nello stesso modo in cui avviene con scenari equivalenti di vita reale. In altre parole, idee e pensieri e concetti hanno vita propria dentro di noi. Costituiscono anche la nostra storia, e nutrono direttamente il nostro comportamento presente e (cosa forse più importante) futuro. Dunque la nostra percezione è molto più plastica e soggetta a influenze di quanto spesso siamo consapevoli o a nostro agio nell'ammettere. Il mercato azionario tende a salire quando c'è il sole, e a scendere quando non c'è. Le decisioni apparentemente razionali che prendiamo, quindi, sono di fatto guidate da forze percettive «invisibili» di cui non siamo nemmeno coscienti.

Un altro esempio: nel 2014 il Lab of Misfits ha organizzato la sua prima festa/studio, un'iniziativa che chiamiamo The Experiment, e che è pensata per svariate finalità. Una di esse è migliorare la qualità della ricerca scientifica portandola fuori dall'artificiosità di un laboratorio a favore di contesti umani autentici. La situazione che abbiamo predisposto per quella serata era un vero incontro sociale, in cui le persone mangiavano, bevevano e chiacchieravano con estranei in una vecchia cripta, il tutto nell'ambito di un contesto teatrale allargato. Era voluto che i partecipanti vivessero una sorta di ambiguità, senza avere ben chiaro se si trattasse di scienza, di un nightclub, di un teatro e/o cabaret interattivo, ma fu un evento memorabile nel quale essi furono i soggetti di un esperimento-come-esperienza. Lo scopo di The Experiment è quello di scoprire, mettere in discussione e accrescere la consapevolezza di cosa sia la condizione dell'essere umani, attraverso un'«incarnazione empirica». Una delle nostre esperienze mirava specificamente a verificare se le persone si raggruppassero in base al fatto di percepire se stesse come più o meno potenti.

Dopo aver mangiato, quando tutti erano sazi, rilassati e stavano piacevolmente intrattenendosi, abbiamo chiesto di fare un breve esercizio scritto per innescare in loro un certo stato percettivo. A seconda del ricordo che erano stati indotti a richiamare, si sarebbero ritrovati immersi in una condizione di scarso potere, forte potere o di neutralità. In altre parole, il loro ricordo li induceva a percepire inconsciamente se stessi come se avessero un maggiore o minore controllo della situazione. Li abbiamo poi fatti camminare in ampi cerchi concentrici, nello spazio in cui si trovavano, che era una grande cripta sotterranea facente parte a suo tempo di una prigione vittoriana, nella zona orientale di Londra. Quindi abbiamo chiesto loro di dividersi in due gruppi, riunendosi sotto due luci situate ai capi opposti della stanza: in sostanza, abbiamo chiesto loro di andarsi a mettere accanto a quelle persone che «vi sembrano simili a voi». Abbiamo detto soltanto questo.

Ciò che è accaduto ha scioccato gli ospiti tanto quanto noi scienziati osservatori. Senza sapere chi fosse stato condizionato in che modo, *i soggetti si sono organizzati in base al proprio stato di potere con una precisione dei due terzi*. Vale a dire che, in ciascun angolo, ben più della metà delle persone si erano ritrovate con altre persone «come loro». Era un risultato stupefacente per due ragioni: primo, dimostrava con quanta forza i semplici pensieri dei partecipanti in merito a se stessi avessero modificato il loro comportamento; cioè come la loro immaginazione influenzasse le loro risposte percettive. Secondo, in qualche modo i soggetti avevano percepito le percezioni immaginarie innescate negli altri. Si tratta di un esempio eccezionale di come i deliri condizionino non soltanto il nostro comportamento, ma anche l'ecologia nella quale interagiamo. Nei capitoli che seguono, imparerete a far sì che la natura delirante del vostro cervello accresca la vostra percezione.

Intendo creare nel vostro cervello una nuova stratificazione di significati, che sia non meno reale di tutto ciò che ha condizionato finora la vostra percezione – e la vostra vita. Il libro incarna il processo che voglio insegnarvi. L'ho strutturato in modo che leggerlo dalla prima pagina all'ultima *equivalga* a vedere in maniera differente. Vi consentirà di rendervi conto di cosa sia la creatività vista dall'interno. Consideratelo come una soluzione software per la vostra percezione. Quando avrete finito di leggerlo, semplicemente riapplicate il software su quello che sarà il contesto in cui vi troverete. Forse la cosa più incoraggiante è che, per farlo, non avete bisogno di acquisire una nuova serie di conoscenze.

Per far volare un aeroplano, si deve anzitutto avere un addestramento da pilota, cosa che comporta un'enorme quantità di studio specialistico e di pratica. Invece, per deviare verso nuove percezioni, avete già le basi. Non occorre che impariate a vedere e percepire, è già una parte essenziale di ciò che siete, se non *la* parte essenziale. In questo senso, avete già un ragguaglio di prima mano del tema di questo libro. Inoltre, il processo della percezione è lo stesso processo con il quale la percezione si modifica. Questo significa che sarete il pilota di voi stessi (nell'ambito della vostra ecologia, intesa in senso lato). E il mio compito sarà quello di usare la scienza riguardante il cervello per insegnarvi una maniera inedita di volare, e di vedere con occhi nuovi ciò che pensate di avere già visto.

Uno dei modi in cui lo farò consiste nell'applicare la mia conoscenza della percezione alla *vostra esperienza di lettura*. Ad esempio, il cervello è ghiotto di differenze, di contrasti, perché soltanto paragonando le cose è in grado di costruire relazioni, un passaggio cruciale nella creazione di percezioni. Per questa ragione troverete elementi grafici devianti, come corpi diversi dei caratteri tipografici e talvolta immagini enigmatiche. Troverete anche esercizi, test e auto-esperimenti che richiedono la vostra partecipazione. (Non saranno noiosi; in uno di essi vi farò sentire momentaneamente ciechi pur tenendo gli occhi aperti). Quando ho iniziato a scrivere il libro, volevo mettere in discussione i preconcetti relativi a come debba essere un testo scientifico: era il mio calarmi nell'incertezza. Quale spazio migliore per farlo di un lavoro su innovazione e cervello, usando il cervello stesso come guida? Ed è un libro particolare anche sotto altri aspetti.

Secondo me, nel momento in cui si dice qualcosa a una persona, si priva quella persona del potenziale per una comprensione più profonda. La vera conoscenza si ha quando l'informazione è incarnata nell'esperienza: dobbiamo agire nel mondo per comprenderlo. Questo è il motivo per cui *Percezioni* non vi darà delle ricette preconfezionate. Al contrario dei manuali che offrono formule specifiche per un certo argomento, io vi fornirò dei principi che trascendono ogni singolo contesto. Il solo fatto che siate riusciti a cucinare un piatto fantastico seguendo una ricetta non significa che siate diventati dei grandi chef, significa unicamente che siete abili a seguire le istruzioni di un grande chef. Se può aver funzionato una volta, non vi ha conferito la capacità di preparare il *vostro* piatto fantastico, dato che non avete idea del perché quella sia una buona ricetta. Il *comprendere* perché la ricetta sia buona (e in che modo) è uno degli aspetti chiave di ciò che rende tale un grande cuoco.

Percezioni è concepito per innovare il vostro modo di pensare fornendovi una nuova consapevolezza, che crea la libertà di cambiare. La prima metà del libro esplorerà i meccanismi della percezione, facendovi riconsiderare la «realtà» che vedete e aiutandovi a sapere meno di quel che pensate di sapere ora. Sì: è proprio questo il mio scopo, che voi sappiate *di meno* in generale, ma comprendiate meglio. La seconda parte applicherà nella pratica questa comprensione, fornendovi un processo e una tecnica che vi consentiranno di deviare nella vostra vita.

Per quando avrete concluso la lettura, ho un'unica sincera speranza: che facciate vostro il potere percettivo del dubbio. Questo libro è una celebrazione del coraggio di dubitare, e dell'umiltà che arriva con la comprensione del proprio cervello. È sul perché vediamo quel che vediamo, e su come il riconoscere che non abbiamo accesso alla realtà ci porti a una comprensione migliore. Che poi tutto questo è solo un altro modo per spiegare il motivo per il quale ho scritto il libro: perché anche voi possiate essere dei veri «disadattati».

1.

Un tuffo nei colori

Stamattina, quando vi siete svegliati e avete aperto gli occhi, avete visto il mondo in maniera accurata, com'è veramente? Se rispondete di no, lasciatemi porre la domanda in modo diverso: credete nelle illusioni? La maggior parte di noi ci crede. Se è così, allora siete convinti che il cervello si sia evoluto per vedere il mondo con accuratezza, almeno il più delle volte, dato che la definizione di *illusione* è un'impressione del mondo diversa rispetto a com'è realmente. Eppure non vediamo affatto il mondo con accuratezza. Perché? Cosa accade all'interno del nostro complicato cervello (o, più precisamente, nella complessa interazione fra il cervello e il mondo) da far sì che le cose stiano così? Prima di procedere dobbiamo affrontare una pressante questione empirica e soddisfare quel bisogno umano di «vedere con i propri occhi»: dove sta la prova che non vediamo la realtà? Come possiamo *vedere* che non la vediamo? La risposta a questa domanda si trova nel punto in cui cominciamo a smantellare i nostri assunti sulla percezione.

Nel febbraio 2014, una fotografia postata su Tumblr diventò virale su scala planetaria, andando inavvertitamente a rispondere proprio a questo interrogativo sulla soggettività della percezione, e lo fece a voce molto alta. La questione sollevata dalla foto, su ciò che vediamo e come, generò migliaia di ulteriori domande su Twitter, su altri social media e in televisione, oltre che nella mente delle persone che tennero per sé il proprio stupore. Se avete visto l'immagine ne ricorderete il contenuto, lo stesso che diede poi nome al fenomeno *#TheDress*.

Tutto partì da un matrimonio celebrato in Scozia. La madre della sposa aveva spedito alla figlia una foto dell'abito che avrebbe indossato: un classico tubino di stoffa azzurra con strisce orizzontali di merletto nero. Ma la foto si rivelò tutt'altro che lineare quanto a percezione. Già i futuri sposi non erano d'accordo sul fatto se il vestito fosse bianco con strisce dorate o blu con strisce nere, quindi decisero di inoltrare l'immagine ad altre persone, tra cui la loro amica Caitlin McNeill, una musicista che avrebbe suonato alle nozze. Quest'ultima rischiò addirittura di non sentire la chiamata a salire sul palco, perché stava discutendo della fotografia con i compagni della sua band (che, come la coppia, non vedevano il vestito nella stessa maniera).[1] Dopo il matrimonio, McNeill postò quella foto leggermente sfocata sulla sua pagina Tumblr con questa didascalia: «Ragazzi per favore aiutatemi: questo vestito è bianco e oro o blu e nero? Io e i miei amici ci stiamo impazzendo, non riusciamo a metterci d'accordo». Poco dopo la pubblicazione di questo succinto commento, il post era diventato virale e la foto, narrano le cronache, aveva fatto impazzire anche Internet.

Nelle settimane successive #TheDress seguì il solito corso dei fenomeni virali, ovvero la sua repentina massiccia diffusione in rete diventò un elemento fondante della vicenda allo stesso modo dell'oggetto che l'aveva istigata, in questo caso la semplice foto di un capo di abbigliamento. Molte celebrità twittarono e litigarono sulla questione, proliferarono le discussioni su reddit e altri siti web, e anche i mezzi di informazione tradizionali ne diedero notizia. Quelli che studiano i colori vennero inondati di richieste di interviste, poiché sembrava che tutti volessero sapere perché si vedevano quei colori in modo diverso. Anche il solitamente sobrio «Washington Post» pubblicò un titolo sensazionalista: «La vera storia del dramma "Vestito bianco, vestito blu" che ha diviso il pianeta».[2] Tuttavia, malgrado l'eccitazione del dibattito, fra il pubblico si stava svolgendo un'importante conversazione sulla scienza, per l'esattezza sulle *neuroscienze della percezione*.

Mi è sembrato un fatto interessante per molte ragioni, ma soprattutto perché mostrava come il significato sia un'entità plastica, del tutto simile alle reti fisiche del cervello, che plasmiamo e riplasmiamo attraverso le esperienze percettive. Comprendere questo, come vedremo nei prossimi capitoli, è la chiave per «re-ingegnerizzare» il nostro passato percettivo e lasciar fluire dalle nostre cellule cerebrali pensieri e idee inaspettati. Il fenomeno dell'abito è un perfetto esempio di come il significato crei significato (dato che canali informativi di tutto il mondo iniziarono a riferire la vicenda soprattutto perché *era stata riferita* da altri e quindi ritenuta significativa, e rendendola in questo modo significativa), che è un attributo fondamentale della percezione stessa. Ma ero anche colpito dal fatto che non era l'illusione di per sé a catturare l'attenzione della gente, dato che a questo siamo abituati (anche se di solito come banali «trucchi» ottici). Quello che pareva suscitare interesse era che le persone vedessero in maniera difforme lo stesso oggetto. Ci è molto familiare il fatto di avere opinioni differenti sulle cose, dunque perché in questo caso era diverso? La risposta si riduceva a questo: perché si trattava di colori.

Ci sembra del tutto normale parlare lingue diverse da quelle di altre persone, ma se i miei amici, i miei cari, e altre persone che ritengo affidabili quanto a percezione e senso della realtà differiscono da me su un piano così fondamentale come quello del colore, questo solleva, anche se solo per un bellissimo momento, purtroppo breve, profonde, perlopiù inconsce domande esistenziali su come vedo il mondo che mi circonda. Il fenomeno aveva toccato qualcosa che sta alla base del modo in cui le persone intendono la propria coscienza, il proprio sé, la propria stessa esistenza. Come l'attrice e scrittrice Mindy Kaling ha twittato il 25 febbraio, nel bel mezzo della querelle di #TheDress (uno dei suoi molti tweet appassionati sul tema): «Penso che il vestito mi stia facendo davvero impazzire perché è un assalto a ciò che credo sia una verità oggettiva».

Questo è il punto cruciale rispetto alla percezione e al sé che la vicenda dell'abito ha rappresentato per molti: esiste una «verità» o realtà oggettiva, *ma il nostro cervello non ci permette di accedervi*. La fotografia dell'abito ci ha offerto uno «sguardo» scioccante sulle crepe della nostra realtà estremamente soggettiva, ed è stato abbastanza sconvolgente, o almeno scombussolante. La chiave per capire come potenziare la creatività attraverso una comprensione della percezione, come vedrete presto, è la seguente: questo piccolo assaggio della più fondamentale delle incertezze è stato anche *eccitante* per le persone. Sì, le ha spaventate un po', ma le ha anche appassionate.

Per me è stato ancora più eccitante, dato che ho potuto osservare in tempo reale milioni di persone compiere un passo essenziale verso la comprensione. Eppure in molti hanno liquidato la questione, con affermazioni del tipo: «*Ok, stavolta la mia percezione non ha visto la realtà, ma di solito la vede*». «No!», avrei voluto gridare. «La realtà non la vedi mai e poi mai!» Purtroppo questo dato di fatto fondamentale non è stato considerato l'aspetto centrale della vicenda, anche se nella comunità scientifica alcuni ne hanno approfittato per coinvolgere un pubblico più vasto intorno a un tema che in qualunque altro momento sarebbe parso astruso e irrilevante. Nel maggio 2015, ad esempio, la rivista scientifica «Current Biology» ha pubblicato contemporaneamente tre studi su #TheDress. Uno di essi asseriva che la distribuzione dei colori del vestito corrispondeva alle «luci diurne naturali», e questo rende più difficile per il cervello differenziare le fonti luminose dalle superfici che riflettono la luce (approfondiremo questo aspetto nel prossimo capitolo). Un altro studio riferiva una scoperta su come il cervello elabora il colore blu, rivelando che gli oggetti hanno una maggiore probabilità di apparire bianchi o grigi all'occhio umano quando «virano verso tonalità bluastre». L'ultimo studio, che aveva coinvolto 1401 partecipanti, riscontrava che il 57 per cento dei soggetti vedeva il vestito blu/nero, mentre la percezione del bianco/oro era più frequente tra gli individui anziani e le donne. Inoltre, in un secondo test, la percezione dei partecipanti passava a volte dal bianco/oro al blu/nero e viceversa. In sostanza, la foto virale si era dimostrata un oggetto sperimentale ideale per promuovere lo studio della percezione visiva.[3]

Tuttavia, niente di tutto questo risponde alla domanda del perché la gente vedesse il vestito di colori diversi.

#TheDress è andato a toccare non solo il funzionamento della percezione, ma anche il motivo per cui è così importante per noi. La vicenda illustra la natura estremamente controintuitiva del nostro cervello. Se vedessimo il mondo come realmente è, allora le cose che sono uguali dovrebbero apparire uguali. Analogamente, le cose che sono diverse dovrebbero apparire diverse, sempre, a chiunque. Sembrerebbe ragionevole e corretto, qualcosa su cui poter contare per la nostra percezione. Dopotutto, vedere le intensità di luce differenti è il compito più semplice che il cervello visivo esegue, talmente semplice che persino alcune meduse sono in grado di farlo, peraltro senza neppure possederlo, un cervello.

Eppure percepire la luce non è una cosa così lineare come potrebbe sembrare, malgrado il fatto che lo facciamo in ogni millisecondo del tempo che trascorriamo da svegli. I miliardi di cellule e le relative interconnessioni dedicate a questo sono la prova della sua complessità. Facciamo affidamento su questa competenza percettiva per prendere decisioni istintive che ci servono per muoverci nel mondo. #TheDress, però, ha dimostrato che, per il solo fatto che percepiamo la luce, non necessariamente ne vediamo la *realtà*.

Nella prima coppia di immagini (pp. 34-35), ciascun cerchio è di una differente sfumatura di grigio. È facile percepire le gradazioni che variano. Le cose che sono differenti dovrebbero apparire tali, e in questo caso è così.

Nella seconda coppia di immagini (pp. 36-37) abbiamo davanti due cerchi di una medesima sfumatura di grigio.

Ora guardiamo la terza coppia di immagini (pp. 38-39). Il cerchio grigio sulla sinistra all'interno della zona scura sembra più chiaro del cerchio grigio sulla destra all'interno della zona bianca. Sembrano due distinte sfumature di grigio.

Invece non lo sono. Sono dello stesso identico grigio.

Questa è la realtà oggettiva, che è radicalmente diversa dalla nostra realtà percepita. Per giunta, ogni lettore di questo libro percepirà queste tre immagini sulla stessa base, cioè a partire dalla realtà fisica di ciò che è stampato sulla pagina. E inoltre, non è soltanto la parte circostante scura a fare apparire il grigio più chiaro rispetto alla zona circostante chiara. Può essere vero anche l'opposto: una zona circostante chiara può far sembrare le cose più chiare e una zona circostante scura più scure, come dimostra la quarta coppia di immagini (pp. 40-41), dove le parti centrali delle due figure inferiori, che sembrano dei cerchi oscurati da quattro quadrati, appaiono chiare con gradazioni differenti, secondo quanto appena descritto.

A questo proposito, tuttavia, un altro aspetto molto importante è qualcosa che durante il fenomeno virale del vestito non è mai emerso: ciò che è vero per la vista è vero per tutti gli altri sensi. Quello di cui le persone si sono rese conto in merito alla soggettività della propria vista vale allo stesso modo per ogni altra sfaccettatura della loro «realtà»: ci sono illusioni nell'udito, nel tatto, nel gusto e anche nell'olfatto.

Un esempio molto noto di «gap» tattile fra la percezione e la realtà è quel fenomeno che si chiama l'«illusione della mano di gomma». In questo esperimento, una persona è seduta a un tavolo con una mano poggiata sul piano di fronte a sé, mentre l'altra è fuori dalla sua vista, dietro a un divisorio. Una mano falsa è collocata al posto di quella nascosta, così che il soggetto ha di fronte

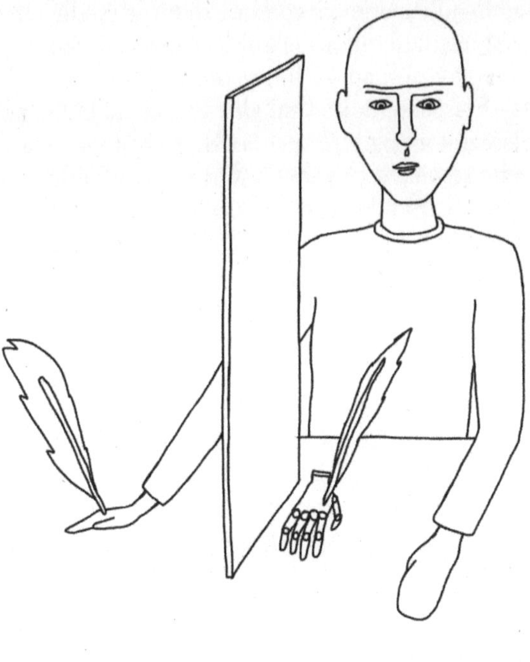

a sé due mani poggiate sul tavolo, solo che una delle due non è sua (cosa di cui ovviamente è consapevole). A questo punto, lo «sperimentatore» inizia a sfiorare, nello stesso momento, le dita della mano vera nascosta e di quella falsa visibile. Il soggetto inizia immediatamente a identificare la mano falsa come se fosse sua, provando la sensazione che lo sfregamento non stia avendo luogo dietro al divisorio, ma sulla mano falsa, alla quale si sente connesso. Per la finalità della percezione, quella mano diventa reale.

L'illusione della mano di gomma è ciò che viene definito *trasferimento corporeo*, ma il modo con cui il nostro cervello processa la realtà, anziché consegnarcela direttamente, si presta anche ad altri «miscugli» dei sensi piuttosto inquietanti. Alcuni ricercatori hanno mostrato, ad esempio, che siamo in grado di udire «parole fantasma». Quando ascoltiamo dei suoni privi di senso, il nostro cervello coglie parole apparentemente chiare che di fatto non sono presenti nell'informazione sonora. C'è anche l'«illusione del barbiere», in cui una registrazione del rumore di forbici che tagliano dà l'impressione che il suono si avvicini o si allontani a seconda del livello del volume, mentre il punto di provenienza del suono non cambia minimamente. Oppure pensiamo all'esperienza comune di essere seduti in un'auto o in un aereo fermi, e quando l'auto o l'aereo accanto a noi iniziano a muoversi, abbiamo l'impressione di essere noi stessi in movimento. Esistono moltissimi altri fenomeni del genere.

Uno dei primi a cogliere quella che sembrava una «pecca» della percezione visiva fu Johann Wolfgang Goethe, scrittore, poeta e drammaturgo del XVIII secolo, oggi considerato il padre della moderna letteratura tedesca. Ai suoi tempi era famoso (benché non soltanto in senso positivo, come vedrete) per essere un cultore onnivoro di tutte le discipline, tanto da disperdere le sue energie immergendosi in materie come l'osteologia (lo studio delle ossa) o la botanica. Se la letteratura era il suo primo amore, Goethe era soprattutto un individuo passionale, spesso descritto come un uomo dalla natura selvaggia, al punto che un suo giovane amico si riferiva a lui chiamandolo il «lupo» e l'«orso».[4] (All'epoca in cui frequentava l'università a Lipsia, anche il suo stile di abbigliamento francofortese tutt'altro che alla moda divertiva i compagni). Ciò nonostante, quando, poco più che ventenne, diventò una celebrità del mondo letterario, riuscì ad addomesticare la sua sregolatezza lupesca celandola dietro ai modi cortesi dell'alta società e lasciando emergere una personalità carismatica, tanto che nel giro di poco il duca Carlo Augusto di Sassonia gli conferì numerosi incarichi di Stato, non ultimo quello di «reale consigliere segreto», una specie di ministro. L'ostinazione e l'avidità sfrenata di Goethe per nuove esperienze intellettuali ritornarono con forza alla fine degli anni ottanta del secolo, quando la sua «poliedricità», come un biografo la definì, lo condusse allo studio della luce e del colore.

Goethe aveva appena felicemente trascorso un paio d'anni in Italia, dove aveva fatto la conoscenza del pittore tedesco Johann Heinrich Wilhelm Tischbein, e dove lui stesso aveva voluto mettere alla prova il proprio talento per le belle arti. Alla fine accettò il fatto di esserne privo, però fece ritorno in Germania con un riacceso interesse per quel mondo naturale che gli artisti aspirano a catturare. «E così ciascuno che conosca l'attrazione che i segreti della natura esercitano sull'uomo, non si meraviglierà che io abbia trascurato l'ambito degli studi che altrimenti conduco per volgermi con appassionato trasporto a questi», affermò in uno scritto sulla natura. «Non temo l'accusa che sia stato lo spirito della contraddizione ad avermi condotto dalla osservazione e descrizione dell'animo umano – la parte del creato più recente, molteplice, mobile, mutevole, perturbabile – alla osservazione del figlio della natura più vecchio, rigido, profondo, imperturbabile. Infatti mi si dovrà senz'altro riconoscere che tutte le cose della natura stanno in una tale connessione per cui lo spirito della ricerca non si lascia respingere da nulla che si possa raggiungere».

Questa dichiarazione avrebbe prodotto uno dei più leggendari esempi di celebrità letteraria che abbia disastrosamente tentato di spingersi nel mondo della scienza. A seconda delle fonti, la cosa viene vista o come una gratificante disavventura poetica in un ambito che lo scrittore aveva in buona fede frainteso, oppure come un'arrogante incursione, condotta con la caparbietà consapevole di chi si ostina nell'errore, in un campo che non era assolutamente il suo. In realtà si trattò di entrambe le cose. L'attitudine passionale di Goethe mal si adattava all'approccio freddo, fattuale della scienza, tuttavia la sua sensibilità da scrittore, attenta all'attimo rivelatorio, svolse un ruolo chiave nel suo tentativo scientifico, quando lui stesso ebbe il proprio momento, anche se *falsamente*, rivelatorio.[5]

Sentendosi attratto dall'ottica, Goethe aveva preso a prestito un prisma per testare la rivoluzionaria scoperta di Newton, cioè la proprietà della luce di rifrangersi scomponendosi nei colori che la costituiscono, una scoperta che oggi sarebbe sicuramente valsa allo scienziato inglese un premio Nobel.[6] Goethe si aspettava di vedere riflesso su una parete di casa sua l'intero spettro dei colori, però, avendo eseguito l'esperimento in maniera scorretta, e senza conoscere affatto la teoria su cui si basava, ottenne una totale delusione: il muro rimase bianco, un vuoto sul quale lo scrittore iniziò a proiettare la sua repentina convinzione: «La teoria di Newton è falsa!».

Ormai certo che la scienza fosse del tutto fuori strada nella comprensione della luce, prese un congedo dai suoi incarichi diplomatici e si diede alla fisica. Gli scienziati lo schernivano, mentre nobili e uomini di lettere lo acclamavano, sicuri che il poeta lupo selvaggio avrebbe detronizzato Newton. Il duca di Sassonia gli mise a disposizione un laboratorio, un principe gli mandò dall'estero dei prismi migliori. Nel 1792, mentre era intento alla sua indagine, Goethe notò che una luce bianca poteva produrre delle *sfumature colorate*. Analogamente, le luci colorate modificavano le proprie sfumature a seconda del medium «*torbido*», cioè semitrasparente, che attraversavano. Una luce gialla, ad esempio, poteva trasformarsi in tutte le sfumature fino al rosso passando attraverso un corpo traslucido. Anche questa sfasatura sembrava contraddire le leggi fisiche di Newton che intendevano spiegare la luce, e creava un divario ancora più profondo nella comprensione da parte di Goethe delle teorie dello stesso Newton volte a spiegare la realtà. Quindi lo scrittore si concentrò esclusivamente sulla soluzione di questo problema, lasciandosi risucchiare da un'ossessione ventennale per il colore e la percezione.

In opere come *I dolori del giovane Werther*, la tormentata vicenda di un amore giovanile, Goethe aveva dato prova di essere un profondo conoscitore dell'animo umano, perciò forse non sorprende che, una volta alle prese con i colori, non fosse sempre capace di uscire dalla propria percezione così da poter capire che proprio lì stava la sfasatura. Come la maggior parte delle persone, dava per scontato di vedere la realtà; in fin dei conti, la sua mente prodigiosa gli aveva permesso di «vedere» così chiaramente nei suoi scritti le realtà umane, inoltre doveva passare ancora più di un secolo prima che la percezione, da concetto esistenziale, diventasse un tema scientifico. Ben presto, tuttavia, accantonò l'idea che le sfumature apparentemente sfasate fossero dovute a qualche proprietà fisica della luce ancora inspiegata, perché gradualmente si rese conto che l'apparenza colorata di certe ombre poteva derivare dall'interazione della percezione umana con il proprio ambiente: non un mistero del mondo bensì un mistero della mente.[7] Però non era certo in grado di trovare nel proprio cervello le ragioni *alla base* di questo strano mistero, così prese ad annotare con scrupolo qualunque fenomeno legato alla luce che gli capitasse di osservare.

Il tema dei colori consumò Goethe al punto che, nel 1810, pubblicò un voluminoso saggio sulla propria ricerca, dal titolo *Zur Farbenlehre*, *La teoria dei colori*. Il valore «scientifico» del testo è stato da lungo tempo rigettato, in particolare gli attacchi a Newton. L'opera tassonomica di Goethe, tuttavia, ha suscitato nel tempo intensi dibattiti filosofici, portando Schopenhauer a scrivere *La vista e i colori* e Wittgenstein *Osservazioni sui colori*. E le sue enciclopediche descrizioni dei colori, come tutta la sua opera, sono pervase da un'eco lirica che ne rende tuttora piacevole la lettura. «Questi colori si stendono come un alito sopra la lastra di acciaio e l'uno sembra sempre fuggire l'altro, mentre propriamente il colore seguente si sviluppa sempre da quello precedente».[8] La sua capacità di provare un senso di meraviglia per i fenomeni naturali è una dote preziosa da cui possiamo ancora imparare. E questa sua ossessione lunga una vita potrebbe spiegare le origini del celebre verso del suo capolavoro, il *Faust*, quando Mefistofele, il diavolo, dice allo studente incline alla corruzione: «Grigia, amico mio, è la teoria».[9]

Vale la pena soffermarsi un momento su come Goethe utilizzasse il termine *realtà* all'epoca in cui scriveva *La teoria dei colori*, tra la fine del XVIII secolo e l'inizio del XIX. Era l'apogeo dell'Illuminismo, un periodo rivoluzionario in cui le società occidentali avevano abbandonato le superstizioni medievali a favore del credo, da poco consolidatosi, nella razionalità umana. Se l'«uomo» era un essere di Ragione, con la «R» maiuscola, non sarebbe stato contraddittorio supporre che la *conditio sine qua non* della ragione, la percezione, impedisse agli umani di vedere accuratamente la realtà? Gli individui stavano rapidamente conquistando il proprio tempo e il proprio spazio con teorie politiche, apparati legislativi contro il crimine e dimostrazioni matematiche, quindi come avrebbero potuto delle menti in grado di produrre dei cambiamenti così significativi non vedere la realtà stessa? Nella sua essenza, la monumentale e vana impresa di Goethe sui colori ci parla non tanto del suo autore (anche se di certo ci dice molto anche su di lui), quanto delle convinzioni che regnavano in un'epoca in cui del cervello non si sapeva praticamente nulla; quelle stesse convinzioni sul «vedere la realtà» che due secoli dopo avrebbero appassionato tanta gente intorno alla vicenda di #TheDress. Il problema, quando si tratta di comprendere la percezione, è che l'assunto corretto è del tutto controintuitivo.

La maggior parte della gente dà per scontato che vediamo il mondo con precisione, com'è realmente, e lo stesso pensano addirittura molti neuroscienziati, psicologi, scienziati cognitivi, perché... be', perché non dovrebbe essere così? A prima «vista», sembra assurda l'idea di vederlo in qualunque altro modo. La premessa apparentemente logica secondo cui vediamo la realtà, tuttavia, non tiene conto di un fatto fondamentale riguardante l'ambiente e la maniera in cui la nostra mente agisce effettivamente al suo interno, e quindi trascura una verità essenziale, cioè che *il nostro cervello non si è evoluto così*. Ma allora *come* si è evoluto, per fare *cosa*? La risposta è una e una soltanto: si è evoluto per sopravvivere.

C'è un aspetto cruciale che non va mai dimenticato: malgrado il fatto che il nostro cervello non percepisca la realtà, i nostri sensi non sono sotto alcun profilo «deboli». Il cervello umano è stato plasmato dal più rigoroso programma di ricerca, sviluppo e verifica del prodotto che abbia mai avuto luogo sul pianeta: l'*evoluzione* (seguita poi, a livello individuale, dallo sviluppo lungo l'arco della vita e dall'apprendimento). Il test dei cerchi grigi non era inteso a dimostrare quanto sia facile trarre in inganno i sensi, anzi, tutto l'opposto (anche se dobbiamo aspettare il capitolo 4 per capire perché quell'illusione non sia in realtà un'illusione). Per adesso, restiamo certi del fatto che l'evoluzione (come lo sviluppo e l'apprendimento) non produce sistemi fragili, che è il motivo per cui è possibile modificare il proprio modo di percepire, perché «fragile» non ha nulla a che vedere con «malleabile» e «adattabile». Lo «scopo» dell'evoluzione è la resilienza, la robustezza e la capacità di... be', evolvere. La specie umana è un superbo esempio di questo processo, tuttora in corso. Questo significa che, quando guardiamo il mondo, di fatto guardiamo *attraverso* milioni di anni di storia.

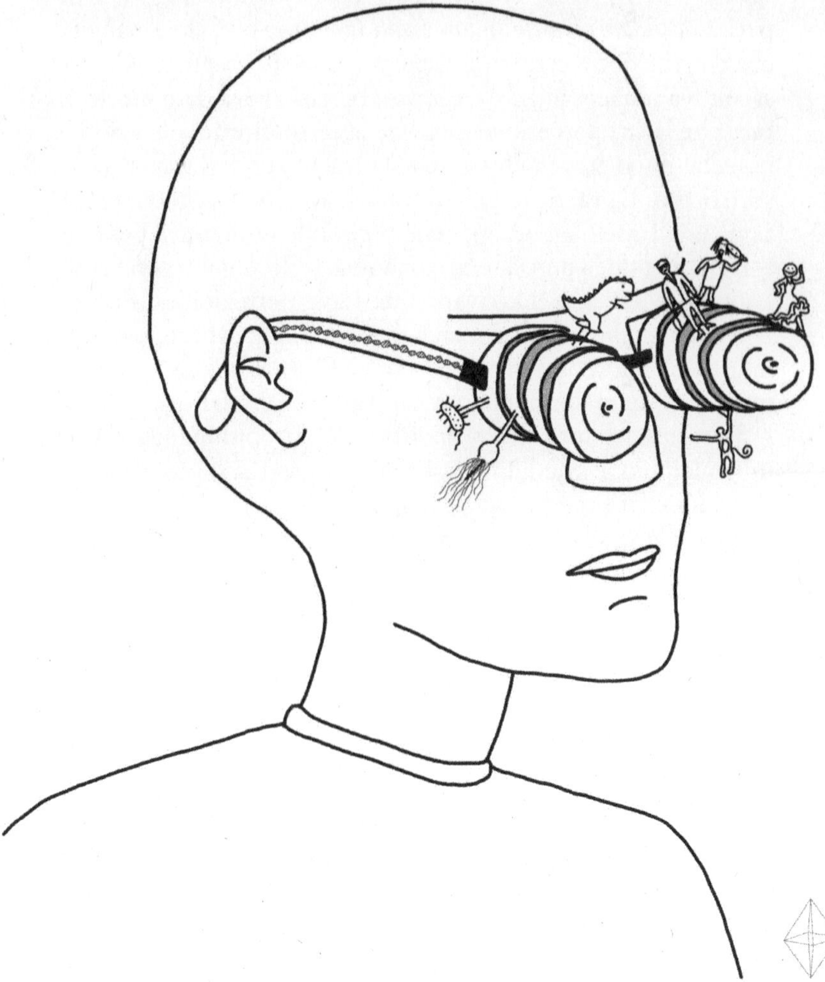

Quindi non ci siamo evoluti per vedere la realtà, ci siamo evoluti per sopravvivere. E il vedere la realtà con accuratezza non è un prerequisito per la sopravvivenza. Anzi, potrebbe addirittura essere un impedimento. Senza questa premessa fondamentale sulla percezione, si rimane bloccati in vecchi modi di vedere, dato che si affronta il problema partendo dall'assunto sbagliato, e si finisce inevitabilmente con l'andare sempre più a fondo in quell'assunto, che si sappia o meno che così facendo ci si allontana dalla verità.

Tutto ciò che abbiamo visto su Goethe e su #TheDress ci dice qualcosa di essenziale in merito al vedere in modo diverso: la capacità di *sfidare gli assunti dominanti* (per caso o in altra maniera) che costringono a cercare la risposta nel posto sbagliato. Goethe si sentiva immensamente frustrato, perché aveva dato per scontato che la sua percezione gli desse accesso diretto alla realtà, e non che il suo cervello fosse semplicemente un interprete molto sofisticato. Il grande talento letterario di Goethe produsse tuttavia una frase memorabile, che probabilmente usava per consolarsi quando la percezione lo tradiva: «Gli uomini con l'intuizione dei loro limiti arrivano quasi alla perfezione». Forse è vero, ma anche l'intuizione di sapere di non sapere, e di ammetterlo, può costituire una sfida. Questo mi fa venire in mente una barzelletta famosa negli ambienti scientifici:

Immaginate una strada molto buia. In lontananza c'è un unico lampione che illumina un piccolo tratto di marciapiede (tutti gli altri sono per qualche motivo fuori uso). Nel cerchio di luce c'è qualcuno carponi. Vi avvicinate e domandate a quella persona cosa stia facendo. «Sto cercando le chiavi», risponde. Naturalmente desiderate dare una mano, dato che il tizio sembra piuttosto disperato. È tardi e fa freddo, e certamente quattro occhi vedono meglio di due. Quindi, per rendere più efficiente la ricerca, domandate: «Più o meno dove le sono cadute le chiavi?»

«Mi sono cadute laggiù», e il tizio indica un punto indistinto nell'oscurità a un centinaio di metri di distanza.

«Ma allora perché diavolo le sta cercando qui?», chiedete.

«Perché questo è l'unico posto dove riesco a vedere!»

I nostri assunti creano il cono di luce entro il quale siamo in grado di vedere in maniera diversa – oppure non lo siamo, a seconda dell'ostinazione con cui evitiamo di esplorare le ombre dove potrebbero celarsi le chiavi che aprono strade nuove. Che è il motivo per cui questa barzelletta mi piace così tanto. È una specie di parabola, un ammonimento che ci costringe a riflettere sul nostro modo di guardare. E si adegua perfettamente al punto di partenza di questo libro. Se cerchiamo di «decodificare» i meccanismi della percezione basandoci sul preconcetto che ci siamo evoluti per vedere la realtà con accuratezza, non solo non riusciremo a comprendere il funzionamento del cervello, ma non saremo mai in grado di avere un approccio più diretto al vedere diversamente. Se, invece, partiamo da un assunto differente, uno che magari mette in discussione preconcetti profondamente radicati in noi sul mondo e su noi stessi, allora questo libro «tradurrà» un nuovo modo di pensare, vedere e percepire. Ma è essenziale che i nostri nuovi assunti siano fondati sulle più recenti scoperte delle neuroscienze e non su preconcetti su ciò che sembra o non sembra reale. Soltanto accettando queste strane verità possiamo aprirci a un nuovo mondo percettivo.

Ma un dubbio rimane: se il nostro cervello è così straordinariamente evoluto, *perché* non abbiamo accesso alla realtà? Nel prossimo capitolo risponderò a questa domanda mostrandovi come qualunque informazione non significhi assolutamente nulla, se presa di per sé, comprese le parole che state leggendo. A partire da lì, esploreremo i meccanismi del cervello che stanno dietro al *non* deviare e vedere la realtà, perché solo allora potrete iniziare a percepire ciò che diventa possibile.

2.

Le informazioni sono prive di significato

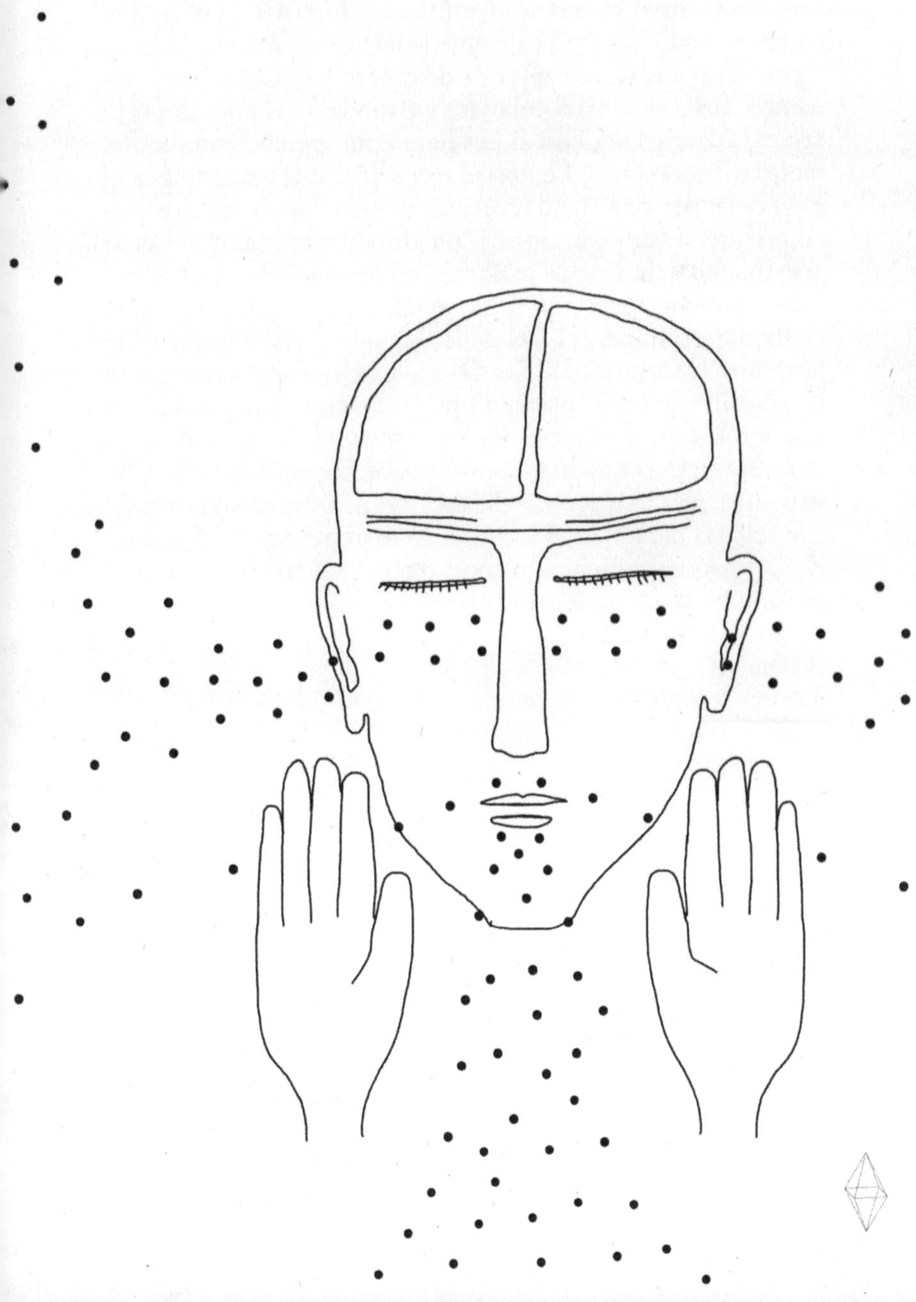

Viviamo nell'Era Wiki, un'era nella quale le informazioni viaggiano e crescono più liberamente di quanto nessuno avrebbe potuto immaginare nemmeno nel 2001, un anno che suonava futuristico, nel momento in cui Internet stava cominciando a modificare radicalmente le nostre esistenze. Quando, a cena con amici, ci capita di discutere su qualunque argomento, tiriamo fuori il cellulare e risolviamo la cosa in pochi secondi. Per strada non ci perdiamo più, perché con il GPS è molto difficile farlo. Le nostre reti social si estendono ben al di là delle persone che davvero conosciamo o che ci interessa conoscere. L'informazione è un flusso ridondante e noi la assorbiamo affamati di terabyte, mappiamo ogni strada, archiviamo ogni tweet, catturiamo ogni attimo fuggente con i nostri smartphone. È l'Età della Ragione che si è spinta oltre la nuova frontiera dell'Era Digitale. Questa massa di dati accessibili come mai prima d'ora, in continua espansione, ha alterato le nostre vite quotidiane, eppure molto poco di tutto ciò si sta traducendo in maggiore conoscenza. Questo perché, se considerata in rapporto alla creatività, al successo e persino alla felicità personale, l'informazione di per sé *non è* potere. E lo stesso vale anche – o soprattutto – al livello dei nostri sensi.

Per
comprendere
la
percezione

umana
dobbiamo
anzitutto
essere
ben
consapevoli
del
fatto
che
tutte
le
informazioni,
in
sé
e
per
sé,
sono

insignificanti.

La ragione è semplice: le informazioni provenienti dal mondo esterno che vengono intercettate dai nostri sensi, di per se stesse non significano letteralmente niente. Non sono altro che energia o molecole. I fotoni che entrano nei nostri occhi, le vibrazioni dell'aria che entrano nelle orecchie, le rotture di legami di molecole che creano frizioni sulla pelle, le sostanze chimiche che atterrano sulla lingua, i composti che entrano nel naso: sono tutte forme di energia elettro/chimica di un tipo o di un altro. Sono questi gli elementi che emanano dal mondo fisico: realtà reale, per così dire. Però non abbiamo accesso diretto a quelle fonti di energia, solamente alle onde e ai gradienti di concentrazioni chimiche che producono. Noi rileviamo i *cambiamenti* delle cose, non le cose stesse. Sarebbe inutile avere accesso diretto alle «cose» perché, prese singolarmente, non avrebbero assolutamente alcun significato, così come una singola molecola d'acqua non ci spiega i mulinelli. Le informazioni non ci arrivano corredate di istruzioni per l'uso.

Invece, la «realtà» che le nostre percezioni vedono è il significato delle informazioni insignificanti ricevute dal cervello e poi elaborate; il significato che la nostra ecologia *conferisce* loro. È fondamentale capire che il significato di una cosa non equivale alla cosa di per sé. In altri termini, la percezione è simile alla lettura di una poesia: siamo noi che ne interpretiamo il significato, perché potrebbe anche non significare nulla.

N I

CRE MO

I

GNIF ATO

interagendo con il mondo (cioè con la nostra ecologia). Questo vale per tutto, dal colore del semaforo al sorriso (o la fronte aggrottata) degli estranei che incrociamo per strada. Il cervello è una macchina generatrice di senso prodigiosamente veloce e competente: una certa luce significa un certo colore di superficie, un certo odore significa un certo alimento, una certa voce significa una certa persona, un certo contatto significa una certa emozione, una certa veduta significa un certo luogo. Ma stiamo attenti: in realtà la superficie non è colorata in senso letterale. Vedere il colore rosso vuol dire vedere una narrativa passata di significati. Le nostre percezioni danno l'impressione che il mosaico della realtà entri nei nostri sensi con un significato già costruito in sé, invece nessun significato è mai predeterminato. Allo stesso modo, nessun significato è privo di significato... soltanto l'informazione grezza lo è. Ora vediamo perché l'informazione è insignificante, e perché la nostra specie, e di fatto ogni sistema vivente, ha evoluto un cervello che *crea* una percezione del mondo, anziché limitarsi a trasmetterla.

La realtà, secondo il filosofo irlandese e vescovo anglicano del XVIII secolo George Berkeley, era semplicemente costituita da «idee... impresse ai sensi».[1] Aveva ragione?

Nato nel 1685, Berkeley era un religioso e un metafisico, tuttavia, in prospettiva storica, potremmo considerarlo un neuroscienziato teorico vissuto prima dell'esistenza stessa di questa disciplina. Era un prodotto del primo Illuminismo, un pensatore per il quale fede e scienza non erano in conflitto; la ragione critica era il veicolo del suo credere in Dio, non un ostacolo. Eppure, a causa delle sue opinioni controverse sulla percezione umana, da cui era ossessionato, Berkeley non ha mai raggiunto la statura storica di, poniamo, un Hegel o un Nietzsche. Tuttavia, le sue intuizioni sulla mente umana denotano grande spessore. E peraltro condusse un'esistenza molto attiva: oltre ai suoi studi teologici e filosofici, era impegnato in numerose cause sociali, organizzava programmi di aiuto per bambini e senzatetto, combatteva la disoccupazione, sosteneva l'artigianato locale e coltivava il mirto e il lino. Come afferma un suo biografo, era «un vescovo in maniche di camicia».[2]

Il programma filosofico al quale Berkeley dedicò tutta la sua vita era una difesa appassionata dell'idealismo soggettivo, o idealismo empirista: l'idea che le cose esistano soltanto come funzioni della mente. Ai suoi tempi, i più concepivano il cervello come un'entità a sé stante, preconfezionata, non soggetta a essere plasmata e riplasmata dalle interazioni che avvengono al suo interno e con l'esterno. Invece i suoi postulati davvero intuitivi sulle percezioni della mente umana andavano a collocarsi in uno spazio di pensiero che era, sì, centrato sulla spiritualità, ma anche istintivamente scientifico.

Il *Trattato sui principi della conoscenza umana* è una delle opere più note di Berkeley, nella quale l'autore espone le sue idee sulla percezione. «In verità, è un'opinione STRANAMENTE diffusa tra gli uomini», scrive, «che le case, le montagne, i fiumi, insomma tutti gli oggetti sensibili, abbiano un'esistenza naturale o reale, distinta dal loro essere percepiti dall'intelletto. Ma, per quanto siano grandi la fiducia e il consenso di cui questo principio gode nel mondo, chiunque se la senta di metterlo in discussione scoprirà, se non mi sbaglio, che esso implica una contraddizione manifesta. Infatti, i suddetti oggetti non sono altro che le cose che percepiamo con i sensi, e NON PERCEPIAMO ALTRO CHE LE NOSTRE IDEE O SENSAZIONI». La sua enfasi a colpi di maiuscole sembra quasi un'email o un messaggino da un amico ultraentusiasta, ma a distanza di trecento anni sappiamo che aveva ragione: non vediamo la realtà – vediamo soltanto ciò che il nostro cervello seleziona fra tutto ciò che lo «spazio di mezzo», lo spazio delle interazioni, produce.

Berkeley si spinse persino più in là delle neuroscienze odierne e affermò che in effetti niente potesse avere un'«esistenza indipendente da ogni spirito». Quale metafora della soggettività della percezione umana, è un modo intrigante di porre la questione, dato che non esperiamo l'esistenza di nulla che sia all'esterno di noi stessi se non attraverso il significato che vi viene attribuito dal nostro cervello (e dal nostro corpo). Ciò non toglie, però, che l'«immaterialismo» di Berkeley sia sbagliato, dato che chiaramente il mondo esiste, sia che noi lo percepiamo o meno. Se un albero cade nella foresta, produce effettivamente dell'energia sotto forma di vibrazioni nell'aria. È vero che, senza qualcuno, o qualcosa, che la senta, questa transizione nello stato energetico dell'aria non produce alcun «suono», però resta il fatto che ha un oggettivo effetto fisico. Comunque sia, riformulando le precoci intuizioni di Berkeley attraverso l'apparato delle moderne neuroscienze, possiamo individuare le quattro ragioni per cui non abbiamo accesso alla realtà.

1. *Non percepiamo tutto quello che è possibile percepire*

Possiamo pensare alla percezione immaginando di trovarci all'interno di una *roulotte* (non è la migliore delle metafore, lo riconosco, però è utile allo scopo). I nostri sensi sono le finestre, cinque: vista, olfatto, udito, tatto e gusto. Da ciascuna finestra otteniamo differenti generi di informazioni (cioè di energie) dal mondo. Cosa molto importante, non possiamo mai uscire dalla casa mobile, possiamo però farla muovere. Tuttavia, anche se la spostiamo, siamo comunque vincolati dalle finestre. Per cui, chiaramente, la nostra capacità di percepire il mondo che ci circonda ha dei limiti, e vi stupirete nello scoprire che queste finestre percettive sono in realtà più piccole di quel che potreste immaginare.

Pensiamo ad esempio alla luce. La luce è la ristretta banda di radiazione elettromagnetica visibile all'occhio umano, che è soltanto una frazione dello spettro elettromagnetico. La luce ha molte proprietà, una delle quali è il suo intervallo, o banda di frequenza, dettata a partire dallo spettro ottico, che in sostanza ne indica la quantità. La luce che vediamo viaggia a lunghezze d'onda (frequenze) che la nostra retina e la corteccia visiva sono in grado di recepire. Non vediamo la luce ultravioletta (UV), ad esempio, e nemmeno l'infrarosso. Siamo sensibili solamente a una percentuale incredibilmente ridotta della radiazione elettromagnetica che esiste nella realtà. Nuove tecnologie come gli occhiali per la visione notturna «espandono» i nostri sensi, ma non mutano la nostra biologia. Per contro, la biologia di altre specie incorpora tecnologie molto più avanzate della nostra, consentendo loro di percepire bande di luce diversissime da quella che possiamo percepire noi.

Le renne sono famose per il loro fiuto, ma i loro occhi sono ancora più affascinanti. Benché non siano capaci di solcare i cieli notturni trainando la slitta di Babbo Natale, questi animali hanno evoluto una specie di potere sovrumano (se paragonati a noi): sono in grado di vedere la luce ultravioletta. Perché le renne hanno questo vantaggio? È correlato alla logica implacabile della sopravvivenza nell'inospitale ambiente artico nel quale vivono. La capacità di riuscire a riconoscere le superfici che riflettono gli ultravioletti consente loro di riconoscere anche le superfici che non lo fanno: è il caso dei licheni, una delle principali fonti di nutrimento di questi animali, perciò, qui, c'è veramente in ballo la cena.[3]

La vista a ultravioletti delle renne è sostanzialmente un dispositivo autoguidato per la localizzazione del cibo, analogo all'infallibile senso dell'olfatto di un segugio. Oltre alle renne, anche insetti, uccelli e pesci hanno facoltà visive superiori alle nostre. I bombi, ad esempio, hanno un sofisticatissimo sistema per la visione a colori che permette loro di percepire le radiazioni nell'intervallo ultravioletto. Dettaglio interessante, la loro capacità di vedere i colori si è evoluta addirittura prima della pigmentazione dei fiori, e questo significa che i fiori hanno evoluto l'aspetto che hanno perché volevano essere «splendidi» (attraenti) per api e consimili. Al contrario di quanto potrebbe presupporre la nostra visione del mondo solitamente molto antropocentrica, i fiori non esistono per il nostro piacere estetico, per ispirare, poniamo, i poeti romantici inglesi sulle colline del Lake District. Le loro colorazioni si sono evolute per attrarre praticamente di tutto *eccetto noi*. Anche gli uccelli hanno nella retina il doppio dei recettori per il colore rispetto a noi. In termini relativi, confrontati a loro siamo *altamente* carenti in fatto di percezione del colore.

L'intervallo di frequenza non è l'unico aspetto della luce che noi non vediamo nella sua piena realtà. C'è anche la *direzione dell'oscillazione*, detta polarizzazione. La luce può essere polarizzata (le vibrazioni delle onde luminose avvengono sempre su un determinato piano) o non polarizzata (le vibrazioni avvengono su molteplici piani). Noi non percepiamo questa proprietà, anche se indossiamo occhiali da sole con lenti polarizzate, che riducono i riflessi facendo sì che soltanto le onde verticali, e non quelle orizzontali riflesse, le attraversino. Invece molti animali sono in grado di percepirla, come lo stomatopode, ad esempio, o cicala di mare.

Lo stomatopode è un curioso crostaceo che vive nelle acque poco profonde, con il corpo somigliante a una coda di aragosta e gli occhi posti alla sommità di peduncoli. Questa specie possiede uno dei meccanismi di visione più complessi che gli scienziati conoscano, dotato di quella che alcuni chiamano «visione stereoscopica», cioè una visione sintonizzabile su otto canali, anche se questa descrizione non rende l'idea della potenza incredibile di questo suo organo di senso.[4] Gli stomatopodi hanno sedici pigmenti visivi (la sostanza che trasforma la luce in elettricità per i recettori nervosi del cervello), mentre gli umani soltanto tre. Nel mondo spietato dei fondali sottomarini, dove regna il principio *mors tua vita mea* e dove le apparenze sono fatalmente ingannevoli, una vista così sviluppata offre a questo animale un notevole margine di vantaggio quando caccia o viene cacciato. Anche gli uccelli percepiscono la polarizzazione, che consente loro di vedere la struttura elettromagnetica del cielo, e non solamente sfumature di blu. Quando attraversano l'aria in volo, gli uccelli (presumibilmente) vedono schemi di luce in costante mutamento, a seconda dell'angolo in cui si trova il sole rispetto alla loro posizione. Questi schemi consentono loro di orientarsi, dato che la struttura del cielo cambia in base all'angolazione del sole. Gli uccelli utilizzano queste informazioni per decidere dove dirigersi. In altre parole, per «trovare la strada», guardano più spesso in su che in giù.

Per cui proviamo a immaginare come possa essere vedere il mondo con la percezione di un uccello. In una giornata di sole noi non vediamo nient'altro che un azzurro compatto. Per uccelli e api, invece, lo splendido cielo sereno, senza una nuvola, che vediamo noi non appare mai uniforme. Loro lo vedono come uno schema complesso in continuo cambiamento, un paesaggio significante, utile alla navigazione, composto di

forma e struttura. Che aspetto assume nella loro percezione? Che cosa vedono in realtà? Cercare di «vedere» con l'immaginazione quel che vedono gli uccelli è impossibile, dato che si tratta di una realtà percettiva totalmente diversa, come se qualcuno privo di occhi potesse immaginare i colori. Davvero straordinario!

Tornando alla nostra metafora della roulotte, la finestra della nostra vista è molto ristretta, come un oblò in miniatura, mentre altre specie al confronto hanno un'intera parete di vetro al servizio di quest'organo di senso, una finestra che va dal pavimento al soffitto. Naturalmente, questo vale anche per altri sensi. Ad esempio, cos'è un fischietto a ultrasuoni per cani se non un altro livello di realtà cui noi non abbiamo accesso?

Le differenze esistenti tra noi e altri animali non significano che, poiché percepiamo di meno, siamo meno evoluti. Significano soltanto che nella nostra evoluzione la selezione naturale ha agito diversamente per la sopravvivenza. Noi umani possediamo il nostro tanto celebrato pollice opponibile, un vantaggioso evento del caso che ci ha aiutati a prosperare, mentre gli stomatopodi sono felicemente privi di pollici, essendosi evoluti in un contesto con una serie di necessità del tutto diverse.

Questo è il punto: dalla finestra limitata della nostra casa mobile riceviamo soltanto ciò che i nostri sensi lasciano passare. Se l'energia è reale, non coincide però con la realtà di oggetti, distanze e così via che percepiamo noi, benché quest'ultima sia creata da frammenti di quel mondo fisico. Ma questa è solo la prima delle ragioni per cui le informazioni di per sé sono prive di significato.

Pa qui dolupta turehent quos quae pedmost, sitaad qui nulliat optatur ad moleni doluptas con et litas erum hilla doloreprem desed ulparum, sinum latempo remquundi consenet et aboriatendae lantur sust, eum qui dolecta spient aperum, num fugia ellant elendam corest quae. Hita cus dis sinto ea perchitio. Et ut alictotas a nonseque natectet et, aut ut autem quaecae. Ut qui offici sam eum eum quo explantia quia conseque doluptatem de vid maiorum fugitae. Ga. Et verias dunt. Lore quia natur adistempe recaborrum veliqui temporunt occupici odi recaborrum veliqui temporunt occupici odi recaborrum veliqui temporunt occupici odi recaborrum veliqui temporunt occupici odi cus. Pis sit omni ut autecat am ad maximoditae sunt deria volupide num re exerum quistin core diatemque voluptate nonsequi demodicium rem et dolorro vidella vel ercipisciis ra dolesti busapelit re, quat. Aquatur, niate comnime nimpore pelestium quia nullitisque volupta tiorem hitaquae saestia turios apellab ipidesed que cum as sim que nectempor am quati nosapitaquis quunt ariae. Itatem il eume nonseque sin recaborrum veliqui temporunt occupici odi tecte magnam fuga. Ita corrum re sum harchic aboribea volessin pera sim quia et quo est voluptat. Eremque pa corem volum acientium veniate molorporem. To ium ipsapid ullit ut faccab il et fugitaque nonestrundis ut vendis maio. Acimporerum hil molor mo el moluptur sunt et eosaeratur? Iţem ex eritiat qui ariouse quatenditae quunt fugitatur adiciis ditinciis voles si corernation et ad quiaect otasperehent is doloratet harum ipsum int, nonsectem explibeat expellitati dolorepudae cuscidunt ut veligendae con con niendae vitat autem quia natus am res sum ant voluptat accus, optus eate re latur? Quiatia volo qui sequi officiliquam et, venimin pra vel mi, auta expliat iorpos sit faccum aces excerunt, quid mossitio. Net et ex et officit et uta denimen debit, sunt aut im ipsam duscidus rehente mporunt quasitibus quodi bla ditius, occuptatur? Ibus nonsecea volum volupta dictur as aut repudae ut faccabor alit raersped quist, con demo et dolent eos reped magmoluptaecum am quae era dolupit liquo vernatum atem quod eat-Allitis et a poresceq uident ap repelest qui omniatecto tem et nulluptiusam ad et prehenditiis voluptates volecernam qui des eumendis magnate mpereped iameniet ad ex eum, int, eicia vocore destio. Harum expereh enihil verovidenem reprovid et dolut velestion pa quam hit omnihitatia El ipsa aspitat uresectatias cume conseditae preptatium quate nos doluptium et, optas prempos dodolendisque voluptiis dolesciatis idunt exerit hillab inti dolum que vo-

La finestra della nostra vista è ristretta, come un oblò in miniatura

minctotaeped quiam libus sed ut acit expliqu odipiet adita dolorem eum nates venis simaxim usandebis eatio veniscipsam quissimusdam qui aut atent. lorem ipsum vanda a vandalio erovitibus eium ut aboritionse harion re, quisquunt esed ut que atecerit eum asped quias esectusda simenis dolor alit que nonescipit mo imin premque que nonsequ lupitae vel et volupti blam num, mo dolupta nihicab orerum utemo et, quatin corporro et laut fugia same corum eosam ellorpo ribus. deliquo disquaestio. Nam eturehenia reprem ipsam voluptatium rerat isiti luptatem eos consero te posam et ut unt di torum in explia nam aut imus luptatio. Itat vendit officipsam quam utent volla sequi dolupti beaqui nempore se modi delesti ssimpero blatis verspe apidel esciiscient a quam et eum dem et exeriti adit hitium soluptur, sinus, omnis volorernatus et ditat illaboriae ped eos asit autem quam ent, cum qui voluptatur, te solum quo tem quo dior repudiorerum natiam, qui ipsum sectatur, quiat mos si simodit perum inti ut essustiur, occaturit rereperum harchil luptiassim quis et, namus des rerferciam demporuptat occabor erchili tatur? Electiu mendund itatur, nitior sectiur esequatur arumet ut el modit qui ium quam ero volum estion pores eos delit rest veliquiam, qui omnimus volorec tiore, culless imusdamus reium quam cusdandio. Nam esciendio. Os non con pori sanimag nitatem vendisit repelestis untiore ptintinist, non parioreiur aut voluptatem renis serchit odigendeles quiassit et rem eictis ut unt. Harchil eat accus estiandita solenimust debis sam net ma issi unt eatur sitat ium rehenem quidus es numet volorib earcium, quae nonsequ ibusandent velias consequas volupta tibus, sin enim susdaecero te sam nati quas ipsum essimus molorem. Itasseq uatumque nullume tureniassum enda aut autem fugiandant, simaximi, officil idenet plabore pratis eaqui omnimpor as el maiore rerum quidi cus dolore eos quossim ipsapel luptatu remolor endaest emporis etus plignimpost, untiisquas ullupta evero mintem ullum lam fugias quidem vit alique ipsanis deliqui od qui ulparibus moluptas aut vendio doloratatio corro que ra sae solorionsed quis et qui initio blatiat laceper roreped magnatibus. Desciatem quam archili berferum, sinctur, sequo doloristis eatia ne lat exceatis seniam endae offictis nulmoluptas aut vendio doloratatio corro que ra sae solorionsed quis et qui initio blatiat laceper roreped magnatibus. Desciatem quam archili berferum, sinctur, sequo doloristis eatia ne lat exceatis seniam endae offictis nulmoluptas aut vendio doloratatio corro que ra sae solorionsed quis et qui initio blatiat laceper roreped magnatibus.uptiassim quis et, namus des rerferciam demporuptat occabor erchili tatur? Electiu mendund itatur, nitior sectiur esequatur arumet ut el modit qui ium quam ero volum estion pores eos delit rest veliquiam, qui omnimus volorec tiore, culless imusdamus reium quam cusdandio. Nam esciendio. Os non con pori sanimag nitatem vendisit repelestis untiore ptintinist, non parioreiur

2. *Le informazioni che ci arrivano sono un flusso costante*

Il mondo, con tutto ciò che contiene, è in continuo cambiamento. In altre parole, niente di quello che sta all'esterno della roulotte della nostra percezione è fisso né stabile. Guardando fuori dalle nostre finestre, possiamo individuare un cervo sul prato di fronte. Ma presto o tardi (più probabilmente presto) il cervo si muoverà. Così come il giorno lascerà posto alla notte, le stagioni si susseguiranno, e tutto questo creerà nuove opportunità, e anche nuove minacce. Per non menzionare il fatto che, proprio per la natura intrinseca dei nostri corpi, pure *noi stessi* siamo in continuo movimento, e quindi siamo esseri *mobili* dentro a una casa mobile. La nostra «realtà» è in uno stato di perenne trasformazione, per cui, se anche il nostro cervello ci desse accesso diretto alla realtà, non appena l'avessimo percepita sarebbe già cambiata. In effetti, è per questo che il cervello si è evoluto per percepire il cambiamento, il movimento.

Il cervello
si adatterebbe
rapidamente in un mondo
immutabile, un mondo privo
di contrasti nello spazio e/o
nel tempo, un mondo stagnante.

3. *Tutti gli stimoli sono molto ambigui*

Pensate a tutti i modi in cui nella vostra vita avete sorriso, o a tutti i sorrisi che vi sono stati rivolti. Lo avrete certamente fatto per manifestare gioia, ma non vi è mai capitato di sorridere per esprimere sarcasmo, o astio persino? Oppure condiscendenza? Interesse romantico? O anche per mascherare il dolore? Suppongo che lo abbiate fatto per tutti questi motivi. È come un cane che tira indietro le orecchie, lo fa sia quando ringhia sia quando saluta.

Quindi per noi un sorriso, come per un cane il movimento delle orecchie, è di per sé privo di significato, perché in teoria potrebbe voler dire qualunque cosa. Tutti gli stimoli sono di per sé privi di significato perché le informazioni che toccano i sensi, o anche quelle create dai sensi stessi, possono non voler dire assolutamente nulla. Tutto ciò che passa attraverso le finestre della nostra percezione è aperto a infinite interpretazioni perché le *fonti* delle informazioni sono moltiplicative: vale a dire che le informazioni provenienti dalle molteplici fonti del mondo esterno vengono di fatto moltiplicate fra loro, dando origine a informazioni ambigue.

Alcuni anni fa, la serie di documentari *Coast* della BBC mi chiese di spiegare la qualità della luce in Cornovaglia, in particolare a St. Ives, una pittoresca cittadina costiera con spiagge e scogliere a picco, famosa per i suoi cieli che sembrano usciti dalla tavolozza di un pittore. Accettai entusiasta, dicendo ai responsabili del programma che avrei avuto bisogno di un anno per misurare la luce nelle diverse ore del giorno e con il variare delle stagioni. «Fantastico!», rispose il produttore della BBC, «peccato che abbiamo soltanto un giorno». Così mi ero messo immediatamente al lavoro, rendendomi conto che la soluzione a questa fretta come pure la risposta alla domanda di *Coast* era molto semplice.

Se la luce in Cornovaglia sembrava differente, il punto non era che fosse differente in quanto tale, ma differente *da cosa*. Quindi decisi di condurre uno studio comparativo ed esaminare l'aria della Cornovaglia in confronto all'aria di Londra fuori dal mio ufficio all'Institute of Ophthalmology. Acquistai un filtro per l'aria e lo collegai a una pompa che funzionava al contrario, cioè aspirando aria, uno strano oggetto da vedersi su un marciapiedi. Dopo un'ora di questo pompaggio (a un normale ritmo respiratorio umano), ci siamo fatti un'idea chiara di come sia l'aria di Londra: una terribile quantità di *particolato* sospeso derivante dall'inquinamento. Quando abbiamo effettuato il medesimo test in Cornovaglia, potete probabilmente immaginare cosa sia successo. Il filtro aveva assorbito molto meno inquinamento. Da cui la mia conclusione: la luce della Cornovaglia non possiede alcuna qualità particolare, semplicemente l'aria è più pulita. È questo, unito alla posizione in riva al mare della città di St. Ives, dove la luce viene riflessa dall'acqua, a creare l'effetto magico. La causa dei cieli incantevoli della Cornovaglia appariva poco chiara unicamente perché era difficile «vedere» la spiegazione dettata dal senso comune.

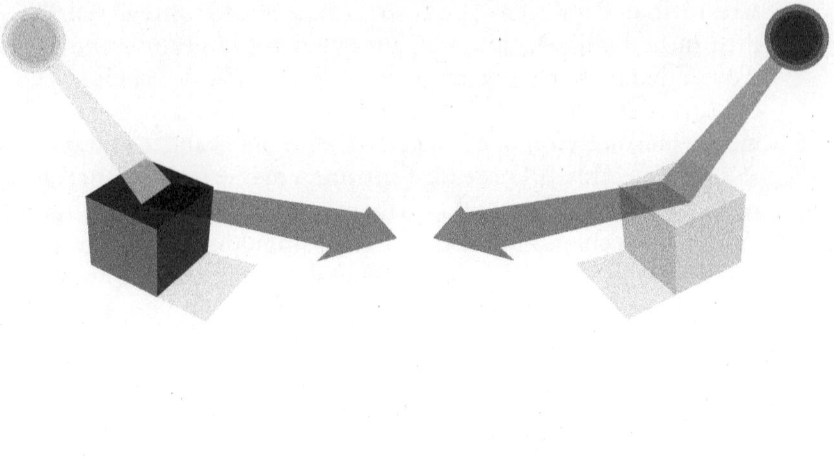

Per cogliere realmente l'ambiguità degli stimoli che percepiamo, «guardiamo» al massimo datore di vita della nostra esistenza, il sole. Come mostrato dall'illustrazione a p. 67, nonostante si consideri la luce diurna come il risultato di un semplice tragitto dal sole ai nostri occhi, la qualità della luce nel momento in cui colpisce la retina è determinata da tre distinti fattori. Naturalmente il primo è il sole stesso. Il secondo sono gli elementi riflettori, i miliardi di superfici che ci circondano in ogni istante. E il terzo sono gli elementi trasmettitori, lo spazio tra noi e gli oggetti, come l'aria di Londra o della Cornovaglia. Senza l'aria, il cielo sarebbe nero e il sole bianco. Se uno di questi fattori varia, altrettanto fa lo stimolo: la luce che filtra attraverso le finestre della nostra roulotte. Dato che non abbiamo accesso diretto né al corpo illuminante, né agli elementi riflettori, né allo spazio intermedio, non sappiamo mai quale di essi cambi. La realtà di ciò che accade alla luce è inconoscibile dalla nostra percezione.

Quel che è vero per la qualità della luce è vero anche per la dimensione con la quale gli oggetti si proiettano sulla nostra retina. Per spiegare questo, mettete di fronte a voi il dito indice allineandolo con un oggetto più grande che si trovi a distanza, ma che in proiezione abbia la stessa altezza del dito. Notate che i due oggetti – il vostro dito relativamente piccolo, vicino, e l'oggetto molto più grande, lontano – danno origine alla stessa tensione angolare sulla vostra retina. Come fa il cervello a sapere cosa sia l'uno e cosa sia l'altro, dato che non processa mai un singolo pezzo di informazione alla volta? Lo fa percependo simultaneamente la moltiplicazione di più cose, andando a creare un vero e proprio minestrone di significati potenzialmente infiniti, aperti a ogni interpretazione.

È come avviene se consideriamo la semplice formula $x \cdot y = z$. Sappiamo che z è lo stimolo, e dobbiamo trovare il valore di x senza conoscere y. Dato che esiste una quantità infinita di possibili combinazioni di x e y che potrebbero generare qualsiasi z (eccetto 1), è una sfida matematicamente impossibile. Volendo semplificare, pensate a questo come a uno scenario di «molti verso uno»: molti oggetti del mondo che creano lo stesso elemento di informazione. Per questa ragione il nostro cervello si è evoluto non per vedere la realtà, ma soltanto per aiutarci a sopravvivere alla costante marea di stimoli mescolati fra loro che sarebbero impossibili da elaborare come elementi di informazione distinti, se anche fosse possibile, e non lo è, che si presentassero a noi disgiuntamente.

4. *Non esiste un manuale di istruzioni*

La percezione non avviene nel vuoto. Ci siamo evoluti per percepire allo scopo di sopravvivere, cosa che presuppone delle azioni da parte nostra, il bisogno di *fare* qualcosa. Questo è un altro modo per dire che la percezione non è fine a se stessa. Il nostro cervello ha sviluppato la percezione per fare sì che ci *muovessimo*. Un aspetto fondamentale dell'essere umano, dell'essere vivente, in ogni sistema biologico, organico, è la *risposta*. Le nostre esistenze sono ineluttabilmente intessute all'ambiente e a tutte le cose, viventi e inanimate, che vi sono contenute. Ciò significa che noi, di continuo, non facciamo altro che reagire, agire, e reagire, e poi agire di nuovo (mai proattivamente). Il problema è che le informazioni che riceviamo non contengono istruzioni su come reagire. La realtà non ci dice come comportarci. I nomi non dettano ciascuno un particolare verbo.

Se anche Berkeley avesse avuto torto e noi fossimo in grado di percepire la realtà del mondo in maniera diretta, le persone, i luoghi e le situazioni non si presentano a noi con un manuale per l'uso che ci indichi una risposta utile, né lo fanno gli oggetti inanimati. Gli oggetti ci vincolano a un certo comportamento, ma non lo dettano. Prendiamo ad esempio una pietra. Una pietra non ci dice cosa farne di se stessa. Potrebbe essere uno strumento, un'arma, un fermacarte. La pietra non ha alcun significato intrinseco, alcuno scopo, né alcuna applicazione (però definisce dei vincoli fisici quali peso *relativo*, dimensione *relativa* ecc.) Ciò che vale per una pietra vale assolutamente per tutte le informazioni che raggiungono i nostri sensi, compresa la luce. Ne consegue che le informazioni, senza un qualche tipo di analisi, sono insignificanti. Perciò il nostro cervello deve *creare* il significato che genera una risposta: non *la* risposta, ma *una* risposta. Questo rientra nell'«uno verso molti», l'opposto del «molti verso uno». In qualsiasi momento, ci sono sempre molti modi di reagire. Dopodiché il cervello valuterà l'utilità della nostra risposta per il momento successivo. L'esempio più eclatante sono gli oggetti più importanti della nostra vita, dato che le cose più importanti sono anche sempre le più ambigue: gli altri esseri umani.

Immaginate di interpretare un sorriso amichevole al bancone di un bar come un indizio dell'intenzione di flirtare, e di fare una mossa verso quella persona che però non lo intendeva affatto in quel modo. Oppure immaginate di accusare un vostro amico o un partner di mancanza di lealtà per poi scoprire che quella persona ultimamente era apparsa distante perché era impegnata a prepararvi una sorpresa. Facciamo di continuo cose di questo genere nelle nostre relazioni con gli altri. Elaboriamo costantemente delle informazioni ambigue, e il nostro cervello, tra una serie di risposte possibili, restringe la scelta a una sola. Ci sbagliamo spesso sulle altre persone perché proiettiamo su di loro dei significati in maniera scorretta (approfondiremo le «proiezioni» più avanti nel libro). Dal punto di vista del cervello, i nostri simili umani non sono altro che fonti di informazioni sensoriali altamente complesse e insignificanti. E tuttavia sono «oggetti» per i quali proviamo il massimo interesse, ci fanno sentire coinvolgimento, impegno, passione. Però ci sconcertano di continuo.

Malgrado i nostri migliori sforzi nel comunicare, le persone che incontriamo, conosciamo, con le quali interagiamo non sono fornite di diagrammi dettagliati. Anche se sarebbe molto utile, i nostri simili non sono come i mobili dell'Ikea, che hanno sempre allegato il libretto delle istruzioni. Un'altra persona, ripeto, è come un qualunque altro oggetto fisico: vale a dire, una fonte di informazioni intrinsecamente prive di senso. E per giunta creiamo stimoli privi di senso anche indirizzati a noi stessi. Ragione per cui, sapere con assoluta certezza quale sia il modo «migliore» di rispondere a un'altra persona in ogni contesto, e meno che mai a noi stessi, è impossibile *a priori*.

Se ci sono quattro barriere insuperabili per percepire il mondo come effettivamente è, e vedere la realtà è un'impossibilità matematica, allora vuol dire che dobbiamo metterci a sedere, tirare un bel respiro, e guardare a noi stessi in maniera diversa. Anzi, dobbiamo guardare in maniera diversa alla vita umana.

E qui arriva la parte più strana.

Dobbiamo accettare che il fatto di non vedere la realtà non è una cosa negativa.

La scienza cerca di giungere alla fonte dei fenomeni fisici, superando l'informazione per arrivare alla comprensione. In particolare, le neuroscienze cercano di capire in che modo il cervello vada oltre all'informazione... per giungere al significato, che è quello che Dale Purves e io abbiamo chiamato il «significato empirico» dell'informazione. È questo ciò che fa il cervello, ed è il motivo per cui gli umani sono sopravvissuti e hanno prosperato. La nostra specie ha conseguito i traguardi che ben conosciamo non *malgrado* la nostra incapacità di vedere la realtà, bensì proprio *grazie* a questa incapacità. Possiamo vedere le interpretazioni che abbiamo dato in passato, e questo aiuta il nostro cervello a rispondere in una maniera che sotto il profilo comportamentale ci è utile.

In sostanza, non importa che le informazioni siano insignificanti. Importa quello che noi *facciamo*, dato che alla base dell'esistenza umana c'è la domanda: *cosa succederà adesso?* Rispondere bene (o, più precisamente, il meglio possibile) a questa domanda vuol dire sopravvivere, e – finora – davamo per scontato che dovessimo conoscere la realtà per poter dare la risposta migliore. Ma non è così. E dunque in quale altro modo saremmo sopravvissuti per millenni? Come avremmo potuto costruire città, società, grattacieli? Come avremmo potuto creare tanto significato a partire dall'insignificante? Semplice. Attraverso il *modus operandi* dell'intreccio di evoluzione, sviluppo e apprendimento che ci portiamo dentro: procedendo *per tentativi ed errori*. Questo vuol dire che dobbiamo affrontare il mondo... empiricamente.

È così che costruiamo (e quindi modifichiamo) l'architettura del nostro cervello: attraverso la sperimentazione, confrontandoci attivamente con le fonti di informazioni ambigue. Ed è l'argomento di cui tratteremo nel prossimo capitolo.

3.
Diamo senso ai sensi

Non abbiamo mai accesso alla realtà perché le informazioni che il nostro cervello riceve attraverso i sensi sono in sé e per sé prive di significato, quindi qual è il prossimo passo per poter vedere in maniera differente? In che modo questo dato di fatto sulla percezione rappresenta il percorso, e non un impedimento, verso deviazioni cruciali nel nostro modo di pensare? Anzitutto, è essenziale comprendere che in tutte le nostre percezioni c'è *sempre* un significato; solo che non si trova nelle informazioni con cui entriamo in contatto. È invece il cervello che opera all'interno di un'ecologia a *costruire* significato, servendosi dell'unico altro tipo di informazioni cui ha accesso: le esperienze passate.

Ben Underwood era nato nel 1992 a Sacramento, in California, affetto da retinoblastoma, una rara forma di tumore che attacca la retina. È una patologia più comune nei bambini e solitamente si manifesta in un occhio solo, ma nel caso di Ben era presente in entrambi. Se non viene trattato, questo tumore può diffondersi rapidamente, quindi i medici furono costretti a rimuovere chirurgicamente prima un bulbo oculare del bambino, e poi anche l'altro. Ad appena tre anni Ben era cieco. Sua madre, Aquanetta Gordon, ricorda benissimo quel periodo devastante, sostenendo però di essere sempre stata certa che il figlio se la sarebbe cavata. Aveva seguito da vicino un ragazzo cieco per parecchi anni e aveva visto come le persone erano state iperprotettive nei suoi riguardi, peggiorando ulteriormente la sua disabilità. «Ben avrebbe avuto la sua infanzia, a qualunque costo. Avevo piena fiducia in lui», ricorda. La donna gli faceva fare dei salti su e giù dai gradini e altri esercizi spaziali molto impegnativi che a volte lo frastornavano. Sta di fatto, però, che a quattro anni Ben iniziò ad adattarsi... *schioccando la lingua*.[1]

Usando la lingua come uno strumento percussivo, facendola battere contro il palato, Ben produceva questi schiocchi dappertutto, in camera sua, in soggiorno, in cucina, persino in bagno. «Si avvicinava agli oggetti, schioccava la lingua e *rimaneva in ascolto*», racconta Aquanetta. «Faceva così con il lavandino, il cestino dei rifiuti, la tenda della doccia, con tutto». Lei lo incoraggiava, avendo intuito che era il nuovo modo escogitato dal figlio per «vedere» il mondo. «"Continua a farlo", gli dicevo, "continua a fare quel suono". Sarebbe stato così brutto da parte mia dirgli tutto quello che non poteva vedere perché non aveva gli occhi». Ben era troppo piccolo per capire ciò che stava facendo – che era semplicemente una soluzione istintiva messa in atto dal cervello per reagire al suo mondo di colpo diventato invisibile. Attraverso una sperimentazione intuitiva, il bambino stava imparando a interpretare i suoni che rimbalzavano contro gli oggetti che aveva di fronte, e che in questo modo gli fornivano una sorta di mappa mentale dell'ambiente circostante. Più tardi avrebbe chiamato questo suo inedito organo di senso lo «schermo visivo».

Le onde sonore che caratterizzano lo specifico tipo di suono generato dallo schiocco della lingua permettevano a Ben di percepire il proprio ambiente visivo sotto forma di ambiente acustico, e quando raggiunse l'età per andare all'asilo era in grado di muoversi nello spazio con una notevole scioltezza (e certamente anche con un bel po' di coraggio). Sapeva distinguere un'auto parcheggiata da un camion, ad esempio, e una volta riuscì a riconoscere un vicino che si trovava a cinque case di distanza grazie al suono prodotto dai sandali sul marciapiedi.

Ovviamente, la strana tecnica impiegata da Ben esisteva in natura da milioni di anni: si chiama *ecolocazione*, il sonar biologico altamente evoluto usato da alcuni mammiferi quali pipistrelli e delfini. Il modo alternativo di vedere usato da Ben gli aveva permesso di superare la perdita della vista e di condurre un'esistenza normale. Tanto che andava in bicicletta nel vicinato, giocava a basket e a tetherball, e riusciva persino a battere il fratello ai videogame, avendo imparato il significato dei vari suoni. Doveva però affrontare delle sfide, non solo per i piccoli incidenti che ogni tanto subiva, ma soprattutto per l'atteggiamento della gente. Ad esempio, il preside della sua scuola, a differenza della madre, non gli consentiva di arrampicarsi sulle strutture del parco giochi e, in seguito, un consulente scolastico si infuriò per il suo rifiuto di usare un bastone da ciechi. Ma lui aveva già superato la cecità, perciò questi erano ostacoli da niente.

Ben morì a sedici anni per una recidiva del suo cancro, però aveva vissuto una vita ricca di opportunità e relativamente libera, a cui tutti possiamo aspirare. Era riuscito a costruire incredibili stratificazioni di significato a partire da informazioni insignificanti.

La storia di Ben è la prova della resilienza umana, e la sua capacità di sviluppare per conto proprio l'ecolocazione dimostra le potenzialità di innovazione del cervello. Perciò, dal punto di vista delle neuroscienze, la sua esperienza non sorprende, pur rimanendo qualcosa di eccezionale. La sua vita attesta il fatto che siamo in grado di modificare *fisicamente* il nostro cervello, non malgrado la sua natura intrinsecamente interpretativa ed estranea alla realtà, ma *per via* di questa sua natura. Il cervello di Ben aveva trovato una risposta a quella domanda fondamentale... *cosa succederà adesso?*... perché era interessato a farlo. Inoltre il bambino aveva anche la necessità di farlo, se voleva vivere un'esistenza «normale», e il suo cervello è stato in grado di evolversi per raggiungere questa finalità. Trovandosi a dover affrontare una grave menomazione dei suoi sensi, la percezione di Ben, anziché interrompersi, ha trovato un modo nuovo di elaborare l'ambiente... di sua iniziativa.

Questo è il motivo per cui il processo di tentativo ed errore, di azione e reazione (feedback), o, per meglio dire, il «ciclo di risposta», è al centro della percezione. Le esperienze precedenti forniscono al cervello un repertorio storico di feedback che scolpisce la sua architettura neurale. Quell'architettura, e le conseguenti percezioni che ne derivano, sono la nostra realtà. In sostanza, il nostro cervello consiste di storia e poco altro, una manifestazione fisica del nostro passato (sotto l'aspetto individuale, culturale ed evoluzionistico), con la capacità di adattarsi a un nuovo «passato del futuro».

Ecco come questo si svolge a livello cellulare. I neuroni, o cellule nervose, e le migliaia di miliardi di connessioni fra di essi, costituiscono la rete integrata del cervello, che opera come un «back office» incredibilmente complesso volto a sostenere e generare, si auspica, il funzionamento ben oliato di tutta l'impresa, vale a dire noi stessi. I vari recettori sensoriali ricevono tutte le informazioni derivanti dall'ambiente che forniamo loro, e poi le inoltrano, o le rimandano indietro, ciascuna al posto che le compete. All'interno di ogni neurone c'è un altra complessa rete consistente di membrane (lipidi), proteine (ribosomi), acido desossiribonucleico (DNA) ed enzimi. Ogni qualvolta un impulso informativo accede al cervello, la rete neurale si altera a seconda del tempo, della frequenza e della durata dei nuovi «dati». Ciò a sua volta condiziona la composizione dell'insieme di membrane, proteine, acidi ed enzimi e, in ultimo, l'effettiva struttura fisica e fisiologica del neurone. Dato che i neuroni e la struttura in continua evoluzione di queste reti sono la base a partire dalla quale prendiamo decisioni **in relazione** *al nostro corpo e al mondo circostante*, possiamo dire di essere plasmati da questo processo.

Il cervello contiene esperienze provenienti da tutto il suo arco di vita, dall'ultimo millennio all'ultimo secondo, dai successi e fallimenti dei nostri antenati ai nostri. Poiché il passato determina la struttura fisica del cervello, determina anche il nostro modo di pensare e di comportarci, ora e in futuro. Ciò vuol dire che maggiori sono i nostri contatti con il mondo, più ricco sarà il repertorio delle risposte che a sua volta ci aiuterà a rispondere utilmente. Questo è un altro modo per dire che essere attivi è non solo importante, bensì neurologicamente *necessario*. Non siamo osservatori esterni del mondo definiti dalle nostre «proprietà fondamentali». Come il vortice d'acqua, siamo definiti dalle nostre interazioni, dalla nostra ecologia. È *così* che il nostro cervello conferisce significato a ciò che è insignificante.

Promuovere l'attività rispetto alla passività può sembrare un consiglio retorico, ma quando si tratta del cervello è ben più che saggezza in pillole. Modificando fisicamente il cervello, si influenza direttamente il tipo di percezioni che si possono avere in futuro. Questa «*innovazione cellulare*» porta a innovazioni sul piano vivente delle idee e delle cose che si pensa di fare. Adattiamo il nostro hardware e il nostro hardware adatta noi, rendendo il nostro cervello e il nostro corpo padroni dell'ambiente.

Per cogliere in senso pratico la differenza fra attitudine attiva e passiva, possiamo considerare un esperimento classico che ho soprannominato «il gattino nel cesto»,[2] condotto nel 1963 da due docenti della Brandeis University (Massachusetts), Richard Held e Alan Hein. L'influenza dello studio fu tale che il termine «Heldenhein» – la fusione dei due cognomi – divenne un'abbreviazione comune nel campo della psicologia sperimentale.[3] I due ricercatori intendevano indagare come l'interazione del cervello con il proprio ambiente durante l'età dello sviluppo condizionasse le competenze percettive spaziali e la coordinazione dei movimenti. L'esperimento non poteva essere condotto su soggetti umani, per cui i ricercatori, sulla base di lavori precedenti, optarono per dei gattini.

Lo studio iniziò con un breve periodo di deprivazione. Dieci coppie di gattini furono tenute al buio dal momento della nascita, ma dopo alcune settimane Held e Hein cominciarono a esporre alla luce due animali alla volta nel corso di sessioni di tre ore, mettendoli sopra una specie di giostra girevole. Entrambi i gatti erano collegati alla stessa giostra, ma con una differenza cruciale: uno poteva muoversi liberamente, mentre i movimenti dell'altro erano limitati da un contenitore appeso alla giostra nel quale era stato collocato, e dal quale poteva soltanto osservare intorno a sé. Quando il gattino A, quello libero di muoversi, effettuava un movimento, un certo meccanismo della giostra faceva sì che il gattino P, quello bloccato, si muovesse in risposta. Con l'avanzare delle sessioni, questo impianto sperimentale conferiva al cervello dei due animali praticamente lo stesso passato visivo, unito a una storia simile di movimenti nello spazio. Ma totalmente diverso era il modo in cui affrontavano l'esperienza della visione del mondo.

Il gattino A sperimentava con le zampe, percependo, ad esempio, quel che accadeva quando si spostava verso il margine esterno della giostra. Si avvicinava a una cosiddetta «scogliera visiva» (*visual cliff*), il prolungamento in vetro presente a un'estremità dello spazio aperto sul quale si trovava, e poi desisteva dal procedere oltre sulla lastra di vetro, cioè oltre il ciglio dell'apparente «scogliera», dimostrando la capacità di percepire la profondità. Esibiva il riflesso pupillare – la contrazione della pupilla – quando Held e Hein gli stimolavano gli occhi con la luce di una torcia elettrica. E alzava la testa per seguire i movimenti delle loro mani. In sostanza, aveva preso confidenza con il suo mondo, come un normale gattino o neonato umano. Affrontava in maniera attiva ciò che vedeva e lo spazio circostante, imparando a produrre significato visivo. Nel caso del gattino P, invece, lasciato a oscillare passivo e impotente nel suo cestino, in grado di percepire ma non di agire, le esperienze passate concedevano al suo cervello un repertorio molto più limitato di tentativi ed errori rispetto al gattino A. L'animale bloccato non poteva «dare un senso» ai propri sensi né vedere il significato empirico delle informazioni, cioè il loro valore dal punto di vista comportamentale.

Terminata la fase della giostra, Held e Hein testarono le risposte dei due animali, ottenendo risultati eclatanti. Il gattino A era in grado di usare le zampe per assumere le varie posizioni, batteva le ciglia quando un oggetto gli si avvicinava ed evitava le «scogliere visive». Il gattino P, invece, era goffo nell'avanzare sulle zampe, non batteva le ciglia e non aveva l'istinto di fermarsi prima della scogliera. Il gattino A aveva sviluppato le competenze necessarie a muoversi con successo nel suo ambiente, e imparato a rispondere alla sua realtà affrontandola per tentativi ed errori. Al contrario, il gattino P non aveva fatto niente di tutto questo. Era come se fosse cieco a tutti gli effetti. La differenza si poteva riassumere, in sostanza, in un'attitudine attiva rispetto a una passiva nell'interpretare informazioni ambigue e limitate, e nel diverso modo in cui questo aveva modellato il cervello degli animali.

Dopo l'esperimento tutti i gattini furono lasciati liberi di muoversi nello spazio e alla luce, ed è stata una storia a lieto fine: infatti, dopo quarantotto ore di libertà, i gattini P mostravano le stesse competenze dei gattini A nella percezione spaziale e nella coordinazione dei movimenti, un risultato molto simile a ciò che accade ai pazienti reduci da un intervento di cataratta. Il loro cervello era stato rapidamente in grado di creare il necessario repertorio di *azioni effettivamente compiute* di cui erano stati deprivati a causa delle limitazioni imposte dal cesto.

L'esperimento di Held e Hein spiega come sia stata possibile l'incredibile vicenda del «Bat Boy» Ben Underwood, e mostra le due opzioni che il bambino aveva davanti a sé: (1) avrebbe potuto lasciare che la sua cecità agisse come un metaforico cesto che gli impediva di affrontare il suo mondo, come era accaduto al gattino P; oppure (2) avrebbe potuto fronteggiare attivamente l'ambiente con gli altri sensi e, nel fare questo, riplasmare il proprio cervello, generando percezioni utili (per quanto incredibilmente anticonvenzionali) del mondo circostante. Ben scelse la seconda opzione – che non è la decisione più ovvia per la maggior parte delle persone. Era testardamente determinato a dare un senso alla marea di informazioni invisibili e insignificanti che aveva intorno, anche se – o invece proprio perché – aveva un organo sensoriale in meno rispetto alla maggioranza della gente.

Gli individui ecolocalizzatori come Ben Underwood (ce n'è una quantità crescente, con seminari di formazione che si svolgono in tutto il mondo) costruiscono significato attraverso ciò che in loro funziona e non funziona, tuttavia non sono persone diverse da me, da voi o da nessun altro. Come chiunque altro, gli ecolocalizzatori non sono capaci di percepire la realtà in maniera accurata. Anche loro la percepiscono in maniera (più o meno) *utile.*

Tutti noi abbiamo realtà esperienziali che plasmano il nostro cervello, quindi siamo tutti come gattini che zampettano in un passato percettivo che ci consente di dare un senso al presente. E tutti noi abbiamo davanti le medesime due scelte: affrontare avidamente il mondo, oppure no. Questo perché ci siamo adattati ad adattarci, allo scopo di ridefinire continuamente la normalità.

Ci siamo adattati ad adattarci, allo scopo di ridefinire continuamente la normalità.

Adattarsi è ciò che la nostra specie (non diversamente da tutte le altre) fa a partire dal giorno zero. Il nostro cervello cerca dei modi che ci aiutino a sopravvivere, alcuni banali (trovare del cibo, mangiarlo) altri straordinariamente innovativi (usare le orecchie per vedere). Per questa ragione un'attitudine attiva è tanto importante: consente di attingere a una risorsa neurologica che è essenziale per noi e per la nostra biologia, e quindi può portare a innovazioni nella percezione che hanno una base fisica nel cervello, se sappiamo come sfruttarla. Simili sperimentazioni pratiche rappresentano l'avanguardia dell'ingegneria neurale.

Da circa un decennio il Magnetic Perception Group, un progetto di ricerca dell'Università di Osnabrück, in Germania, studia «l'integrazione di nuove modalità sensoriali utilizzando un inedito dispositivo di potenziamento sensoriale che proietta la direzione del nord magnetico su una cintura da indossare», come si legge sul sito web dell'iniziativa. Anche se può suonare come la velata pubblicità di un nuovo stravagante sex toy, non lo è assolutamente (almeno non ancora, perché si parla anche di «stimolazione vibrotattile»). È la descrizione della feelSpace Navigation Belt, un apparecchio sperimentale che espande la frontiera della percezione e del comportamento umani.

La cintura in questione è dotata di una bussola tarata per vibrare verso il nord magnetico terrestre, fornendo a chi la indossa una sorta di senso dell'orientamento potenziato, nonché un'opportunità di adattamento. (Ricordate come gli uccelli utilizzano i campi magnetici per orientarsi? Indossare questa cintura è come essere dotati di «potere aviario»). Nel suo studio più recente, pubblicato nel 2014, il Magnetic Perception Group ha fatto indossare ad alcuni partecipanti la cintura feelSpace per sette settimane, durante tutte le ore di veglia.[4] Ciò significa che la portavano mentre camminavano, lavoravano, guidavano, mangiavano, trascorrevano il tempo con amici e familiari – in sostanza, sempre, di giorno, anche se avevano il permesso di togliersela se restavano seduti staticamente per un tempo prolungato. L'obiettivo era quello di studiare le contingenze sensorimotorie, una serie teorica di leggi che governano le azioni e i correlati impulsi sensoriali. «Sono stato un soggetto in uno dei primi studi», afferma Peter König, il direttore del Magnetic Perception Group di Osnabrück, «e mi sono divertito molto».[5]

I risultati degli esperimenti con la cintura feelSpace condotti da König e dal suo team offrono un punto esclamativo a sostegno dell'innata adattabilità del cervello. Le persone che hanno indossato la cintura hanno riscontrato radicali cambiamenti nella loro percezione spaziale. Hanno sviluppato un senso più accentuato delle direzioni cardinali e un incrementato «orientamento egocentrico globale» (la conoscenza di dove ci si trova). Ma per farsi un'idea più precisa di come ci si senta a portare la cintura, la cosa migliore è leggere i resoconti dei partecipanti, che sono a un tempo realistici e suggestivi: «*Le informazioni che mi arrivano dalla cintura affinano la mia mappa mentale. Ci sono, ad esempio, dei posti di cui pensavo di sapere dove si trovasse il nord, e invece la cintura mi ha dato un'altra indicazione*». «*Ora che le mie mappe sono state ricalibrate, il loro raggio d'azione è aumentato molto. Da qui posso puntare in direzione di casa mia – 300 km – e posso immaginare – non solo con la prospettiva bidimensionale degli uccelli – come le autostrade taglino il paesaggio*». «*Lo spazio è diventato più ampio e più profondo. Attraverso la presenza di oggetti/punti di riferimento non visivamente evidenti, la mia percezione dello spazio si estende al di là del mio raggio visivo. Prima, questa era una costruzione cognitiva, ora lo posso davvero sentire*». «*Mi capita sempre più spesso di cogliere relazioni reciproche fra spazi e località di cui in precedenza non ero consapevole*». «*In molti luoghi, il nord è diventato una caratteristica del luogo stesso*».

Oltre alla percezione spaziale, sono cambiate anche la capacità di orientarsi e la qualità delle prestazioni dei partecipanti. Anche in questo caso, le loro esperienze parlano da sole: «*Sono letteralmente meno disorientato*». «*Oggi sono sceso dal treno e ho capito subito da che parte dovevo andare*». «*Con la cintura non ci si deve sempre preoccupare delle svolte (nella strada che si sta percorrendo), uno semplicemente lo sente, senza starci tanto a pensare!*» Cosa interessante, sono anche state riferite delle «sensazioni ed emozioni indotte dalla cintura» (i soggetti dei gruppi di controllo, che non portavano la cintura, raramente parlavano di emozioni); e poi piacere nell'uso, curiosità e sicurezza (rispetto all'insicurezza riferita dai senza cintura nelle stesse circostanze), ma anche molta irritazione verso il dispositivo stesso, che è una cosa del tutto comprensibile, considerando che si tratta di un oggetto estraneo che vibra sul proprio addome *ininterrottamente*. Eppure, malgrado questi resoconti entusiasti dei partecipanti allo studio, König spiega che la verbalizzazione della loro esperienza era molto impegnativa, e sfociava spesso in contraddizioni, come se non esistessero delle parole adatte per descriverla. «La mia ipotesi», afferma König, «è che se andassi in un piccolo villaggio alpino isolato con un centinaio di abitanti e dessi la cintura a ognuno di loro, dopo un po' modificherebbero tutti il loro modo di esprimersi. Ne sono certo».

La cintura feelSpace può avere rilevanti applicazioni pratiche nella vita reale. Potrebbe essere usata per aiutare le persone a orientarsi in contesti dove è facile perdersi (i deserti, Marte), ed essere d'ausilio ai ciechi per muoversi nel loro ambiente (al posto dell'ecolocalizzazione). Ma ancora più interessanti sono le sue implicazioni in senso lato, poiché costituiscono un esempio di effettiva attuabilità del vedere in maniera differente. Non lo intendo in un'accezione futurista, transumanista, cioè a dire che tra cinquant'anni indosseremo tutti cinture feelSpace e altre modificazioni corporee che ci renderanno dei proto-superumani, no, trovo invece molto intrigante quello che la feelSpace ci dice su ciò che siamo in grado di fare normalmente ora, senza nessuna cintura.

Il lavoro di König e del suo team dimostra che possiamo accrescere la nostra percezione, e dunque migliorare il nostro comportamento, «giocando» con le contingenze del modello neurale del nostro cervello.[6] Se con la cintura questo è potuto accadere, è segno che il cervello dei partecipanti si è modificato *fisiologicamente*, e in meno di due mesi. Le persone che la indossavano hanno affrontato il mondo esterno in maniera inedita e hanno creato un nuovo repertorio di interpretazioni da applicare alle informazioni. Come sostiene König, «Il cervello è grande abbastanza da poter imparare qualunque cosa. L'unico limite è il tempo occorrente per allenare i sensi. Ma in linea di principio le nostre capacità non hanno limiti». Dopo aver smesso di usare la cintura, ci sono degli effetti che perdurano nel tempo? «Il ricordo di come ci si sentiva, la percezione, è qualcosa di astratto», dice König ridendo, perché questa è la domanda che gli fanno sempre. «Però sento che il mio modo di orientarmi nello spazio è cambiato. Un leggero effetto rimane. È difficile da quantificare, ma un effetto permanente c'è. A due anni di distanza dalla mia partecipazione all'esperimento, ho di nuovo indossato la cintura per una dimostrazione pubblica, ed è stato come quando incontri un vecchio amico e cominci a chiacchierare a ritmo frenetico per recuperare il tempo perduto. Quindi alcune strutture restano, anche se non sono permanenti, e possono essere facilmente riattivate».

Durante le settimane trascorse indossando la cintura feelSpace (e percependo con il suo ausilio), i partecipanti non avevano comunque accesso diretto alla realtà, però si sono agevolmente adattati a un nuovo modo di costruire significato. Hanno semplicemente fatto ciò che gli esseri umani fanno da sempre: **dare un senso ai propri sensi**. Ma per fare questo non occorre una cintura progettata in laboratorio né altri strani congegni. La nostra vita quotidiana, personale e professionale, ci fornisce opportunità in abbondanza per costruire significato, perché il processo dell'evoluzione è nella nostra testa.

Il processo dell'evoluzione è nella nostra testa.

Siamo prodotti *e* specchi *e* creatori dell'evoluzione, dato che l'evoluzione si è evoluta per evolvere (quel che si chiama *evolvibilità*), come un libro scritto dall'evoluzione che sia anche *sull'*evoluzione. Dunque il nostro cervello è una manifestazione fisica di quella storia ecologica, ma non soltanto della storia umana. Abbiamo un passato in comune anche con tutte le cose viventi che ci circondano, dato che ognuna di esse ha dovuto evolversi nello stesso ambiente in cui ci siamo evoluti noi, andando quindi a costituire una parte di quell'ambiente, con il risultato di trasformarlo. Uccelli, delfini, leoni; siamo tutti cervelli in un corpo e corpi nel mondo con un obiettivo e uno solo: sopravvivere (e, nel caso degli umani delle epoche più recenti, progredire!) Ed ecco il punto: la sopravvivenza (e il progresso) richiedono innovazione.

Ci siamo evoluti per ridefinire continuamente la normalità. Possediamo meccaniche di adattamento che fanno tutte la stessa cosa, solo con tempistiche diverse nel procedere per tentativi ed errori. L'evoluzione è una di queste, ed è la sequenza più lunga, una sorta di maratoneta dell'adattabilità/trasformazione che copre un arco temporale immenso, nel corso del quale alcune specie scompaiono mentre altre proliferano.

Le caratteristiche dei pesci che vivono a differenti profondità negli oceani illustrano l'agire dell'evoluzione nel regno del non-umano. I pesci degli abissi abitano un ambiente privo di luce, sopravvivendo in un paesaggio di oscurità dove l'unica fonte di illuminazione che conoscono è la bioluminescenza (la luce emessa da organismi che hanno evoluto la capacità di convertire l'energia chimica in energia luminosa). Questi pesci hanno soltanto un unico recettore per la luce, dato che l'innovazione prodotta dall'evoluzione, l'innovazione di qualunque tipo, peraltro, non consiste soltanto nel conquistare nuovi tratti utili, ma anche nel respingere quelli inutili, come avere più fotorecettori di quanti siano necessari. Ma più si risale nelle acque oceaniche, e più ci si avvicina alla superficie dove penetra la luce solare, più numerosi sono i recettori visivi posseduti dai pesci, con un orientamento tendente alla percezione dell'azzurro. Appena sotto la superficie è dove si ha la visione più complessa, ed è naturalmente qui che vive il nostro vecchio amico, lo stomatopode dalla vista stereoscopica, nelle acque poco profonde. Il sistema neurale riflette un adattamento graduale, vantaggioso per gli organismi.

La complessità dell'ambiente va di pari passo con la complessità dell'apparato sensoriale.

La complessità dell'ambiente va di pari passo con la complessità dell'apparato sensoriale.

Se l'evoluzione è il processo di prova ed errore più a lungo termine, quali sono le altre sequenze temporali? Pensiamo alla cintura feelSpace e a innumerevoli altre attività percettive di varia intensità – ad esempio, giocare ai videogame, guidare un'auto, diventare un esperto di vini. Acquisire competenze in attività di questo genere dimostra come il cervello sia adattato per adattarsi, ma in un arco di tempo breve. Un processo che si chiama apprendimento.

Impariamo nel giro di minuti, e anche di secondi, a fare determinate cose, e nel percorso ci costruiamo un repertorio individuale di ciò che funziona e di ciò che non funziona sul breve termine. Eppure anche questo passato di corto raggio ha la potenzialità di modificare il nostro cervello, dato che chiaramente influenza esiti sul piano del comportamento (quanto eravate bravi la prima volta che avete usato un videogioco, e quanto lo siete ora?). Alterazioni fisiologiche ben più eclatanti, tuttavia, si verificano durante un'altra sequenza temporale, un arco di tempo nel quale le fasi di crescita svolgono un ruolo chiave: le età dello sviluppo.

I gattini dell'esperimento di Held e Hein si trovavano a uno stadio di intenso sviluppo della loro esistenza, ed è questo il motivo per cui la loro capacità o incapacità di adattarsi produceva contrasti così marcati. Ma i cambiamenti cerebrali generati dallo sviluppo non si verificano solamente nei periodi di formazione più precoci; ci sono anche altre «fasi critiche», e infatti certe regioni della corteccia possono modificarsi per tutto il corso della vita. È stato dimostrato, ad esempio, che parlare abitualmente due lingue può ritardare la comparsa della demenza senile.[7] Dato che la mia ricerca si svolge nel campo dello sviluppo neurale, mi è ben chiaro che quello sviluppo ha luogo durante tutta la vita.

~~ENOLUZIONE~~

~~EVOLOZIONE~~

~~FVOCOZIVNE~~

~~EVOMIXIONE~~

EVOLUZIONE

Il lavoro del neurobiologo Dale Purves è una citazione calzante. Dale è un brillante scienziato che per decenni ha esercitato grande influenza sulle neuroscienze (e che io ho la fortuna di poter considerare un mentore, sia nel lavoro che nella vita). Ha avviato uno dei dipartimenti di neurobiologia più importanti del mondo, alla Duke University, in North Carolina, ed è stato direttore del Center for Cognitive Science di quella stessa università. La sua ricerca esamina la malleabilità adattativa lungo la sequenza temporale dello sviluppo che riguarda non soltanto il nostro cervello ma anche i nostri *muscoli*. Molti dei suoi primi studi hanno indagato la giunzione neuromuscolare, il punto di incontro del sistema nervoso e del sistema muscolare. Una delle scoperte epocali di Purves ha dimostrato che questa giunzione è in sostanza una sorta di «gioco delle coppie», molto affollato, a cui partecipano le cellule del tessuto muscolare, o fibrocellule, e le cellule nervose, nel quale le fibrocellule che non trovano un neurone con cui accoppiarsi vengono messe alla porta. Fuor di metafora, ciò che accade è questo: la creazione dei meccanismi del nostro corpo è un'impresa biologica talmente complessa, con una tale quantità di informazioni genetiche da codificare, che il cervello non può sapere dove piazzare ogni singola cellula, meno che mai le connessioni fra di loro. Così opta per un approccio pratico e dice: «Grossomodo sappiamo che dobbiamo fare andare dei nervi in quel muscolo, e altri nervi in quell'altro muscolo, ma non possiamo sapere esattamente come tutto questo alla fine si sistemerà nei dettagli. Quindi quello che faremo è mettere insieme un gruppo di muscoli e un gruppo di nervi e lasciare che si innervino da soli (cioè, che i muscoli si dotino di nervi). Ci saranno un mucchio di avanzi, però pazienza, in un modo o nell'altro se la caveranno».[8]

E in effetti la giunzione neuromuscolare trova la maniera di risolvere il problema delle cellule neuromuscolari ridondanti. Dato che sono troppe, si autoselezionano potandosi a vicenda, in una competizione messa in atto dal corpo tra i «fattori neurotrofici», le proteine che indirizzano e regolano la crescita dei neuroni. L'obiettivo è quello di avere una singola cellula nervosa per ogni singola attività muscolare, quindi i muscoli ope-

rano la loro selezione dicendo: «Produrrò nutrimento a sufficienza soltanto per una di voi, e quella che se lo prende sarà quella che rimarrà attiva». Oppure, tornando al gioco delle coppie, se perdi la tua occasione di accoppiarti, sei eliminato. È un qualcosa di molto simile, naturalmente, a ciò che accade nei pesci dei fondali oceanici che sopprimono i fotorecettori in eccesso: la potatura delle cellule neuromuscolari agisce come un microcosmo dell'evoluzione localizzato e accelerato. Una volta che è avvenuta la potatura, e un singolo neurone ha innervato una singola fibra muscolare, ha luogo un altro processo essenziale: la crescita. La singola cellula nervosa inizia a ramificarsi, generando un numero sempre maggiore di connessioni lungo la stessa fibrocellula. Più è attiva e più ramificazioni produce, consentendo un controllo sempre più efficiente della fibra muscolare che innerva.

La ricerca di Purves sulla giunzione neuromuscolare è stata strumentale per il mio lavoro, così come per quello di molti altri, perché mi ha indotto a domandarmi se un processo analogo a quello che ha luogo nella giunzione neuromuscolare avesse luogo anche all'interno del cervello. Potrebbe un simile protocollo di autoselezione e potatura, seguito da una crescita dipendente dall'attività, governare il sistema nervoso centrale, la postazione di comando che genera i nostri pensieri? Ho concentrato il mio lavoro sullo studio della corteccia e del talamo nei topi durante uno stadio embrionale avanzato, e ho scoperto che la risposta era un netto... sì.

La corteccia cerebrale è la parte più esterna del cervello dove si trova la «materia grigia». È la regione nella quale i nostri sensi e le nostre abilità motorie si incontrano, e contiene i tessuti che ci consentono di avere una coscienza. Anche nei topi è la zona che produce il «pensiero», solo su una scala diversa da quella umana (anzi, in certi casi, sulla stessa scala, e anche su una superiore, per quanto concerne l'olfatto e certe altre facoltà). Il talamo è un aggregato di cellule situato più in profondità nel centro del cervello, a cavallo dei due emisferi, e svolge un ruolo di filtro nella percezione sensoriale, con mansioni di diligente assistente esecutivo per il grande direttore generale che è la corteccia. Tuttavia, nei miei esperimenti *in vitro* con i topi, David Price e io abbiamo scoperto che questa relazione è in realtà molto più importante. La corteccia e il talamo rappresentano uno dei fenomeni meno comuni all'interno del cervello: una vera *love story*.

Il mio obiettivo era quello di studiare i meccanismi della plasticità neurale, quindi ho rimosso delle cellule sia dalla corteccia sia dal talamo dei topi. Nei primi stadi dello sviluppo, queste cellule potevano sopravvivere in isolamento, dato che la relazione fra i due organi non si era ancora stabilmente consolidata e dunque non era così importante, non si erano ancora conosciuti bene. Questo perché non avevano ancora formato delle interconnessioni. Ma in seguito, in fasi più avanzate dello sviluppo, se separavo le cellule appartenenti ai due organi dopo che si erano connesse fra loro, accadeva qualcosa di tragico: in isolamento, sia le cellule della corteccia sia le cellule del talamo deperivano fino a morire.

Dal primo sviluppo agli stadi più avanzati, le cellule corticali e talamiche si erano adattate reciprocamente – si erano, in sostanza, «innamorate», tanto da non poter più vivere l'una senza l'altra (come avviene in molte relazioni umane, alcune funzionali, altre non molto). La cosa ancora più affascinante è che la loro codipendenza iniziava esattamente nel momento in cui stavano per formare connessioni tra loro. Se rimuovevo delle cellule talamiche tre giorni prima di quando avrebbero incontrato una cellula corticale, e le tenevo in isolamento, dopo tre giorni incominciavano a morire *a meno che* non vi avessi aggiunto dei fattori di crescita rilasciati dalla corteccia, sostanze necessarie allo sviluppo cellulare. In altre parole, il loro è un amore «fatale». Ciò significa che la loro relazione si modifica con il progredire dello sviluppo, e queste due regioni del cervello diventano codipendenti ed estremamente sociali, facendo ciascuna affidamento sull'altra per ottenere fattori di crescita. Quindi, se il lavoro di Purves aveva mostrato che la giunzione neuromuscolare è una sensale priva di scrupoli, la corteccia e il talamo rappresentavano l'equivalente neurale dell'amore travolgente, letteralmente del tipo «senza di te non posso vivere».[9]

Oggi sappiamo che le sequenze temporali per l'adattabilità neurologica sono le seguenti: breve termine (apprendimento), medio termine (sviluppo), lungo termine (evoluzione). Tutte e tre offrono opportunità per l'adattamento e la percezione attraverso il modellamento e il rimodellamento della rete neurale che sottostà al comportamento, e si tratta di un principio fondamentale che le unisce tutte e tre e al tempo stesso apre la via verso una maniera differente di vedere: la mente si armonizza con la propria ecologia!

La mente si armonizza con la propria ecologia!

Il termine *ecologia* indica semplicemente la relazione interattiva fra le cose e lo spazio fisico nel quale esistono. È un sinonimo di *ambiente*, però coglie meglio la natura fluida, inestricabilmente connessa delle cose che vi sono contenute. Dato che la nostra ecologia determina il modo in cui ci adattiamo e, adattandoci, innoviamo; e dato che l'adattamento fa sì che il nostro cervello si modifichi fisicamente, la conclusione logica è che la nostra **ecologia** *plasma a tutti gli effetti il nostro cervello* (e che il cervello rimodellato si traduce in cambiamenti del comportamento che a loro volta plasmano il nostro ambiente). L'ecologia genera un repertorio empirico di tentativi ed errori che danno forma all'architettura funzionale dei tessuti cerebrali, e i tessuti cerebrali danno forma al mondo circostante attraverso l'interazione fisica del corpo. Noi stessi e tutte le nostre percezioni siamo una manifestazione diretta, fisiologica dei nostri significati percettivi passati, e il nostro passato è in larga parte la nostra interazione con il nostro ambiente, e quindi la nostra ecologia. È precisamente grazie al fatto che noi non vediamo la realtà, e *non* malgrado questo, che siamo in grado di adattarci e di cambiare così fluidamente. Mettetevi bene in testa questa idea: il *non* vedere la realtà è fondamentale per la nostra capacità di adattamento.

Il non *vedere la realtà è fondamentale per la nostra capacità di adattamento.*

Dato che il cervello è costantemente impegnato nel compito di dare senso a informazioni che intrinsecamente ne sono prive, questo processo interpretativo implica che la nostra elaborazione neurale sia uno strumento attivo di confronto con il mondo esterno. Ed è questo ciò che spiega la natura prodigiosamente plastica, versatile ed evolvibile della nostra mente.

Perciò: *cambiamo l'ambiente e cambiamo il nostro cervello.*

Questa è la conseguenza/importanza del continuo coinvolgimento con il mondo esterno.

(Solo è meglio non eccedere nel cambiamento, dato che nell'evoluzione, in termini di selezione naturale, troppa poca familiarità può portare a un mancato adattamento, cosa molta negativa. Teniamo conto che il «cambiare troppo» è un'entità relativa. Quello che è troppo per un principiante può essere niente per un esperto. Pensiamo alla differenza che rappresenta percorrere a piedi un chilometro per una persona sedentaria rispetto a un atleta. Due esperienze oggettivamente identiche possono essere del tutto diverse nella pratica, a seconda del cervello e del corpo di chi le vive. Capire a che livello potersi collocare, e misurare le modificazioni, è una delle sfide della vita, un tema che tratteremo più oltre nel libro).

Imparare a deviare dalla rotta in maniera innovativa richiede di rassegnarsi al faticoso caos generato dal procedere per prove ed errori, e molta di questa fatica deriva dagli ostacoli che ci circondano. Tutti i grandi movimenti artistici, ad esempio, sono per l'appunto questo, dei *movimenti*, cioè contesti molto stimolanti ricolmi di sfide sempre più impegnative e sperimentazioni disinibite che spingono «in avanti». Lo stesso vale per la tecnologia. Viviamo in un'epoca di cambiamenti accelerati, quasi quotidiani, nella creazione di dispositivi e app che collegano e potenziano i mondi fisici e virtuali in cui siamo immersi. Ciò accade per via dell'intensa, a volte precipitosa, modalità di procedere della cultura (leggi: ecologia sociale) che definisce il lavoro di informatici e startup. Dietro a ogni successo ci sono epiche storie di tentativi ed errori, e lo stesso vale per i fallimenti. (Ma parleremo in seguito del nostro iperenfatizzato feticcio culturale del «fallimento»). La centralità del coinvolgimento attivo come strumento per vedere in maniera differente va ben oltre le narrative dei trionfi nelle arti e nei commerci – è accreditata anche dalle neuroscienze.

Quando studiavo alla University of California di Berkeley ho avuto come mentore Marian Diamond, una donna brillante, fantastica. È grazie a lei se sono diventato un neuroscienziato anziché continuare a tagliare le lezioni per giocare a calcio, rischiando di farmi espellere dal college. Prima donna ad aver ottenuto un Ph.D. in anatomia a Berkeley, Marian aveva chiaramente mostrato delle tendenze devianti, pionieristiche, sin dagli anni cinquanta. Era famosa nel campus perché, il primo giorno di ogni semestre, portava in classe un cervello umano, ed è quello che fece anche quando io cominciai a frequentare le sue lezioni. La si può vedere in un documentario che le è stato dedicato, lei con i capelli bianchi, un elegante abito blu, occhiali, guanti da chirurgo, che sale in cattedra tenendo in mano una grande cappelliera, dalla quale tira fuori... un *cervello umano*. E fra le risate e lo stupore degli studenti che affollano l'aula, dice: «Quando vedete una signora con una cappelliera, non potete mai sapere cosa ci porti dentro». Poi tira su la massa grigio-giallastra molliccia perché tutti la possano vedere. «È questo l'aspetto che ci auguriamo di avere internamente».

Marian è stata per me di grande ispirazione perché è una *vera* insegnante, che si concentra non su cosa vedere, ma su come guardare. Nel suo voler andare a toccare con mano, è stata una delle prime persone a studiare l'adattività materiale del cervello. Nella prima metà del Novecento, la convinzione predominante in campo scientifico era che il cervello fosse una dotazione statica, ti becchi il cervello che i tuoi geni ti danno, e fine. Buona fortuna! Ma Marian e altri, con le loro ricerche e i loro esperimenti, dimostrarono che era una nozione totalmente sbagliata. Il cervello si conforma al suo ambiente, sia nel bene che nel male. La corteccia cerebrale diventa più complessa in un ambiente «arricchito» – e meno complessa in un ambiente «deprivato».

L'interesse di Marian per la morfologia del cervello in rapporto diretto con l'ambiente la portò a studiare questo «paradigma dell'arricchimento» nei ratti. L'esperimento si svolgeva così: un gruppo di animali veniva posto in grandi gabbie che fungevano da ambienti confortevoli e arricchiti di oggetti concepiti per «esplorare» e divertirsi, che venivano regolarmente sostituiti per aggiungere novità e varietà, mentre un altro gruppo di ratti stava rinchiuso in piccole gabbie che rappresentavano un ambiente impoverito, senza nessun giocattolo stimolante. Dopo un mese i ratti furono soppressi per osservarne il cervello, e Marian trovò la prova definitiva del fatto che il cervello viene modellato non solo durante l'età dello sviluppo ma *durante l'intero corso della vita*, generando grandi cambiamenti nella percezione.[10]

Se offriamo al nostro plastico cervello umano un contesto monotono, apatico, privo di sfide, si adatterà a questa carenza e lascerà emergere il suo lato abulico. Dopotutto, i neuroni sono costosi, quindi si tratta di una strategia utile per conservare l'energia. D'altro canto, se offriamo al cervello un contesto complesso, risponderà a questa complessità e si adatterà di conseguenza. Marian e altri ricercatori hanno scoperto che questa facoltà di conformarsi arricchisce la struttura fisica del cervello attraverso il rilascio di fattori di crescita, che portano allo sviluppo delle cellule nervose e delle connessioni fra di loro.

Un lato oscuro, devastante di questa peculiarità del cervello si osserva in quei casi in cui un ambiente di deprivazione viene *imposto* a un essere umano. Tra la fine degli anni ottanta e l'inizio dei novanta, le condizioni di vita degli orfani romeni sconvolsero il mondo, quando le immagini di questi bambini si diffusero in Occidente dopo essere state a lungo occultate in quell'angolo del blocco comunista comandato da Ceauşescu. Molti di loro erano denutriti, abusati e ammanettati ai letti; venivano tenuti in cameroni sovraffollati, costretti a espletare le funzioni corporee nei letti stessi, a volte persino legati con le camicie di forza. Questi ambienti infinitamente deprivati, terribili oltre ogni immaginazione, che presupponevano peraltro scarsissimi contatti umani e una segregazione forzata, fecero sì che i bambini che vi erano cresciuti avessero abilità cognitive ridotte, per non parlare dei problemi emotivi e psicologici. Uno studio volto a esaminare il neurosviluppo di bambini reduci da istituzionalizzazione in strutture deprivate ha riscontrato che alcuni «circuiti cerebro-comportamentali» riuscivano in seguito a raggiungere livelli normali. Ma la visualizzazione della memoria e il controllo delle inibizioni non venivano recuperati.[11]

Questo discorso ci porta dritti al ruolo genitoriale, e alle molte strategie sbagliate adottate nell'educazione dei figli a livello sia individuale sia collettivo. Siamo soliti sentir discutere di *benefici delle coccole* e di *genitori iperprotettivi*, e sono convinto che queste tendenze culturali rappresentino dei problemi, ma in quanto neuroscienziato le mie preoccupazioni vanno oltre i dibattiti del momento; vorrei che comprendessimo meglio ciò di cui necessita il cervello dei bambini, così da poter creare, lavorando insieme, degli ambienti più adatti ai bisogni del loro sviluppo. Pensiamo agli oppressivi regolamenti in tema di salute e sicurezza vigenti nelle nostre comunità. Sono un padre, e probabilmente ora vi aspettate che la mia prossima frase inizi con qualcosa del tipo, «*Quando ero bambino per andare a scuola camminavo per un chilometro a piedi nella neve completamente nudo!*» Ma non è lì che voglio andare a parare. I bambini hanno un bisogno fondamentale di *premura e amore*, con tutte le risate e le urla che questo comporta. Però, secondo me, «premura e

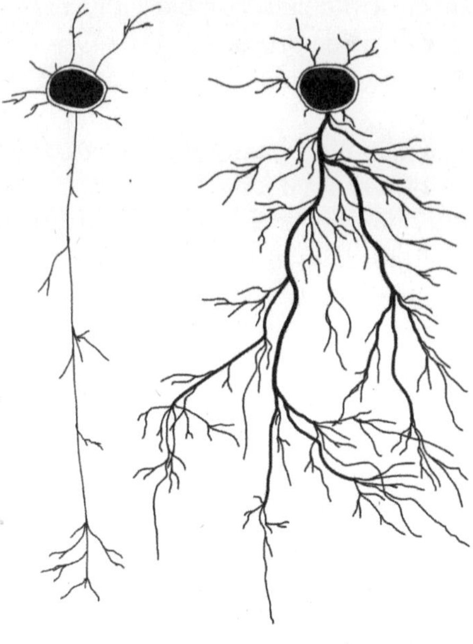

amore» non vuol dire non cadere mai da uno scivolo, non inciampare mai sul marciapiedi o non sbattere mai contro un palo. *Significa* invece proprio dare ai bambini lo spazio per poter fare queste cose (e il senso di sicurezza che ne ricaveranno come ricompensa), e non soltanto perché queste esperienze forgiano il carattere: qui si tratta del processo neurologico empirico nel suo manifestarsi, e dovremmo accoglierlo con gratitudine, soprattutto sapendo che gli orfani romeni e i tanti bambini sfortunati di altri luoghi del mondo sono deprivati dei benefici di queste occasioni anche turbolente di confronto con il mondo. Il cervello non sempre desidera giocattoli di morbida gommapiuma, al contrario, ha bisogno di imparare che può rialzarsi dopo essere stato messo al tappeto, e nel fare questo diventare più resiliente sia nell'immediato sia sul lungo termine. (Quando Ben Underwood si faceva male nel cortile della scuola e mandavano a chiamare sua madre, lei gli diceva di continuare a schioccare la lingua). Se non la smettiamo di voler mitigare il rischio immediato a spese del rischio a lungo termine, produrremo una generazione «adattivamente inadatta», perché se vieni cresciuto nella bambagia diventi bambagia, soffice, morbida, e facile da bruciare.

Abbiamo bisogno di bambini che siano bambini secondo natura!

Ma non sono soltanto i bambini a dover correre dei rischi, anche la *nostra cultura* deve farlo.

Il passato del nostro cervello comprende anche l'ecologia della nostra cultura. Dopotutto, la cultura stessa è semplicemente un altro prodotto del cervello, una manifestazione collettiva di pensiero e comportamento, quindi anch'essa cresce e si adatta affrontando delle sfide. Questo arricchimento si esprime spesso sotto forma di arte, e non c'è miglior esempio di questo «abbinamento» degli eventi che hanno accompagnato *La sagra della primavera*, il balletto del compositore russo d'avanguardia Igor Stravinskij. Quest'opera, che avrebbe poi esercitato un'influenza enorme, ha vissuto la première forse più leggendaria della storia della musica, a Parigi nella primavera del 1913.

Stravinskij alla sua epoca era l'equivalente dei Sex Pistols di oggi, e la sua spregiudicata nuova partitura era stracolma di sperimentazioni estreme con la melodia e la metrica. Non appena l'orchestra cominciò a eseguire l'opera, in quella sera di maggio, e i danzatori dei Balletti russi entrarono in scena, il suono disarmonico della musica sbalordì e molto presto irritò il pubblico presente in sala. «Il teatro sembrava scosso da un terremoto», riferisce una cronaca del tempo. La musica rese gli spettatori sempre più irrequieti, al punto che si lasciarono andare a comportamenti che in genere non si associano ai concerti di musica classica. Gridavano, fischiavano, lanciavano insulti, finché a un certo punto iniziarono a prendersi a pugni, e scoppiò una vera e propria rissa. Intervenne la polizia, e anche se in effetti il balletto fu eseguito per intero, alla fine la situazione in sala era degenerata in una sommossa generale. «È la musica più dissonante mai scritta...», commentò una rivista dell'epoca,[12] «mai il culto della nota sbagliata è stato praticato con tanto zelo e persistenza come in questa composizione; ché dalla prima battuta all'ultima qualunque nota ci si aspetti non è mai quella che arriva, e la nota che arriva è quella che non dovrebbe arrivare; qualunque sia l'accordo suggerito dalla precedente armonia, è sempre un altro a presentarsi». E questa era una delle recensioni entusiastiche!

Alcuni mesi più tardi, tuttavia, a luglio, *La sagra della primavera* fu nuovamente messa in scena, questa volta a Londra, e là incontrò il favore del pubblico. Gli spettatori accolsero la musica senza resistenze né fischi, e nemmeno ci furono sollevazioni. In soli *due mesi* (quasi la stessa quantità di tempo – strana coincidenza – necessario a coloro che indossano la cintura feelSpace per cominciare a percepire diversamente lo spazio), la corteccia cerebrale della cultura era stata rimodellata dal suo nuovo ambiente. Oggi *La sagra della primavera* è considerata una delle più importanti composizioni musicali del Novecento. In sostanza, a cambiare non è soltanto il cervello umano – la stessa cosa fa il cervello culturale collettivo. Entrambi ridefiniscono in continuazione il concetto di «normale», creandone uno nuovo a ogni secondo che passa. Per via di questo, adesso noi sentiamo lo stesso brano musicale in maniera molto differente rispetto a quel primo pubblico parigino.

Non solo ci dobbiamo adattare, ma, ironicamente, talvolta il miglior cambiamento sta nell'apprendere come *non* cambiare, cosa che costituisce un esercizio impegnativo per il nostro cervello. Dato che ci siamo evoluti per ridefinire continuamente la normalità, ciò che inizialmente era peculiare diventa ordinario (normale). Allo stesso modo, nelle relazioni, ciò che all'inizio ci attrae di una persona (ad esempio la generosità, il sense of humour) a un certo punto cessa di apparirci miracoloso e diventa la norma. Diventando la norma, diventa prevedibile. Il prezzo imposto da questo passaggio è che non vediamo più quella persona nei termini della sua meravigliosa originalità o unicità, bensì nei termini della sua normalità, e nel fare questo rischiamo di darla per scontata, o peggio. Questo ovviamente si verifica a doppio senso: ci abituiamo alle caratteristiche positive di una persona come pure a quelle negative (per le donne abusate, la violenza di vario tipo diventa una «normalità» accettabile, anziché un comportamento estremo e deviante, ma in senso orribile). Si tratta di un processo incredibilmente naturale: il corpo dell'altra persona diventa normale, la sua risata diventa normale, e all'improvviso la magia è svanita. Ma non deve per forza essere così!

Ogni volta che vediamo un'alba la troviamo bellissima. Svegliarsi al mattino con un'altra persona dovrebbe essere come vedere un'alba. In che modo preserviamo questa sensazione di novità? Una delle possibilità è fare cose nuove insieme. È qualcosa di esteriore, e aiuta, ma è anche molto interiore. Quale principio potremmo applicare per mantenere l'unicità a fronte di un cervello che si è evoluto per abituarsi? Il richiamo a una visione d'insieme più ampia (ciò che di solito si definisce «prospettiva»).

Come vedremo nel prossimo capitolo, tutto quello che il cervello fa è relativo. Se basiamo le nostre percezioni di un altro individuo sulla sua media, allora il suo comportamento diventa, per definizione, medio (a prescindere da quanto possa essere meraviglioso o pessimo in termini oggettivi). Se invece ancoriamo le nostre percezioni di una determinata persona utilizzando un parametro di base più universale (anziché basarci sulla sua normalità individuale), siamo in grado di mantenere la sensazione di unicità che percepiamo rispetto a quella persona e a ciò che fa. Una sensazione di unicità in assoluto è data dalla morte, e dalla paura della stessa. La psicologia esistenziale ritiene che tutto ciò che facciamo sia in un modo o nell'altro legato alla nostra consapevolezza della morte. A mio parere, tutto ciò che facciamo è basato sull'incertezza, un aspetto che indagheremo più avanti nel libro. Per adesso, sappiate che il cervello è anche capace di «praticare» la costanza... di vedere continuamente la medesima cosa anche se il mondo cambia e, aspetto ancora più importante, anche mentre le percezioni cambiano e il cervello si adatta.

Alla fin fine, il cervello funziona come un muscolo: «o lo usi o lo perdi». Certi casi di adattabilità che hanno del miracoloso, o certi utilizzi potenziati dei sensi, spesso derivano da situazioni di avversità, come la strategia ideata da Ben Underwood per «vedere», ma non è detto che debba per forza essere così. I musicisti, ad esempio, sentono suoni che gli altri non sentono. Perché? Perché hanno introdotto nel loro cervello un repertorio differente, più complesso, rispetto ai non musicisti, a partire da un'incertezza alla quale hanno dovuto adattarsi e, così facendo, hanno indotto la loro corteccia uditiva a modificarsi. I russi percepiscono le sfumature del rosso con più precisione rispetto alle persone che parlano inglese perché le parole di cui dispone la loro lingua impongono più sfumature.[13] In Germania, ci sono donne cieche che vengono formate come «esaminatrici mediche tattili» per la visita senologica perché individuano più noduli rispetto ai ginecologi vedenti! Si tratta di eccellenti esempi di innovazione che deviano dalla «normalità» e danno accesso a nuove sfere percettive.

Ma questo non è ancora tutto, se vogliamo imparare ad affrontare il mondo nella maniera più efficace e aprire le porte alla creatività. Nel prossimo capitolo, sveleremo la nostra suscettibilità alle «illusioni» e mostreremo che in realtà non esistono, esistono soltanto i contesti. Che sono ciò che connette le percezioni passate a quelle presenti.

4.
L'illusione delle illusioni

A questo punto sappiamo che le informazioni sono prive di significato e che siamo noi a produrlo nel momento in cui ci confrontiamo attivamente con il mondo esterno. Ora dobbiamo capire in che modo il contesto in cui avviene la percezione determina ciò che effettivamente vediamo. Perché il contesto è tutto?

Correva l'anno 1824 e Luigi XVIII, l'obeso e gottoso re di Francia, aveva un problema, che però non aveva niente a che fare con la sua salute. Stavano sollevandosi sempre più numerose le lamentele per la qualità dei tessuti prodotti alla Manufacture Royale des Gobelins, il prestigioso laboratorio di arazzi di Parigi, che era posseduto e gestito dalla corona francese.[1] I clienti sostenevano che i colori dei filati esposti nella manifattura – intensi granata, verdi luminosi, gialli dorati – non erano gli stessi dei prodotti che si portavano a casa.[2] Di per sé non sembrerebbe una questione particolarmente pressante, ma la soddisfazione dei sudditi (e gli introiti erariali) costituivano per la corte di Francia e per il centrista re Luigi una delle massime priorità. Esiliato a causa della Rivoluzione, era tornato sul trono nel 1815, dopo la sconfitta di Napoleone Bonaparte nella battaglia di Waterloo, e durante il suo regno cercò di restituire alla monarchia il ruolo che aveva avuto in passato. Motivo per cui si sentì costretto a rivolgersi a uno scienziato per capire cosa diavolo stesse succedendo agli arazzi.

Chiamò Michel Eugène Chevreul, un giovane chimico francese che si era fatto una reputazione in quel campo emergente grazie al suo lavoro sulla saponificazione, la produzione di sapone da oli e grassi.[3] Niente di così eccezionale, potremmo pensare oggi, in un'epoca in cui il sapone è un bene ordinario, poco costoso e di buona qualità, persino in molti paesi sottosviluppati. Ma nella Francia del XIX secolo, più di cent'anni prima della scoperta della penicillina, le infezioni potevano facilmente uccidere, e la manifattura del sapone su scala industriale era appena cominciata. Nemmeno l'elettricità era ancora stata inventata, per cui anche l'introduzione da parte di Chevreul di una candela senza glicerina ne aveva fatto uno «spumeggiante» innovatore del suo tempo.

Se con le sue scoperte avrebbe potuto arricchirsi diventando un industriale, Chevreul era invece uno spartano, benché straordinario, uomo di scienza, interessato soltanto al proprio lavoro. I suoi studenti lo adoravano e i colleghi lo stimavano. Con una folta capigliatura bianca che con gli anni diventava sempre più spettinata – quasi un'anticipazione del look iconico di Einstein – Chevreul si concedeva solo due pasti al giorno, uno alle sette di mattina e l'altro alle sette di sera, e passava il resto della giornata in laboratorio. Quando gli fu domandato di questa sua abitudine, all'età di ottantasei anni, pare che avesse risposto: «Sono molto vecchio e ho ancora molto da fare, perciò non spreco certo il mio tempo a mangiare».[4]

Quando re Luigi lo nominò direttore delle tinture alla manifattura Gobelins, Chevreul non aveva ancora quarant'anni, e davanti a lui si profilava un'impresa non da poco, ovvero scoprire cosa stesse accadendo ai colori degli arazzi. Era un fatto incomprensibile: si trattava verosimilmente dei migliori tessuti al mondo, eppure qualcosa di inspiegabile li stava danneggiando alterandoli nell'aspetto – o almeno così sembrava.

Possiamo immaginarci Chevreul oltrepassare giorno dopo giorno il maestoso ingresso a quattro colonne della fabbrica, percorrere i cupi corridoi sovrastati dal ritmico clangore dei telai, e poi chiudersi nel proprio ufficio a studiare il problema che era stato incaricato di risolvere. Agli occhi di un uomo come lui, un problema equivaleva a uno scopo, e uno scopo era molto più nutriente del cibo. «Per adempiere al mio dovere di direttore delle tinture, dovevo investigare due argomenti assolutamente distinti», avrebbe ricordato in seguito. «Il primo era il contrasto dei colori [...] il secondo la chimica delle tinture». Nel suo lavoro sui saponi, Chevreul era riuscito con successo a scindere dei composti chimici complessi per comprendere di cosa fossero fatti e come si fossero formati. Quindi la sua ricerca implicava di scavare a fondo *nelle* cose (che è probabilmente il motivo per cui re Luigi pensò che fosse l'uomo giusto per quel lavoro – vedere oltre le superfici in apparenza ingannevoli dei filati e penetrare i segreti della chimica delle tinture). Aveva trascorso la sua carriera in mezzo a contenitori di vetro e fiamme, a bollire sostanze chimiche e analizzarne la composizione mentre i fumi dei grassi e degli oli saturavano l'aria intorno a lui, ma per la prima volta queste tecniche non lo portarono da nessuna parte. Le tinture non contenevano alcun segreto. Si può solo immaginare la frustrazione che questa scoperta doveva aver generato nell'infaticabile Chevreul. Così, invece di continuare a guardare *dentro* ai tessuti Gobelins, come la sua formazione in chimica organica lo aveva indotto a fare, spostò il suo sguardo all'esterno – su *altri* tessuti.

Iniziò a procurarsi campioni di lana da fabbriche situate altrove, in Francia e all'estero, per compararne la qualità. Ma anche questo si rivelò un vicolo cieco: ebbe la conferma che i tessuti Gobelins erano indiscutibilmente superiori. Per cui il malcontento espresso dai clienti doveva in qualche modo andare al di là della mera natura materiale degli arazzi. E se, si domandò Chevreul, la questione non avesse avuto nulla a che fare con la chimica, o magari nemmeno con i tessuti? Se *gli acquirenti stessi* fossero stati il problema? Non per il fatto che si lamentassero dei colori, ma per il loro modo di *percepirli*: forse li percepivano «scorrettamente»? Così Chevreul affinò lo sguardo e osservò ancora «più a fondo» dentro agli arazzi, concentrandosi su ciò che stava *intorno a ciascuna delle diverse zone di tessuto*. Lo stesso filato, sì, *ma di colori differenti*, e che inoltre appariva diverso rispetto a quando i campioni di filato venivano presentati singolarmente nella sala d'esposizione. Fu in quel momento (e *per quel motivo*) che «svelò» il mistero.

Chevreul scoprì che la crisi della manifattura non aveva niente a che fare con la qualità e **tutto** a che fare con la percezione. Il materiale fisico dei filati di colori differenti non cambiava, a cambiare era il contesto nel quale i clienti lo guardavano. I colori appaiono diversi se presi singolarmente rispetto a quando sono accostati ad altri colori (come possiamo notare con i cerchi al centro delle due pagine seguenti). «Notai che la mancanza di vigore che si presumeva esservi nei neri era dovuta ai colori contigui a essi e che si trattava del fenomeno del *contrasto dei colori*», così Chevreul descrisse la sua scoperta.[5] Erano le relazioni fra i colori presenti negli arazzi a modificare l'aspetto dei singoli colori. Non oggettivamente, ma per via della percezione dell'osservatore: i clienti non vedevano la realtà fisica in maniera accurata.

Naturalmente, né Chevreul né nessun altro ne comprese il perché. Nella Francia del XIX secolo, l'idea che i colori potessero cambiare senza che vi fosse alcuna interazione fisica tra di loro sarebbe stata inconcepibile; e ancora di più la spiegazione che ne diamo oggi. Lo stesso campo della chimica si era appena lasciato alle spalle le credenze nella magia e nell'alchimia. Ciò nonostante, era chiaro che qualche stranezza biologica, umana, fosse responsabile di tutte le lamentele sui tessuti Gobelins.

Nel 1839, quindici anni dopo avere intrapreso la sua ricerca, Chevreul pubblicò un libro sul lungo e bizzarro viaggio in cui quest'ultima si era trasformata, dal titolo *De la loi du contraste simultané des couleurs*. Nell'introduzione scriveva: «Prego il lettore di non dimenticare mai, quando si attesta il fenomeno del contrasto simultaneo, ovvero che *un colore posto accanto a un altro subisce da esso una modificazione*, che questa formulazione non sta a significare che i due colori, né i due oggetti materiali che ce li presentano, esercitino una mutua azione, fisica o chimica che sia; essa vale unicamente a descrivere *la modificazione che ha luogo davanti a noi* quando percepiamo le impressioni simultanee di questi due colori». Chevreul si era reso conto che in «realtà» il cambiamento si verificava dentro la mente di chi guardava e non fuori; lo stesso salto concettuale in cui era incappato Goethe con le sue sfumature colorate.

Negli anni che seguirono l'osservazione rivoluzionaria di Chevreul, il suo lavoro sulla percezione si propagò con successo in altri campi, portandolo all'enunciazione della teoria del

Michel Eugene Chevreul

Michel Eugene Chevreul

colore ancora oggi usata dagli artisti: lo studio degli effetti di contrasto e il famoso cerchio cromatico, una ruota che mostra come la percezione di ciascun colore sia influenzata dai colori che lo circondano.

Per la prima volta, questo diede agli artisti un linguaggio comune per parlare di una delle nostre percezioni più astratte e delle interazioni che avvengono al suo interno, benché i pittori utilizzassero da secoli la giustapposizione e il contesto. Come Eugène Delacroix, contemporaneo di Chevreul, notoriamente affermò: «Datemi fango e io vi dipingerò la pelle di Venere che ne esce fuori, a condizione che mi si permetta di dipingere lo sfondo con i colori che dico io». Maestro nello sfruttare le «illusioni» che avevano rischiato di far fallire la manifattura Gobelins, Delacroix avrebbe poi sensibilmente influenzato una successiva scuola di pittura che prediligeva un senso della percezione più «vero» ma meno «realistico»: l'impressionismo. In tempi più recenti, artisti contemporanei come lo scomparso Dan Flavin, americano autore di installazioni, e la pittrice inglese Bridget Riley hanno portato il rapporto percezione-coscienza a nuovi estremi. Flavin gioca con quelli che definisce «colori incidentali», facendo apposta a *non* includere nelle sue opere i colori che lo spettatore crede di vedere. E i colori delle strisce e delle ondulazioni delle vertiginose tele di Riley – un contrasto nato nei suoi lavori monocromatici, maggiormente noti, che giocano anch'essi con la percezione – mutano a seconda dei colori cui sono accostati, proprio come negli arazzi Gobelins.

Chevreul rimase per trent'anni a lavorare come direttore delle tinture e morì all'età di centodue anni, a conclusione di una delle più illustri carriere nel campo della chimica, sempre conservando il suo stile di vita frugale, totalmente dedito al lavoro. Al contrario, l'uomo che lo aveva assunto per scoprire il mistero degli arazzi, Luigi XVIII, morì nell'autunno del 1824, lo stesso anno in cui aveva assegnato l'incarico a Chevreul. Il re non è vissuto abbastanza a lungo per scoprire perché i colori sembravano modificarsi, ma forse questo è stato un bene, dato che così non ha nemmeno dovuto assistere alla definitiva abolizione della monarchia francese, un paio di decenni più tardi. Se l'enigma della manifattura Gobelins non ha condizionato la storia francese, ha però cambiato la storia dell'arte.

Per quanto concerne la percezione, anche ai livelli più semplici del cervello, come la visione dei colori (e se vale per questo, figuriamoci per compiti più complessi), la lezione d'insieme che traiamo dalla vicenda di Chevreul è che... il contesto è tutto.

Ma perché?

Rispondere a questa domanda equivale a comprendere non solamente come funziona il cervello, ma cosa voglia dire essere umani. (Equivale anche, per inciso, a capire cosa voglia dire essere un'ape – o qualunque altro sistema vivente – dato che pure le api vedono delle cosiddette illusioni, e ciò significa che hanno sviluppato delle tecniche percettive simili alle nostre).

Il contesto è tutto.

Il cervello è un apparato inesorabilmente connettivo, il sistema ipersociale per eccellenza. In quanto tale, si occupa di relazioni. Al cervello non interessano gli assoluti. È per questa ragione che il significato non può essere prodotto in un vuoto. Benché tutte le informazioni che percepiamo possano essere insignificanti, senza milioni di ambiguità simultanee e interattive il cervello non avrebbe niente con cui nutrire il suo potente sistema di interpretazione. Il contesto e le relazioni che lo definiscono (come le relazioni tra le diverse porzioni spettrali di un immagine, nel caso di #TheDress) sono in continuo cambiamento, e se non abbiamo accesso alla realtà oggettiva della fonte di nessun particolare stimolo spettrale, le relazioni coincidenti nello spazio e nel tempo ci danno l'abbondanza di dati comparativi di cui il nostro elaboratore neurale ha bisogno per costruire un'**utile** risposta percettiva soggettiva. **L'individuazione di differenze (o contrasti)** è così integrale al funzionamento del nostro cervello che quando i nostri sensi ne sono deprivati possono cessare la loro attività. In altre parole, abbiamo bisogno di devianza.

Pensiamo agli occhi e a come agiscono. Le saccadi e le microsaccadi sono degli impercettibili movimenti involontari che i nostri occhi compiono in continuazione quando cambia il punto di fissazione dello sguardo. Si possono considerare come la trama di un arazzo (tanto per restare in tema) fatta di minute contrazioni, e sono questi movimenti neurofisiologici che rendono possibile la sensazione di una visione fluida. Ciò è stato dimostrato negli anni cinquanta da uno psicologo russo, Alfred Yarbus, inventore di un congegno in perfetto stile *Arancia meccanica* che costringeva l'occhio a restare aperto, con le palpebre tenute indietro per avere una maggiore esposizione, e che tramite una sorta di calotta seguiva gli archi e le linee «disegnati» dalle saccadi mentre tracciavano lo stimolo visivo che veniva mostrato al soggetto. La mappatura dei tracciati delle saccadi ottenuta con lo strumento di Yarbus dimostrava che il movimento combinato alla costante ricerca di differenze è la condizione essenziale per essere in grado di vedere. Di fatto, il contrasto è così fondamentale per la vista che possiamo porci una semplice domanda: che cosa succederebbe se i contrasti fossero eliminati? Risposta: diventeremmo ciechi. Senza differenze nello spazio o nel tempo, non vedremmo niente. Potete vederlo (o *non* vederlo) voi stessi.

Non preoccupatevi, l'auto-esperimento che sto per proporvi è indolore (e semplice): con una mano, copritevi un occhio, con l'altra, mettete delicatamente pollice e indice sull'orlo delle palpebre dell'altro occhio per tenerlo bene aperto (se avete un calibro meglio ancora, ma perché mai dovreste avere un calibro?). Poi cercate di mantenere l'occhio fermo, più lo terrete fermo, più velocemente inizierete a notare l'effetto. Guardate nello stesso punto e possibilmente senza muovere la testa.

In questo modo, state limitando i movimenti delle saccadi, e quindi tagliando fuori il flusso di informazioni relazionali e differenziate di cui il vostro cervello necessita per attivare la vista. In parole povere, state eliminando l'essenza del contesto e, così facendo, bloccate l'abilità del cervello di produrre significato, quindi avrete presto la sensazione di diventare ciechi. La vista inizia a farsi sfocata, compariranno delle chiazze e il vostro mondo svanirà mentre il campo visivo diventa una macchia bianco-rosastra. Bene, adesso provateci.

Com'è andata? Spero che ora abbiate una sensazione migliore, più pregnante, di tutti i processi invisibili che si verificano tra la vostra percezione e il vostro mondo, i vostri sensi e il vostro cervello. Il punto è che, impedendo agli occhi di muoversi, li si priva di cambiamenti/differenze/contrasti nello spazio e nel tempo, e il mondo intero scompare, nonostante rimangano aperti. Quindi, al cervello interessano soltanto cambiamenti, differenze e contrasti – tutte fonti di informazioni che poi può interpretare. Certo, considerando la meccanicità dell'esperimento di «congelamento dell'occhio» che vi ho appena fatto fare, è legittimo domandarsi cosa c'entri con il fatto che il contesto sia l'essenza dell'essere umani, come ho sostenuto poc'anzi. Ma ecco spiegato il nesso: il cervello raduna tutte le relazioni che ricava dal contesto e *assegna loro significati comportamentali*. Un altro modo per dire che la chiave di tutto è l'azione, che crea un ponte tra le percezioni passate e quelle presenti.

Torniamo un momento al vescovo Berkeley. Non abbiamo accesso diretto al mondo, ragione per cui è così importante confrontarsi con esso, perché soltanto empiricamente siamo in grado di trarre significato da ciò che è insignificante. Il significato che produciamo entra poi a fare parte del nostro passato, è il nostro database della percezione. Grazie a questo, il mondo e le esperienze che viviamo ci danno un feedback su quel che stiamo facendo. Il cervello immagazzina dati su quali percezioni ci sono state utili (ad esempio, quelle che ci hanno aiutato a sopravvivere/prosperare) e quali non lo sono state. Noi consultiamo questo repertorio e lo applichiamo a qualunque situazione che richieda una risposta, cosa che accade praticamente ogni singolo secondo della nostra vita cosciente. Ma il trucco, qui, sta nel non confondere utilità con accuratezza. Il cervello, per un riferimento futuro, non registra quel che si è rivelato «esatto». Dimenticate la nozione di esattezza, precisione, accuratezza, perché è assolutamente fondamentale superare in blocco questa idea. Perché? Perché per la percezione non esiste accuratezza.

Immaginate di essere il protagonista di un film d'azione, una spia, uomo o donna fa lo stesso. Vi stanno inseguendo su un tetto, in una sequenza adrenalinica, con la musica a tutto volume. In lontananza svetta un campanile, sotto di voi i rumori della città. Il cuore vi batte a mille, i cattivi sono proprio alle vostre spalle mentre correte come un razzo scansando fili di biancheria stesa, saltate oltre un muro, e vi precipitate fino a raggiungere il margine dell'edificio. Merda...! Sbandando vi bloccate ed esaminate la situazione. Si tratta di fuggire o combattere. Optate per la fuga. Vi preparate a compiere un salto su un abisso di cinque piani per raggiungere l'edificio di fronte. Avete solo una manciata di secondi, quindi prendete una breve rincorsa, correte a tutta velocità verso il bordo, vi lanciate... e atterrate! Ce l'avete fatta. Vi riprendete e ricominciate a correre, ormai pronti a saltare qualunque ostacolo. I cattivi sono ancora dietro di voi, il petto sta per esplodervi, ma riuscirete a mettervi in salvo.

Dopo un'esperienza del genere, il modo intuitivo di analizzare l'accaduto è pensare che il vostro cervello abbia valutato *con esattezza* la distanza che dovevate superare e ci sia riuscito. Ma credete veramente che il cervello, in pochi secondi, abbia calcolato quella distanza usando l'equazione seguente?

$$d = \frac{v \cos \theta}{g}\left(v \sin \theta + \sqrt{(v \sin \theta)^2 + 2gy_0}\right)$$

Ovviamente no. Come abbiamo già visto, gran parte della percezione è sorprendentemente controintuitiva. La nostra rete neurale ha compiuto quella corsa milioni di volte durante la storia dell'evoluzione umana. Quindi il cervello si limita a percepire lo spazio *in maniera utile* così che il vostro comportamento (da protagonista di un film d'azione) vi consenta di sopravvivere. È per questo motivo che, per il cervello, giudicare in modo esatto è impossibile.

Il contesto connette il passato al presente in modo tale che il cervello possa scegliere una risposta utile, ma noi *non sapremo mai* se la nostra percezione fosse accurata o meno. Il nostro repertorio statistico delle percezioni non tiene conto del fatto che la percezione rifletta o meno la realtà, perché, ancora una volta, non abbiamo un accesso non mediato a oggetti o condizioni del mondo reale – la realtà oggettiva del salto che avete dovuto fare – dato che la percezione è separata dalla fonte, perché questa è la sua caratteristica intrinseca. L'unico modo di sapere se la nostra percezione del mondo fisico sia accurata starebbe nell'essere in grado di *paragonare* direttamente la percezione alla verità del dato reale. È così che funzionano alcuni sistemi di intelligenza artificiale. Sono quei sistemi che possiamo considerare «religiosi» perché hanno bisogno di una figura divina – il programmatore – che dica loro se i dati che producono sono corretti o meno, per poi incorporare queste nuove informazioni in risposte future. Ma il cervello umano non funziona affatto così. Noi semmai assomigliamo ai sistemi di intelligenza artificiale «connessionisti», che non hanno un programmatore divino e quindi non ottengono mai direttamente informazioni dal mondo esterno, bensì modificano e moltiplicano le strutture dei loro network in maniera casuale. Quelle che cambiano in modo «utile» sopravvivono ed è quindi più probabile che si riproducano in futuro. (I sistemi di intelligenza artificiale connessionisti vedono anche gli effetti che chiamiamo illusioni, proprio come gli umani). Analogamente a un sistema connessionista, il nostro cervello percettivo non ha accesso alla realtà fisica... mai. Quindi non c'è modo di sapere se le nostre percezioni siano accurate perché non esperiamo mai il mondo *se non in modo ambiguo*.

Ma questo non ha alcuna importanza.

Le azioni assumono un significato solo tramite il significato che noi assegniamo loro, la nostra risposta (interna o esterna). Quindi soltanto la nostra *risposta* rivela i nostri assunti percettivi, o l'idea di utilità immagazzinata nel cervello per una determinata situazione. Il feedback sul nostro comportamento che il cervello riceve dai sensi contribuisce soltanto a misurare *i risultati*, vale a dire, se il comportamento che ha generato sia stato utile o meno. Nel caso del vostro salto da un edificio all'altro, chiaramente lo è stato. Tuttavia, potreste comunque domandarvi in che modo il cervello e il corpo siano stati in grado di produrre un salto utile per sfuggire ai cattivi. Facile: considerando lo stimolo del momento nel suo contesto del momento e correlandolo a situazioni equivalenti dove vi siete trovati ad affrontare stimoli simili in contesti simili. Oppure, più semplicemente: usando il passato per aiutarvi con il presente, in maniera non cognitiva, ma istintiva.

Poiché le informazioni derivanti dai cinque sensi sono ambigue, il processo attuato dal cervello per produrre senso è necessariamente costituito in modo empirico. (Ricordate, questo importante repertorio passato del nostro confronto con il mondo si costruisce lungo i tre archi temporali che abbiamo esaminato nel precedente capitolo: evoluzione, sviluppo e apprendimento). Il cervello guarda in questo passato – e soltanto lì – alla ricerca di ciò che è utile, nella speranza di aumentare le probabilità di sopravvivere in futuro. Di fatto, praticamente in tutte le situazioni della vita, il miglior elemento predittivo di ciò che accadrà in seguito è ciò che è già accaduto nel passato in circostanze analoghe. Quindi la nostra percezione di qualunque situazione è sempre soltanto una misura dell'utilità della nostra risposta, trascurando del tutto la realtà oggettiva. In fondo, pensateci...

Chi se ne importa della precisione quando in gioco c'è la sopravvivenza?!

Riuscite a trovare il predatore nell'immagine qui sopra? Il novanta per cento delle informazioni che consentono di vederlo sono presenti. Il predatore c'è. Se non l'avete ancora trovato, siete morti. Ora guardate di nuovo:

Un'interpretazione utile significa la sopravvivenza, e quindi va ad archiviarsi come elemento del repertorio che informerà le nostre percezioni future. La realtà oggettiva, al massimo, è una coincidenza.

Anche le difficoltà di apprendimento di una lingua straniera mostrano come la continua ricerca del cervello indirizzata all'utilità si concretizzi nelle orecchie e nella bocca. Molti anglofoni hanno difficoltà a pronunciare la *r* arrotata dello spagnolo. Ma, in generale, chiunque cerchi di imparare una lingua straniera incontra dei suoni che sono, be', *stranieri*. Un esempio molto noto: parlando in inglese, spesso i giapponesi dicono «herro» anziché «hello». Questo accade perché non sentono alcuna differenza tra i suoni *r* e *l*. Non è dovuto al fatto che la loro lingua non possieda questi suoni, perché li possiede, ma è perché la loro lingua non distingue tra di essi. I giapponesi non hanno un passato percettivo in cui fosse utile fare questa distinzione, quindi l'accuratezza (il sentire i due suoni come oggettivamente diversi) non ha importanza. Ne consegue che il loro cervello è stato allenato a non cogliere quella differenza perché per loro non è di alcuna utilità.

Anche la nostra percezione del colore è contraddistinta dal fatto che il cervello si basa sull'utilità e non sull'accuratezza. Fisicamente la luce si distribuisce lungo uno spettro lineare, invece la nostra corteccia cerebrale la organizza suddividendola in quattro categorie che formano un cerchio: rosso, verde, azzurro e giallo. Ricordate l'acronimo RAGVAIV che si imparava a scuola per ricordare la sequenza dei sette colori dell'arcobaleno? È la stessa cosa, solo che lì c'erano anche l'arancione, l'indaco e il violetto. Dato che il cervello umano elabora la luce in quelle quattro categorie, significa che siamo in grado di vedere gli altri colori solo come combinazioni limitate di esse (non possiamo vedere dei rossi-verdi o degli azzurri-gialli). La nostra percezione prende i due estremi dello spettro lineare della luce visibile – lunghezze d'onda più corte a un'estremità, lunghezze d'onda più lunghe dall'altra – e li piega a formare un cerchio. La conseguenza è che i due terminali del continuum risultano simili sotto il profilo percettivo, mentre in realtà sono opposti.

Immaginate questa situazione: un gruppo di cento persone a caso si distribuiscono lungo una linea in base alla loro statura. Il risultato è un bimbo di due anni alto mezzo metro a un'estremità e un uomo di un metro e novanta all'altra estremità. Mantenendo quest'ordine, il gruppo si dispone in cerchio, con il bambino che si ritrova vicino all'uomo più alto di tutti. È così che vediamo i colori; è logico se consideriamo le condizioni imposte dalla forma del cerchio, però non è logico in termini di organizzazione oggettiva, perché sarebbe come mettere un peso di un chilo accanto a uno di cinquecento chili. È per questo motivo che la nostra percezione di un colore che corrispondesse all'effettivo colore fisico sarebbe una pura coincidenza. Il modo in cui si è evoluta l'elaborazione del cervello implica che, in nessun caso, possiamo vedere la realtà di quel colore. E questo spiega anche perché possano verificarsi strani miscugli e discrepanze come nel caso di #TheDress.

Il cervello si è evoluto per percepire la luce suddividendola in categorie – una scelta utile, ma niente affatto accurata – perché è un modo estremamente efficiente di percepire gli stimoli visivi, che ci permette di risparmiare cellule nervose da destinare all'elaborazione neurale dei nostri altri sensi. (Gli stomatopodi sarebbero stati scartati dalla selezione naturale in qualunque altro ambiente eccetto quello in cui vivono, dato che la loro vista potenziata fa sì che non abbiano *altre* risorse, come quelle che consentono a noi di sopravvivere nel nostro ambiente). Curiosamente, come Dale Purves, Thomas Polger e il sottoscritto abbiamo a suo tempo fatto notare, la nostra suddivisione della luce in quattro colori è rispecchiata in un principio della cartografia: bastano soltanto quattro colori per realizzare qualsiasi carta geografica politica ed essere certi che due paesi confinanti non siano mai dello stesso colore. Questo fatto ha dato origine al celebre teorema dei quattro colori, un problema matematico che per più di cent'anni molti matematici hanno tentato invano di dimostrare, finché Kenneth Appel e Wolfgang Haken ci riuscirono, nel 1976. Con un estensivo ricorso

NO
VEDI
LA RE
VEDI
SOLT
QUELL
IN PAS
EF
UT
VED

al computer, i due matematici hanno testato *iterativamente* il problema, cioè hanno provato tutte le combinazioni possibili - miliardi - provando che non si poteva confutare il teorema. È stato il primo caso nella storia della matematica di un teorema dimostrato in questo modo, che peraltro ha scatenato grandi polemiche sull'affidabilità dei metodi seguiti.

Una mappa è una metafora pertinente da applicare alla percezione perché, al suo livello più basilare, il cervello si è evoluto per fungere come una sorta di atlante, un sistema di rotte concepito per consentirci di navigare verso una e una sola direzione: restare vivi! (Oppure, se vogliamo ribaltare la prospettiva, per *non* guidarci verso un milione di altre direzioni, ciascuna delle quali ci avrebbe condotti alla stessa meta: la morte!) Forse l'esempio più «tagliente» di questo ruolo del cervello, come pure del contrasto tra percezione soggettiva e realtà oggettiva, è l'universale esperienza umana del... DOLORE.

Cadete da una rampa di scale e vi rompete un braccio. Fa male. Vi tranciate mezzo dito affettando un pomodoro. Fa male. Vi danno un pugno sul naso. Fa un male del di*%@^olo! (Notare bene che, anche se ho usato quattro simboli per sostituire soltanto due lettere, leggete comunque «diavolo» per via dei passati contesti di lettura che il vostro cervello ha codificato). Quando subiamo un danno fisico, una ferita, *sentiamo* il dolore dovuto a quel che è successo. Ma cos'è veramente il dolore? È qualcosa che può essere oggettivamente misurato, come la luce? Ha delle proprietà fisiche che gli consentono di esistere al di fuori della percezione e dell'esperienza? Ovviamente no!

Il dolore non è un fenomeno esterno, fisicamente a sé stante. Come il colore e tutto ciò che esperiamo nella nostra coscienza, il dolore si manifesta nel cervello e assolutamente da nessun'altra parte. Non esiste una sensazione che si origini *dentro* al braccio quando un osso si rompe, oppure *sulla* pelle quando un dito sanguina, o *intorno* all'occhio quando inizia a formarsi l'ematoma. Noi abbiamo l'impressione che sia così, invece non è nient'altro che una proiezione percettiva incredibilmente utile. Il dolore si genera unicamente nel cervello, per mezzo di un complesso processo neurofisiologico, anche se questo non rende certo l'esperienza meno reale. I nocicettori, uno speciale tipo di neuroni o terminazioni neurali, registrano il danno a livello locale e trasmettono un messaggio al sistema nervoso, che ovviamente comprende il cervello. (I nocicettori non sono distribuiti uniformemente in tutto il corpo; le punte delle dita, i capezzoli e altre aree particolarmente sensibili al contatto hanno – per definizione – molti più nocicettori di altre aree, come ad esempio i gomiti). In questo senso, è vero che accade qualcosa di oggettivamente fisiologico quando si genera il dolore, ma è il significato della causa che noi percepiamo, non la causa in sé.

Perché viviamo il dolore come un'esperienza fattuale se è soltanto una percezione? Il dolore è una *conversazione* fra la nostra mente, il corpo e il mondo circostante, nella quale si discute di una crisi – e di una risposta. È una conseguenza che emerge dall'aver compiuto con successo qualcosa (o senza successo, nel qual caso è più come un pulsante antipanico che sia appena stato premuto) nel contesto presente, e una spinta motivazionale all'azione. Il dolore non è «accurato», perché per il cervello l'accuratezza è tanto impossibile quanto irrilevante. È un campanello d'allarme, che esprime l'urgenza di un comunicato che ha come oggetto «o-la-vita-o-la-morte» – la certezza che dobbiamo fare qualcosa.

Dunque il dolore è una percezione fisiologica che, a partire da informazioni intrinsecamente insignificanti, produce un significato traducibile in azione, inducendo il nostro cervello a interpretarlo come un evento dal quale dobbiamo difenderci. Il repertorio di risposte «dolorose» date in passato ai nostri nocicettori ululanti è la ragione per cui la nostra specie è ancora qui. Questo ci porta a una profonda verità, che mette a nudo l'essenza più autentica di ogni nostro singolo comportamento...

Tutta la percezione altro non è che una costruzione, compiuta dal cervello, di utilità riconosciute come tali lungo il passato (leggasi: «significato empirico delle informazioni»). È un

ON
AMO
ALTÀ.
AMO
ANTO
O CHE
SSATO
RA
ILE
ERE.

fatto scientifico, e in effetti piuttosto strano. Ma come avviene la costruzione? Dove ha luogo? La risposta diventa chiara una volta che comprendiamo come i nostri sensi facciano scarsissimo affidamento sul mondo esterno, e molto di più sulla sfera interiore dell'interpretazione.

Come abbiamo accennato nell'Introduzione, solo il dieci per cento delle informazioni che il cervello utilizza per vedere deriva dagli occhi. L'altro novanta per cento deriva da aree diverse del cervello. Questo perché, per ogni connessione che dagli occhi (attraverso il talamo) va alla corteccia visiva primaria, ce ne sono dieci provenienti da altre regioni corticali. Inoltre, per ogni connessione che dagli occhi arriva alla corteccia visiva (sempre attraverso il talamo), ce ne sono dieci che vanno in senso contrario, influenzando enormemente le informazioni che entrano dagli occhi. In termini di flusso informativo, quindi, i nostri occhi hanno ben poco a che fare con il vedere. La vista viene prodotta dalla sofisticata rete neurale del cervello che conferisce senso alle informazioni sensoriali visive. Per questo motivo il detto *vedere per credere* (*seeing is believing*) è del tutto fuorviante:

Il complesso processo che ci separa dalla realtà è in effetti piuttosto sconcertante, ma al medesimo tempo incredibilmente efficace. E questo ci conduce a una domanda molto importante: che cosa significa vedere il significato di informazioni insignificanti, e in che modo i significati passati possono limitare i significati presenti? Per rispondere, riportiamo la percezione dei colori a qualcosa che sentiamo essere di per sé maggiormente intriso di significato – il linguaggio.

Che cosa leggete?

Il compito che vi propongo è molto semplice: **leggete quel che vedete** (a voce alta nella vostra mente).

riu it a leg q to

Molto probabilmente, leggete una frase completa e coerente: *Riuscite a leggere questo?* Proviamo con un'altra. Anche in questo caso, leggete quel che vedete.

ch c sa s ate g ndo

Scommetto che avete letto: *Che cosa state leggendo?* Ricordate le istruzioni che vi ho dato: leggete quel che **vedete**. Invece voi avete letto delle **parole** che, nelle stringhe che vi ho presentato, di fatto non esistono. Perché? Perché l'esperienza ha prodotto come risultato un cervello che contiene codificate in sé le lettere co-ricorrenti nella propria lingua. Quindi il cervello applica il suo repertorio di esperienze relative al linguaggio e legge qualcosa che in passato è stato utile leggere in quel modo, cioè legge delle parole dove non ce ne sono. (Esattamente come il di*%@^olo di qualche pagina fa). Si noti tuttavia che, se anche la frase avesse tutte le lettere che completano le parole, sareste comunque voi a leggervi un significato, dato che nessuna di queste stringhe di lettere ha di per sé alcun valore intrinseco. Sono costrutti della nostra cultura e della nostra storia. Questo ci riporta al bisogno del cervello di creare relazioni: costruire connessioni fra le diverse lettere.

Il 46% delle persone legge «is seeing believing», il 30% «seeing is believing», il 24% «believing is seeing».

Ma le implicazioni non finiscono qui. Benché il vostro modo di «leggere» la seconda frase fosse legittimo, non è l'unico. Perché non l'avete interpretata come...?

che cosa state sognando?

Stavate rispondendo al contesto, e questo vi ha limitati. Ho creato una situazione tale per cui il vostro cervello ha cercato la maniera più utile per riempire i vuoti, con la parola *leggendo*. È del tutto sensato. Però, ricordate, in un caso come questo non ci sono leggi della fisica che generino significato. Le lettere e le stringhe di lettere di per se stesse sono arbitrarie: in sostanza, sono intrinsecamente insignificanti. Assumono significato solo in quanto prodotti della storia. Il vostro cervello vi ha fornito quella che ha giudicato essere la risposta più utile sulla base del vostro passato percettivo, ma non era **l'unica** possibile.

Come abbiamo appreso nel primo capitolo con l'esercizio del contrasto di luminosità che ci ha dimostrato il fatto che non vediamo la realtà, il nostro cervello crea significato in relazione alla luce. Le aree grigie cambiavano colore nella vostra percezione anche se oggettivamente restavano uguali, perché il vostro passato ha, convenientemente, costruito «sfumature» di significato differenti nel presente. Ora che abbiamo capito meglio perché questo accade, torniamo a esaminare la percezione del grigio.

Nell'immagine qui sotto, abbiamo di nuovo dei riquadri grigi, ma questa volta sono piastrelle sul pavimento di una stanza presentata in due scene distinte, molto simili; due spazi scarsamente illuminati. Anche qui, i riquadri appaiono di

diverse intensità di grigio per via di ciò che li «circonda», anche se in realtà sono uguali. Ora guardiamo le stesse due scene illuminate, nell'immagine in basso, e vediamo cosa succede.

Ignorate le altre piastrelle alle estremità di destra e di sinistra in entrambe le scene. Nella scena di sinistra, guardate la piastrella posta sotto il tavolo direttamente in linea con il vaso di fiori: sembra quasi bianca. Ora guardate la sua omologa nella scena accanto, appena a destra della tazza da tè: è grigio antracite. Eppure sono due sfumature di grigio esattamente identiche.

Tutto quello che ho fatto è stato cambiare le informazioni contenute nella scena, cosa che a sua volta modifica il loro probabile significato sulla base della vostra precedente esperienza. In questo esempio, il «significato» dell'area circostante scura sotto il tavolo è «ombra», mentre l'area circostante scura nell'immagine di destra significa «superficie scura». Cambiando l'informazione, ho *cambiato il significato* che il vostro cervello ha dato alle piastrelle usando le informazioni provenienti dai vostri sensi. Entrambe le piastrelle sono rimaste nei loro contesti originali, ma io ho alterato la vostra interpretazione di questi contesti modificando le condizioni presenti nella stanza. Quella che vedete è una rappresentazione statistica creata dal vostro cervello in merito alla probabilità che le due piastrelle abbiano un significato empirico simile rispetto a

quello avuto in passato. Questo processo echeggia la maniera in cui poco fa avete letto la stringa di lettere *Che cosa state leggendo?* La vostra percezione vi consente di vedere la stessa cosa in molteplici modi, anche se inizialmente può sembrare che possa essercene soltanto uno. Come vedrete nelle prossime due immagini, quello che vale per il significato delle parole e dell'intensità dei colori vale anche per il significato della forma.

Nell'immagine qui sotto, osservate i quattro angoli creati dall'accostamento di due bacchette. In ognuno dei casi, le bacchette formano un angolo differente da tutti gli altri che non è di 90 gradi, giusto? Sbagliato.

In tutte queste «illusioni» che vi ho mostrato, abbiamo visto come una passata utilità plasmi la nostra percezione presente, e come si tratti di un passato remotissimo, risalente agli albori dell'evoluzione umana. Tuttavia, per quanto siamo abili nell'orientarci in una realtà cui non abbiamo accesso diretto, dobbiamo diffidare della brillante strategia per vedere messa a punto dal cervello, perché potenzialmente potrebbe intrappolare la nostra percezione nel passato, e questo ci riporta a Chevreul e ai suoi arazzi.

Le profonde intuizioni di Chevreul sulla percezione umana e la sua ruota dei colori hanno influenzato l'arte ancora fino ai nostri giorni, ma non sempre in senso positivo. Non mi riferi-

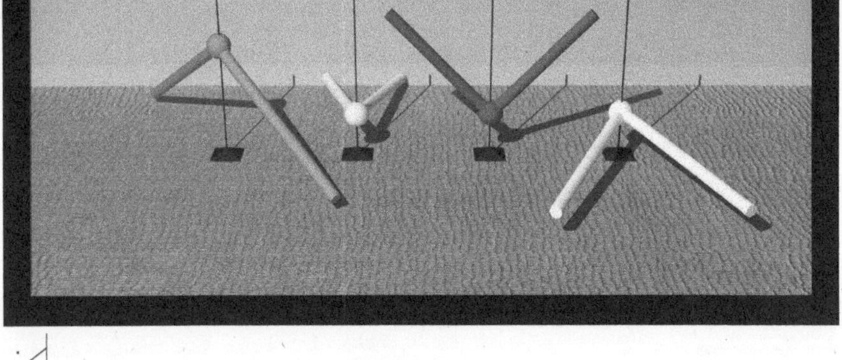

sco alle opere d'arte che la sua scoperta ha contribuito a creare, ma al modo in cui l'arte ci insegna a comprendere noi stessi – o a *fraintendere* noi stessi, a detrimento del vedere in maniera differente.

Agli artisti piace attribuire gli effetti talvolta disorientanti che producono alla «fragilità dei nostri sensi», come affermato dalla Tate Gallery di Londra a proposito del lavoro di Mark Titchner, un candidato al Turner Prize del 2006. Ma è una grossolana falsità, perché i nostri sensi non sono affatto fragili. Il termine «fragilità» può valere per descrivere l'*impressione* del percepire in certe situazioni, soprattutto se sono situazioni concepite per disorientare, ma *non* è una spiegazione.

La percezione non è casuale né esitante, quanto invece un processo incredibilmente sistematico, persino statistico, di collegamento del passato al presente attraverso il comportamento. Quando Chevreul, nella Francia dei primi decenni dell'Ottocento, aveva scoperto che non sempre vediamo i colori come effettivamente sono, il fenomeno era parso come qualcosa di magico che sconfinasse nel reale, a parte il fatto che nella magia sappiamo che il mago sta facendo un trucco, quindi era forse più una sorta di stregoneria. Però il limite della magia (come pure della presunta stregoneria, per quel che conta) è che, una volta svelato il trucco, smette di essere interessante. Il fascino

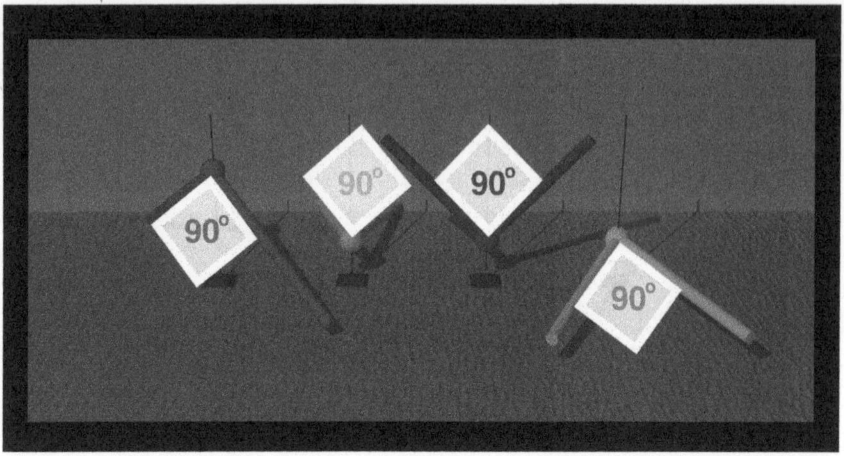

dei fenomeni che definiamo «illusioni», al contrario, sta nel fatto che sapere il perché si verifichino li rende ancora *più* interessanti. Tuttavia neanche così abbiamo il quadro completo necessario alla comprensione di questi cosiddetti «trucchi» della percezione, dato che prima, quando ho chiamato *illusioni* gli esercizi che vi ho proposto, non sono stato sincero. Sono le illusioni stesse... a essere un'illusione!

Sono le illusioni stesse... a essere un'illusione!

Se il cervello si fosse evoluto per vedere le cose come veramente sono, allora sì che esisterebbero le illusioni. Ma dato che il cervello non si è evoluto per vedere in maniera accurata, soltanto utile, le illusioni non esistono. La nostra nozione convenzionale di illusione è fallace, quindi, proprio perché ha insita in sé l'idea che ci siamo evoluti per vedere il mondo nella sua realtà oggettiva. Come a questo punto sapete, non è così. Noi non siamo in grado di vedere la realtà, perciò ci siamo evoluti per vedere quello che, in passato, ci è stato utile vedere. Tutto ciò, in poche parole, si riduce a questo: o tutto è illusione, o niente lo è. E la realtà ci dice che niente lo è.

Per vedere in maniera differente, dobbiamo prima concepire in maniera differente l'atto stesso del *vedere*. Questo è molto importante, al di là del mero aspetto visivo. Dopotutto, il mondo è in costante fluire. Quello che era vero ieri può non esserlo oggi, e questo è vero più che mai, ad esempio, nel mondo della tecnologia e dell'imprenditoria, dove lo sviluppo ha luogo a velocità supersoniche. I contesti sono in continuo mutamento, e di conseguenza anche la nostra percezione deve cambiare. Avere un'idea più chiara del funzionamento del nostro cervello ci permette di vedere i modi più sottili in cui le esperienze passate non soltanto ci condizionano, ma ci creano. Sapendo questo, possiamo imparare a padroneggiare i principi di base del cervello e quindi generare dei *nuovi* passati che modificheranno la percezione da parte del cervello stesso di future possibilità. È di questo che parleremo nel prossimo capitolo.

In sostanza, vivere altro non è se non sperimentare cicli continui di tentativi ed errori. È un percorso empirico. Per riuscire a farlo con successo, dobbiamo avere a disposizione tante possibilità – e tante possibili percezioni – quante il cervello ce ne consente. Uno sguardo più ristretto ci offre meno strade da percorrere. Quindi, per evitare di rimanere presi in trappola, assicuratevi di non *leggere* soltanto ma anche di *sognare*. Però non sarà facile, perché siete delle rane, per quanto attiene alla percezione.

E non lo intendo in senso metaforico. Intendo proprio dire che siamo sorprendentemente simili alle rane nei nostri processi neurali e comportamentali, che è il motivo per cui amo un particolare video virale di YouTube[6] che presenta queste similarità. In una clip di 26 secondi, una rana affamata salta su formiche digitali che appaiono sullo schermo di uno smartphone, cercando di afferrarle con la lingua, ignara – crediamo noi (ma non sarebbe fantastico se così non fosse?!) – di avere a che fare con un gioco elettronico chiamato Ant Crusher. La rana tenta ansiosamente di mangiarsi formica dopo formica, fino a che la sessione finisce. Quando l'umano che regge il telefono fa per premere il tasto reset, la rana affamata – o forse proprio arrabbiata – gli morde il pollice. Fa ridere, ma è anche molto eloquente, dato che sotto tanti punti di vista noi *siamo* quella rana. Non facciamo che rispondere, rispondere, rispondere, in base a ciò che le nostre percezioni passate ci dicono. Tuttavia, se quanto a percezioni e comportamenti in fondo siamo come le rane, che cosa differenzia e rende meravigliosa la mente umana?

5.
La rana che sognava di essere un principe

Tutto sommato la vita è elementare, anche se questo non vuol dire, come tutti sappiamo, che sia semplice. In ogni istante, il nostro cervello (così come il cervello di qualunque sistema vivente) non fa altro che prendere una e una sola decisione: avvicinarsi o allontanarsi da qualcosa. La risposta che noi umani (e gli altri sistemi viventi) scegliamo è basata su assunti a loro volta basati sulla nostra storia, proprio come nel caso della rana di YouTube. Quindi tutte le percezioni e tutti i comportamenti sono una manifestazione diretta di ciò che per noi è stato utile vedere in passato. Tuttavia: il nostro cervello sotto quali aspetti è *differente* da quello delle rane, dato che dev'esserlo di sicuro? Cosa rende meravigliosa la mente umana? (...La risposta vi potrà sorprendere...) Il nostro essere deliranti!

Cosa rende meravigliosa la mente umana? (...La risposta vi potrà sorprendere...) Il nostro essere deliranti!

Il potere del delirio è la capacità di immaginare. Le nostre percezioni sono una storia sempre in movimento, sempre crescente, sempre mutevole, e il cervello ci consente di non essere soltanto degli ascoltatori passivi di quella storia, bensì i narratori che la scrivono anche. *Questo* è il delirio. Siamo rane capaci di immaginare di essere principi o principesse (e di usare dei principi ranocchi come metafore in un libro – *questo* libro). A essere davvero notevole è il fatto che, attraverso l'immaginazione, noi possiamo a tutti gli effetti modificare i nostri neuroni (e la nostra storia), e quindi i nostri comportamenti percettivi. Per fare questo, abbiamo bisogno di uno strumento del cervello altamente evoluto: il *pensiero cosciente*.

Nessuna delle nostre percezioni ha un significato unidimensionale. Sono tutte portatrici di *significati multistratificati*: il rosso è un significato, una mela rossa è un significato sovrapposto a un significato, una mela rossa matura è un significato sovrapposto a un significato sovrapposto a un significato e così via. Queste stratificazioni sono ricorsive, dato che siamo in grado di pensare ai nostri pensieri relativi ai nostri pensieri, forse senza poter andare avanti all'infinito, ma sicuramente con molti accavallamenti successivi. Questo ci dota dell'abilità di esplorare mentalmente scenari e possibilità diverse, persino la possibilità di non essere una rana. In senso letterale, passiamo dalla rana al principe ogni giorno, utilizzando una combinazione di regioni cerebrali che rappresentano loro stesse degli stadi differenti della nostra storia evolutiva, dalle strutture rettiliane arcaiche alle aree corticali di evoluzione molto più recente. In questo sta la fonte delle nostre più grandi creazioni, ma anche delle nostre più grandi apprensioni. Per citare il poeta scozzese Robert Burns, che si rivolge a un topo, in una delle poesie che preferisco (ideale da leggere sorseggiando un whisky):

I piani più accurati dei Topi e degli Uomini
Vanno spesso storti,
E non ci lasciano che dolore e pena,
Invece della gioia promessa!

Tu sei ancora fortunato, in confronto a me!
Soltanto il presente ti tocca:
Ma, ahimè! io volgo lo sguardo indietro,
Su un panorama desolato!
E avanti, benché io non possa vedere,
Sospetto e temo.

Il topo di Burns rappresenta tutti gli animali che hanno meno stratificazioni di coscienza degli umani, come la rana di YouTube, alla quale, come avrete capito, sono tanto affezionato. L'allegoria del principe ranocchio sopravvive da secoli, dalla favola dei fratelli Grimm a Disney, proprio per gli stessi motivi per cui il nostro cervello *non è* simile a quello degli anfibi né di altri animali. In fin dei conti, per quanto ne sappiamo, il regno animale non ha poesia, né romanzi, né musical di Broadway che abbiano come protagonisti degli umani. A differenza dei loro, il nostro cervello ci permette di immaginare mondi e possibilità. Detto questo, vale la pena notare che ci sono dei ragni che sembrano essere in grado di rappresentarsi degli itinerari che li portino verso una preda, dato che seguono dei percorsi che li possono *allontanare* dalla preda prima di avvicinarsi a essa, una cosa che richiede determinate abilità cognitive. (Molti cani non sono in grado di farlo, come altrettanti padroni di cani ben sanno, essendosi sicuramente trovati con il proprio animale «intrappolato» dall'altra parte di una recinzione aperta). Ciò vorrebbe dire che, come quasi sempre accade nel mondo animale, gli umani non sono necessariamente unici, bensì occupano un punto lungo un continuum.

Il concetto chiave è questo: *le narrazioni che immaginiamo ci cambiano profondamente*. Attraverso l'immaginazione di storie, possiamo creare delle percezioni, e quindi alterare i nostri futuri comportamenti basati sulle percezioni stesse. Questo, presumibilmente, è uno degli scopi della coscienza, se non *lo* scopo: immaginare esperienze senza il rischio di metterle in atto. E non solo nel momento presente, ma anche riguardo a eventi del passato. E questo significa che, in parallelo al nostro confronto fisico ed empirico con il mondo reale, condotto con tentativi ed errori, *possiamo utilizzare il nostro cervello per cambiare dall'interno il nostro cervello stesso*. Più avanti nel libro vedremo quali sono gli strumenti da usare per fare questo, anche in rapporto a dove si situi effettivamente il libero arbitrio, ma per adesso concentriamoci sull'acquisizione di una migliore comprensione del nostro fantastico delirare, che alimenta la nostra capacità di deviare. Vedremo perché possiamo modificare significati su significati, e quindi i nostri modi di percepire – che vuol anche dire che la percezione è un'arte.

In una fredda giornata di dicembre del 1915, nella città tornata di recente a chiamarsi San Pietroburgo, in Russia, la storia dell'arte visse un momento epocale che segnò uno spartiacque tra il prima e il dopo. L'artista russo Kazimir Malevič, padre dell'appena nato suprematismo, aveva organizzato una mostra collettiva nella galleria privata Dobycina dal titolo *Ultima esposizione futurista di quadri 0,10*. Capigliatura corvina e sguardo intenso, l'avanguardista Malevič presentò una serie di dipinti, suoi e di altri pittori, che rigettavano nella maniera più drastica le convenzioni. Nato in Ucraina con origini contadine polacche, l'artista era fervidamente convinto che l'arte fosse il fulcro dell'esistenza, quindi in gioco per lui c'era ben più di un'esposizione artistica; inoltre, dettaglio non trascurabile, era stato bollato dal regime come «pamphlettista fanatico» e «monaco pazzo».[1] Aveva ragione di credere nella visionarietà che aveva voluto offrire al pubblico: le opere esposte quella sera sarebbero diventate forse meno note della *Fontana* di Marcel Duchamp (in realtà un orinatoio), ma non meno importanti, dato che avrebbero spianato la strada all'arte astratta per tutto il resto del secolo.

Inaugurata il 19 dicembre, la mostra intendeva rompere con le rappresentazioni figurative della «vita reale» a favore di una secca geometria, una nuova arte costituita da forme e colori limitati che intendeva generare emozioni più intense di quanto il realismo avesse mai potuto fare. (Delacroix, con la sua raffinata tavolozza, probabilmente l'avrebbe detestata). Il più rivoluzionario tra i dipinti esposti quella sera era l'oggi celeberrimo *Quadrato nero* dello stesso Malevič, che è esattamente ciò che il titolo lascia supporre, un quadrato nero. Tre anni dopo, nel 1918, l'artista passò all'estremo opposto, sperimentando con la luminosità anziché l'oscurità, e produsse *Bianco su bianco*, un lavoro forse ancora più radicale, che rappresentò anch'esso uno dei massimi momenti di rottura dell'epoca. L'opera raffigura un quadrilatero bianco sullo sfondo di un quadrilatero bianco.

Quadrato nero e *Bianco su bianco* furono opere possibili – e molti direbbero importanti e necessarie – perché Malevič non produceva arte in un vuoto. Stava dialogando con la storia dell'estetica, con le forme e le idee artistiche venute prima di lui, dagli elaborati fregi dell'antichità alle nature morte del post-impressionismo. (Naturalmente si confrontava anche con il cerchio cromatico di Chevreul e il proprio tacito rifiuto di esso). Al di sopra di tutto, Malevič stava sfidando il tradizionale senso comune riguardo al «bello» nell'arte.[2] La sua era un'affermazione storica su distruzione e rappresentazione, una sperimentazione finalizzata a indagare come la mente e i sentimenti umani rispondano alle immagini. Nel fare questo, il suo intento era quello di aprire la strada a un nuovo genere di bellezza. «Dal punto di vista dei suprematisti, i fenomeni visivi del mondo oggettivo non offrono alcun interesse», scrisse in un manifesto, esprimendo senza volerlo una verità relativa non solo alla percezione dell'arte ma anche, come ora sapete, al modo in cui il cervello opera nel *generare* la percezione. «Solo la sensibilità è essenziale. L'oggetto in sé non significa nulla».[3]

Il significato di *Bianco su bianco* non va cercato nella chimica dei suoi pigmenti. Se la estrapoliamo dal suo contesto storico, l'opera non significa praticamente nulla, o perlomeno ha un tipo del tutto diverso di significato. (Probabilmente Malevič non prevedeva che un giorno i suoi criteri sarebbero stati applicati al suo stesso lavoro, eppure è vero: la sua celebre tela è un fenomeno visivo del mondo oggettivo). Forse è per questo che coloro che detestano l'arte astratta guardano ancora a Malevič come all'apice del vuoto avanguardistico, mentre altri continuano a idolatrarlo e pagano somme da capogiro per i suoi dipinti: anche fino a sessanta milioni di dollari, l'importo raggiunto da *Bianco su bianco* in un'asta di Sotheby's del 2008. Sessanta milioni di dollari comprano il *significato di un momento*. È il significato empirico a essere acquistato, le percezioni stratificate su di esso, non il dipinto in sé e per sé. Il dipinto in sé e per sé non ha alcun valore. Per giunta, quel significato di quel momento non è statico, bensì destinato a cambiare per sempre, via via che in futuro si troverà a doversi confrontare con contesti storici mutati a loro volta – esattamente come i nostri ricordi si modificano via via che vi aggiungiamo stratificazioni di ricordi successivi; il significato di ciascun ricordo è una rappresentazione dell'insieme, non di un elemento specifico.

Considerando il *vostro* passato percettivo, che cosa significa *Bianco su bianco* per *voi*?

Da un punto di vista oggettivo, naturalmente, il famoso dipinto di Malevič è esattamente quello che il titolo con sfrontatezza dichiara, bianco su bianco, o due sfumature che più o meno appaiono così. Questo è ciò che vedrebbe una rana, ed è anche ciò che vediamo noi. Allo stesso tempo, però, noi ci vediamo molto di più. Gli esseri umani vivono in base alle idee che scaturiscono dal loro ambiente, dalle loro interazioni con questo ambiente. Queste idee sono ciò che vediamo, pensiamo e facciamo.

Datevi un rapido «sguardo» intorno. Abbiamo filosofie, principi e opinioni. Scateniamo dibattiti su Twitter, abbiamo persino fondato un campionato mondiale di freddure. I «materiali» che sono chiamati in causa da questi fenomeni non sono «reali» in alcuna accezione fisica, eppure lo sono in un'accezione percettiva molto importante. Tali significati sovrapposti che noi costruiamo condizionano profondamente le nostre esistenze. È questo ciò che Malevič voleva indagare, e lo dichiarò esplicitamente in un suo scritto del 1919, *Sul museo*: «Nel pubblico nascerà una massa di idee, e saranno spesso più vive delle rappresentazioni reali (e prenderanno meno spazio)».[4] Questa massa di idee non è reale in nessun senso letterale. Non la possiamo tenere in mano. È solamente una nuvola di parole e concetti. Ma quando si tratta del cervello e di come opera la percezione, e di come possiamo cambiare la nostra maniera di vedere!, questa nuvola è reale tanto quanto ogni altra percezione, perché È percezione: come il gusto dei cibi che mangiamo, una ferita che subiamo, tutte le persone che baciamo. E peraltro ci spiega perché i critici letterari possano costruirsi una carriera accademica scrivendo su ciò di cui scrisse James Joyce nell'*Ulisse* e in *Finnegan's Wake*. Ci spiega anche perché il compositore americano John Cage si sia conquistato fama imperitura per *4'33''*, un brano consistente di quattro minuti e trentatré secondi di...

Silenzio.

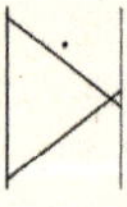

Avete interpretato lo spazio bianco che ha fatto seguito alla parola «Silenzio» come una forma di silenzio visivo, giusto? L'esperienza di «ascolto» del brano di Cage costringe il pubblico a domandarsi che cosa siano realmente il silenzio e la musica, e in che misura un tipo di ascolto differisca da un altro. È facile immaginare fastidio o dileggio provenire da qualcuno seduto nella sala muta, convinto che *4'33''* sia una buffonata pretenziosa, mentre è possibile immaginarsi altri che di colpo si rendono conto del fatto che i suoni quali fruscii o raschiamenti di gola che si sentono mentre tutti siedono in «silenzio» possano di fatto raccontare una storia complessa e rivelatoria sulla condizione di spettatori, sullo stare insieme, sulla solitudine, sulle aspettative, sull'arte. Tutto dipende dal significato soggettivo che il proprio cervello trae da una situazione che è intrinsecamente aperta alle interpretazioni. È precisamente questo ciò che intendo per delirio, la straordinaria capacità della mente umana di produrre senso, non solo a partire dalle informazioni sensoriali che percepiamo, ma anche da idee astratte che non hanno nulla a che fare con la vista, l'olfatto, il gusto, il tatto o l'udito.

Parecchi anni fa, due miei amici (Mark Lythgoe e Mark Miodownik) e io abbiamo avuto il privilegio di essere i primi scienziati a esporre delle «opere d'arte» alla Hayward Art Gallery, nel South Bank di Londra. Avveniva nell'ambito di una retrospettiva dedicata a Dan Flavin, l'artista che ho menzionato in precedenza parlando di Chevreul e dell'uso della percezione del colore nella produzione artistica. Io e i miei amici eravamo riusciti a conquistarci un'intera sala espositiva... nel retro. La mia installazione era un massiccio pezzo di plexiglas trasparente appeso a un soffitto alto venti metri, che arrivava a un metro dal pavimento. Inseriti nel plexiglas trasparente c'erano dei piccoli quadrati di plexiglas bianco che davano l'impressione di un reticolo galleggiante. Il blocco sospeso era collocato davanti a una parete a una distanza di circa un metro e mezzo, e sulla parete era fissata una grande tela bianca. Se la si guardava dal lato frontale, l'installazione sembrava in effetti la mia versione di *Bianco su bianco*, dato che i quadrati bianchi risultavano avere come sfondo la tela bianca.

Ma non era tutto. Nella stanza erano appesi anche cinque grandi fari da palcoscenico, tutti con gelatine di diversi colori, tranne uno, quello centrale, che era bianco. Un computer nascosto sotto una mensola controllava le luci, che in sequenza apparivano di colore rosso in contemporanea con il bianco, blu con bianco, verde con bianco e giallo con bianco. Il risultato era che ogni quadrato bianco sospeso gettava due riflessi sulla tela, simili a due ombre, il primo di luce colorata, l'altro di luce bianca. Naturalmente, il colore riflesso sembrava essere il colore con cui la tela era illuminata, essendo l'unica luce che colpiva quel particolare punto della tela. La cosa interessante era che la zona della tela colpita solo dalla luce bianca (cioè l'«ombra bianca») non appariva per niente bianca, bensì del colore complementare rispetto al colore dell'altro riflesso. Vale a dire, se la tela era illuminata dalla luce bianca insieme alla luce rossa, l'«ombra bianca» appariva verde! Dato che i quadrati bianchi risultavano sospesi come in rilievo davanti alla tela bianca, questa era la mia versione 3D di *Bianco su bianco*, che allo stesso tempo si rifaceva alle ombre di Goethe per giocare con la nozione di bianco, o, come Dan Flavin li chiamava, i «colori incidentali» che apparivano nei suoi lavori dove in realtà nessun colore era presente. (Sappiate che potete ricreare voi stessi questo effetto con due normali lampade da scrivania, coprendone una con una gelatina grigia e l'altra con una gelatina colorata. Puntatele contro una parete bianca facendo sovrapporre i loro fasci di luce. Poi mettete una mano davanti a ognuna delle due, creando due ombre a forma di mano riflesse sul muro. I colori che vedrete vi faranno ripensare all'assoluta importanza del contesto).

La sera dell'inaugurazione eravamo terribilmente eccitati, ma fin da subito l'evento si annunciò piuttosto disastroso. Gli addetti della Hayward avevano problemi di ogni tipo con le lampade e i circuiti elettrici di Flavin. Il mio computer si bloccò, così che nessuna delle luci che avrebbero dovuto illuminare il mio lavoro si accese. Di conseguenza, nessuna ombra riflessa; anzi, buio totale. Inoltre, non era solo il fallimento a bruciare, ma più ancora il fatto che stesse avvenendo in pubblico. C'erano centinaia di persone, «tutto il mondo dell'arte che conta». E il mio lavoro era, come dire, «fuori uso». Comunque la gente lo guardò lo stesso, dato che «fuori uso» è solo questione di opinioni (in una galleria d'arte soprattutto).

Me ne stavo scoraggiato in fondo alla sala buia, appoggiato contro il muro buio, domandandomi se dovessi appendere sulla mia installazione un cartello con la scritta «Guasto». Alla mia destra c'era un ampio ingresso che portava nella sala (le cui pareti erano interamente dipinte di nero, eccetto la tela bianca), e da quell'apertura filtrava un tenue filo luminoso che andava a colpire il mio blocco di plexiglas. Il risultato era una leggerissima ombra riflessa sulla tela bianca. Proprio in quel momento due tizi dall'aria molto «artistica» entrarono dalla porta e si fermarono di fronte al mio lavoro. Rimasero lì per un bel po', guardavano, si spostavano, pensavano. Poi uno dei due iniziò a «spiegare» all'altro, e la descrizione fu notevole: «Nota il sottile gioco della luce, con le ombre che creano delle forme scontrandosi l'una contro l'altra, questo suggerisce una rappresentazione della differenza nella similarità, nella bellezza di una differenza impalpabile. Lo trovo bellissimo!»

L'opera era, certamente, fuori uso, ma non l'esperienza che quelle due persone ne trassero. La loro capacità di trovarvi un nuovo significato riscattò anche la mia esperienza (e conferendo pure a questa un nuovo significato). Era naturale che ci vedessero un significato: perché mai dovevano partire dal presupposto che non fosse funzionante? Il loro cervello aveva costruito senso, per cui non avevano avuto l'impressione di essere di fronte a un lavoro del tutto diverso da com'era nelle intenzioni del suo autore.

Il delirio mi aveva salvato.

Questa esperienza che ho vissuto con il mio tributo a Flavin-Goethe-Malevič-Berkeley dimostra che il delirio è uno degli strumenti del cervello più potenti e inesorabili. È la ragione stessa per cui siete in grado di comprendere questa frase. Come ho accennato nell'Introduzione, il mio intento, nello scrivere questo libro, era di indurre in voi lettori una consapevolezza riguardo alla fonte delle vostre stesse percezioni, così da creare nella vostra coscienza un nuovo strato di significato che in futuro vi consentirà di vedere il vostro mondo e la vostra vita in modo nuovo. Questo confronto mentale ed emozionale attivo avvia il processo di vedere in maniera differente. Tuttavia, al di là della sfera delle idee, siete anche *letteralmente* deliranti. Non solo non vedete la realtà: **vedete cose che non ci sono**. Ed è un fatto positivo. State a guardare.

A questo punto avrete (probabilmente) notato che su ogni pagina dispari del libro, nell'angolo di destra in basso, è raffigurato un piccolo diamante. Non è inteso come ornamento – o almeno *non solo* come tale. I diamanti hanno la finalità di costituire un flip-book, quei blocchetti di fogli su ognuno dei quali è disegnata una figura leggermente diversa dalle altre, e che, sfogliati rapidamente, danno l'impressione del movimento.

> *Tuttavia, al di là della sfera delle idee, siete anche* letteralmente *deliranti. Non solo non vedete la realtà: vedete cose che non ci sono. Ed è un fatto positivo. State a guardare.*

Vorrei che faceste scorrere con il pollice tutte le pagine del libro, in sostanza creando un film di animazione in versione ridotta. Inizialmente il diamante girerà verso destra, perché è disegnato affinché sembri ruotare in quella direzione. Dopo averlo fatto una volta, vorrei che lo ripeteste, solo stavolta immaginate che il diamante ruoti nell'altra direzione, verso sinistra. Potrebbero volerci svariati tentativi, ma se sfocate la vista e guardate intorno al diamante e immaginate che cambi direzione... lo farà.

Avete appena osservato in azione la vostra capacità di delirare. Il diamante ruota nell'una o nell'altra direzione a seconda di come voi lo immaginate; se immaginate di guardare in basso sulla parte centrale piatta ruoterà verso destra; se immaginate di guardare in alto verso la stessa parte centrale piatta ruoterà verso sinistra. *State modificando quello che percepite*. Per dirla in altri termini, dato che il cervello non si è evoluto per vedere la realtà, abbiamo un controllo diretto su ciò che *in effetti* vediamo.

Come avete appena potuto constatare di prima mano, il fatto di pensare alle nostre percezioni ha la facoltà di alterarle. Si noti bene che, ovviamente, il movimento che avete visto nel diamante non esiste affatto. Quindi avete colto non una serie di immagini statiche, bensì le piccole differenze fra di loro e recepito quelle differenze sotto forma di movimento (un effetto chiamato fenomeno Phi). Avete visto il significato empi-

rico del cambiamento, non il cambiamento in sé. Questa è una forma di delirio senza la quale il cinema non esisterebbe. Per di più, avete anche *invertito* la direzione di questa rotazione immaginata a seconda di come ci avete pensato. Detto così, sembra che abbiate assunto delle droghe!

Ricordiamo che qui stiamo parlando di un movimento molto semplice. Che cosa accade con qualcosa di più complesso? Il diamante che ruota è solamente un esempio banalissimo della nostra tendenza neurologica verso il delirio. Tendenza che spiega anche le «vibrazioni fantasma» che molti utilizzatori di cellulari riferiscono di sentire, e perché certi individui che giocano per lunghi periodi con i videogame vivano esperienze simili ad allucinazioni uditive anche giorni dopo essersi staccati dal video, fenomeno che prende il nome di «trasferimento di gioco» (*Game Transfer Phenomena*).[5] Immaginate cos'altro sia possibile.

Prima di esaminare in che modo il delirio entri nel vedere in maniera diversa, è assolutamente cruciale capire la differenza tra ciò che accade all'interno del cervello quando percepiamo cose reali rispetto a quando percepiamo cose immaginarie. Perché è tanto importante?

Perché è una differenza minima, praticamente inesistente sotto il profilo qualitativo.

Stephen M. Kosslyn, con il suo pizzetto bianco, è un geniale ex docente di psicologia di Harvard, nonché fondatore e preside del Minerva Project, un progetto molto innovativo nell'ambito dell'istruzione superiore americana. I suoi studi di frontiera con la fMRI hanno radicalmente trasformato il modo di concepire la percezione in numerose discipline, soprattutto per quanto concerne la dualità tra immagini immaginate e immagini visualizzate. La sua scoperta rivoluzionaria è stata la dimostrazione che, per il cervello, *immaginare visivamente delle cose non è differente dal vederle*.

È un concetto che vi sarà familiare se seguite certe tecniche di allenamento sportivo. Molti atleti di alto livello, ad esempio, dai bobbisti olimpionici ai golfisti professionisti alle stelle del calcio, trascorrono una notevole quantità di tempo a visionare filmati degli sport che praticano. Non si tratta di una novità, ma fino a poco fa non c'era alcuna prova scientifica a sostegno dell'efficacia di questo approccio. L'*immaginazione motoria* è una «simulazione mentale» o «ripasso cognitivo» di qualcosa che si fa senza farlo realmente.[6] Ma la ricerca dimostra che questa pratica può avere un impatto non solo nel mondo dello sport.

«In psicoterapia, le fobie possono essere trattate con l'utilizzo di immagini mentali quali sostituti di oggetti o situazioni reali, perché questo porta a diventare "assuefatti" all'esperienza del percepire realmente quegli oggetti o situazioni», spiega Kosslyn. «Una persona può attivare delle "simulazioni mentali" per fare pratica per un futuro episodio reale. Si possono usare queste simulazioni per decidere come sia meglio caricare degli oggetti su un furgone o sistemare dei mobili. Le si possono usare nella soluzione di problemi, per scoprire nuovi modi di accostarsi al problema. Si possono visualizzare oggetti o scene, cosa che incrementerà, spesso drasticamente, la precisione con cui vengono ricordati. [...] È stata studiata la produzione di immagini sia uditive sia olfattive, e in entrambi i casi si sono individuate considerevoli sovrapposizioni nelle aree del cervello attivate durante la percezione e l'immaginazione mentale». In altre parole, possiamo, senza correre rischi, applicare le immagini mentali in ogni ambito della nostra vita – per superare l'ansietà sociale, per smaltire un carico di lavoro debilitante, o persino per vincere al poker settimanale. Analogamente, anche nel mondo scientifico si stanno applicando le immagini mentali in svariate aree, ad esempio i medici stanno introducendo questo metodo nella riabilitazione post ictus.[7]

Per il cervello, dunque, l'«essere reale» è un concetto molto più inclusivo e aperto di quanto lo sia la nostra convenzionale suddivisione tra il *reale* delle esperienze fisiche e il *non reale* di quelle immaginarie. A livello neurocellulare, sono entrambe esperite *fisicamente*. Se teniamo «in mente» questo, gli effetti dell'immaginario interiore (e del delirio) risultano piuttosto intuitivi. Pensiamo ad esempio all'eccitazione sessuale. Gli amanti del *Grande Lebowski* ricorderanno quando il re del porno Jackie Treehorn dice: «La gente ha dimenticato che il cervello è la più vasta zona erogena». Quello che intende è che immaginare un corpo nudo può generare uno stimolo sensuale uguale a quello che si prova davanti a quello stesso corpo nudo in carne e ossa.

Sesso reale e sesso immaginato (e, sempre di più, sesso virtuale) attivano un flusso sanguigno nelle medesime aree del nostro cervello – e ovviamente anche in altre parti del corpo.

Quindi in che modo le immagini mentali entrano in gioco con le percezioni? Ancora una volta, la risposta ci deriva dalla storia di utilità codificata dal nostro cervello, e da come questo repertorio percettivo determini la nostra futura maniera di vedere. La fondamentale verità sulla percezione che ho illustrato in precedenza non è cambiata: non vediamo la realtà – vediamo soltanto ciò che per noi è stato utile vedere in passato. Dunque l'implicazione della natura delirante del cervello è la seguente: il passato che determina la nostra maniera di vedere non è costituito solamente dalle percezioni vissute bensì anche da quelle immaginate. Possiamo quindi influenzare quello che vedremo in futuro semplicemente pensando. Il legame fra le due cose sta nel fatto che ciò che vediamo ora rappresenta la storia di ciò che abbiamo visto prima, immaginario o meno che sia (anche se non tutto ha lo stesso peso).

È per questo motivo che viviamo *e* al tempo stesso creiamo le nostre percezioni!

Torniamo per un momento a Ben Underwood e alla sua straordinaria capacità di ecolocalizzare. Il bambino aveva condotto un intenso processo di tentativi ed errori per adattarsi e imparare a «vedere» mediante gli schiocchi della propria lingua, e questo ha cambiato la struttura del suo cervello. Qualcosa di simile avviene con l'immaginazione mentale, solo che in questo caso il processo di tentativi ed errori ha luogo all'interno di noi anziché all'esterno. Rinforzare il «muscolo» che è il nostro cervello significa esplorare non solo ambienti fisici ricchi di stimoli, ma anche ambienti costruiti mentalmente. Le percezioni immaginate plasmano il futuro non meno di quelle vissute, poiché entrambe modificano fisicamente la nostra architettura neurale (anche se a livelli diversi, dato che in genere le esperienze vissute hanno statisticamente un impatto maggiore), e non sempre in meglio. Pensiamo a quel continuo rimuginare con cui si finisce per ritrovarsi «intrappolati» in cicli nei quali si rivive all'infinito il significato negativo di una determinata esperienza (ma non l'esperienza in sé), di conseguenza rafforzando in quella direzione le connessioni neurali, e rendendo quel significato sproporzionatamente significativo.

Poiché ogni volta che compiamo uno di questi esperimenti interiori con il pensiero, che ci consentono di non correre rischi, il cervello li codifica come se fossero esperienze, dobbiamo allora riconsiderare un punto chiave del capitolo precedente: se modifichiamo il nostro ambiente, modifichiamo il nostro cervello.

Le percezioni immaginate sono così influenti sulla maniera di vedere da entrare a far parte del nostro ambiente. Che è solo un altro modo per dire che il contesto continua a essere fondamentale, *però una parte assolutamente essenziale di quel contesto si trova dentro di noi.* Siamo il nostro stesso contesto. Il cervello può affrontare la complessità non solo di ciò che ha intorno a sé, ma anche di ciò che si produce al suo interno. Se ci prefiguriamo mentalmente delle possibilità complicate, impegnative, il cervello si adatterà a esse. Così come una tigre rinchiusa nello zoo mostra la sua sofferenza con comportamenti ripetitivi e innaturali, se ingabbiate la vostra immaginazione dietro le sbarre dell'apatia e della nevrosi, che spesso sono il sintomo delle proprie paure e non tanto di una «verità» empirica, il vostro cervello si adatterà anche a questi significati immaginari. Proprio come la tigre, che va tristemente avanti e indietro nel suo spazio angusto, il vostro cervello ruminerà ciclicamente su significati distruttivi, e così facendo li renderà più importanti di quanto dovrebbero essere. Questo significato percettivo del presente diventerà poi parte del repertorio futuro dei significati, insieme ai significati (con tutte le loro ulteriori stratificazioni) degli eventi passati, andando a plasmare le percezioni future. Se non vogliamo lasciare che i contesti sedimentati nel passato limitino le nostre possibilità, dobbiamo inoltrarci nella foresta più oscura – quella che c'è nella nostra testa – e dominare la paura suscitata dalle idee che ci mettono in discussione.

Se modificbiamo il nostro ambiente, modificbiamo il nostro cervello.

Dobbiamo imparare a scegliere i nostri deliri, altrimenti saranno loro a scegliere noi (sempre ricordando, naturalmente, che non tutti i deliri si possono scegliere).

Il cervello, nella sua essenza, è una distribuzione statistica. Quindi il repertorio delle esperienze precedenti crea un database di percezioni utili. Nuove informazioni entrano in un flusso continuo, e il cervello le integra costantemente in questa distribuzione statistica che genera la percezione successiva (perciò in questo senso la «realtà» è unicamente il prodotto di questo database, in perenne evoluzione, di possibili conseguenze). In virtù di ciò, la percezione è soggetta a un fenomeno statistico noto in teoria della probabilità come *curtosi*. In parole povere, si ha una curtosi quando le cose tendono a farsi sempre più concentrate nella loro distribuzione, cioè tendenti verso una sola direzione. Questo vale per il modo di vedere qualunque cosa, dagli eventi in corso a noi stessi che pendiamo «asimmetricamente» verso un'unica interpretazione, positiva o negativa che sia. È difficile allontanarsi dalle cose altamente curtotiche, o asimmetriche. Questo è un altro modo per dire che vedere in maniera diversa è difficile non solo concettualmente – lo è anche *statisticamente*. Parliamo a tutti gli effetti di matematica quando diciamo che «l'ottimista vede il bicchiere mezzo pieno e il pessimista mezzo vuoto», anche se forse, per come la vedo io, **i veri ottimisti sono in primo luogo contenti di avere qualcosa da bere!**

Dobbiamo imparare a scegliere i nostri deliri, altrimenti saranno loro a scegliere noi (sempre ricordando, naturalmente, che non tutti i deliri si possono scegliere).

La buona notizia è che la curtosi può operare a nostro vantaggio (anche se questo dipende dall'aver scelto un delirio utile, dato che potremmo benissimo sceglierne uno distruttivo). Il punto cardine sta nello sfruttare la nostra capacità di influenzare le distribuzioni delle nostre probabilità «interne». La percezione immaginata è autorinforzante, quindi assumendone il controllo possiamo alterare la realtà soggettiva creata dalle interpretazioni del nostro cervello. Pensa positivo oggi ed è statisticamente più probabile che farai lo stesso domani.[8] Questa verità apparentemente lapalissiana è stata invece dimostrata dalla scienza. Lo psicologo Richard Wiseman ha condotto studi pionieristici sul caso e la fortuna, scoprendo che le persone spesso «fortunate» nella vita hanno in comune il fatto di pensare che alla fine tutto andrà bene; di essere aperte alle esperienze; di non arrovellarsi sui risultati deludenti; di avere un atteggiamento rilassato verso la vita; e di considerare gli errori come opportunità per imparare.[9] Non sorprenderà sapere che lo stesso slancio percettivo e comportamentale autorinforzante vale anche per la negatività.

È bene notare che, malgrado le potenzialità arricchenti dell'immaginario e dell'applicazione di immagini mentali al presente, o al ripensamento del passato, queste risorse hanno anche dei limiti. Se, ad esempio, vedere il colore blu è in se stesso un significato, non si può immaginare che il blu sia un colore diverso da quello che è. È una percezione che non si può ri-creare, dato che è insita nelle reti neurali del cervello grazie all'evoluzione. Quindi, chiaramente, la nostra coscienza opera entro determinati confini. Solo che spesso questi confini sono fissati artificialmente, di solito da altri, ma ancora peggio è quando siamo noi stessi a imporceli. Abbiamo vissuto tutti (soprattutto da bambini) l'esperienza di domandare qualcosa a qualcuno e sentirci rispondere di no. A cui fa immancabilmente seguito la domanda... *Perché?* È una domanda che sembrerebbe del tutto ragionevole, eppure, in genere, la persona interpellata risponde «Perché è così!» o con qualche altro automatismo o cliché. Niente di tutto ciò ha a che fare con la fisica del mondo, e dipende invece dagli assunti codificati nel cervello di quella persona. Io chiamo questa dinamica la «Fisica del No», dato che la risposta è considerata alla stregua di una legge di natura. Vedremo più avanti nel libro come imparare a sovvertire la Fisica del No. Non è facile, e ci vuole coraggio per immaginare, pensare, mettere in discussione non solamente gli altri, ma noi stessi.

Affascinante è il fatto che siamo predisposti a differenti direzionalità percettive, differenti deliri, a differenti età. Studi recenti mostrano che gli adolescenti tendono a guardare al mondo facendo in modo che ciò che vedono confermi il loro stato emotivo. Se sono tristi o angosciati (condizione comune a quell'età, come molti ricorderanno dalla propria personale esperienza), cercheranno immagini tristi e interpreteranno il proprio ambiente con uno schema mentale che avvalora quelle sensazioni. Nel gergo scientifico, si dice che gli adolescenti fanno fatica a padroneggiare la «regolazione emotiva».[10] È la spiegazione neurologica di quella che spesso un po' banalmente chiamiamo ansia adolescenziale, senza la quale non avremmo i jeans strappati, il termine «emo» o gruppi come i Nirvana. Se per molti versi quest'ansia è un rito di passaggio, a livello sia personale sia culturale, risulta essere critica per quei ragazzi e ragazze con un'alta propensione a un delirio indirizzato verso distribuzioni statistiche negative per quanto concerne l'apprendere a sviluppare «competenze di regolazione», com'è attestato dal fatto che negli Stati Uniti il suicidio è la terza causa di morte per i giovani di entrambi i sessi di età compresa fra i dieci e i ventiquattro anni.

Per fortuna, la buona notizia è che, con l'avanzare dell'età, tendiamo a guardare a cose che rappresentino le emozioni che vogliamo, determinando in un certo senso una probabilità che le aspirazioni si realizzino, con la quale il cervello plasma poi le future percezioni. È il motivo per cui, in una giornata storta, magari ci ritroviamo a cercare su Google «vacanze da sogno» (e non «ponti più vicini da cui gettarsi»). Tuttavia, malgrado la tendenza del nostro comportamento a farsi più «saggio» via via che si invecchia, ciò non significa che dovremmo esercitare un controllo inferiore sulla scelta dei nostri deliri. Determinate circostanze (la morte di una persona cara, un divorzio, un licenziamento, una crisi di mezza età) possono renderci vulnerabili e inclini a generare pensieri inutili nel presente, che naturalmente porteranno a maggiori percezioni inutili in futuro. Per giunta, ciascuno di noi ha nel cervello una propria distinta «costituzione» statistica. Alcune persone sono più portate a essere dei regolatori equilibrati; altre non lo sono affatto. Tuttavia, come ricorderete dall'esperimento condotto durante una serata di festa che vi ho raccontato nell'Introduzione, è facile innescare negli altri (o anche in noi stessi) dei criteri di giudizio relativi al proprio stato mentale che poi condizionano il comportamento.

Un fenomeno cognitivo criticamente connesso a questo aspetto della percezione è il *pregiudizio di conferma* (o *bias* di conferma, laddove con *bias* si intende una forma di distorsione della valutazione causata dal pregiudizio), il cui nome probabilmente ne suggerisce il significato. È in effetti un concetto che si spiega da sé, benché non sia molto lusinghiero per la propensione umana a non ascoltare altri che se stessi, e ancora meno per la nostra collettiva sordità alla natura stessa. Il pregiudizio di conferma descrive la tendenza a percepire in maniera tale da confermare le proprie convinzioni o opinioni già radicate. È presente in ogni aspetto, dal modo in cui si argomenta (e in ciò che si esclude dalle argomentazioni) ai comportamenti che si assumono nelle relazioni personali e nei luoghi di lavoro. Struttura persino ciò che si ricorda, plasmando la memoria in base alle proprie idee su se stessi (che sono sovente inesatte). È un concetto che non riguarda soltanto i singoli individui, ma anche i raggruppamenti sociali. Partiti politici, nazionalismi esasperati, tifoserie sportive, religioni, tutti soffrono di *bias cognitivo*. Tali preconcetti plasmano anche la storia di interi popoli, come nel caso delle differenze fra i sessi. Storicamente, nelle società occidentali, l'affermazione delle donne (sotto il profilo educativo, professionale, civico) è stata ritardata nei modi più disparati non solo con l'opera di disinformazione sulle loro abilità sostenuta dagli uomini, ma anche con la sua interiorizzazione da parte delle donne stesse.[11]

Il pregiudizio di conferma ci riporta alla premessa basilare di questo libro: non abbiamo accesso alla realtà, percepiamo (oppure, in questo caso, *troviamo*) la versione della realtà che più ci è familiare, e spesso per fare bella figura. Ad esempio, se si domanda a un gruppo di persone che rappresentano un campione randomizzato della popolazione in generale, «Quanti fra i presenti sono guidatori superiori alla media?», la stragrande maggioranza (soprattutto fra gli uomini) tipicamente alza la mano. Spiacente, ma è impossibile. Non possono essere tutti sopra la media. Per definizione, assumendo un campione uniforme, metà della popolazione deve trovarsi per forza al di sotto. È l'essenza stessa del concetto di media. Analogamente, gli studi mostrano che ci riteniamo molto più disponibili a impegnarci in atti di altruismo di quanto lo siamo realmente (mentre allo stesso tempo sottostimiamo la generosità dei nostri pari).[12] *Siamo eroi agli occhi di noi stessi!*

Eppure la cecità che mostriamo verso i nostri preconcetti rende enormemente difficile esserne consapevoli. In uno studio pubblicato nel 2012 poi divenuto famoso, Hajo Adam e Adam Galinsky hanno riscontrato che i soggetti che indossavano un camice bianco da medico eseguendo una serie di esercizi mentali che testavano l'attenzione ottenevano risultati migliori dei partecipanti che indossavano abiti comuni. Ottenevano risultati migliori anche rispetto ai partecipanti che indossavano lo stesso camice presentato però come un camice da pittore anziché da medico.[13] Quest'area di ricerca è stata definita *enclothed cognition* («cognizione indossata» o «coscienza dell'abito») e mostra che non solo gli altri proiettano aspettative su di noi a seconda di ciò che indossiamo, ma che siamo noi stessi a farlo, e tali aspettative influenzano direttamente la nostra percezione e il nostro comportamento – un altro caso ancora di delirio. L'esperimento di Adam e Galinsky è un'eloquente dimostrazione dell'effetto di *priming*, che in termini psicologici equivale a un vero e proprio innesco: uno stimolo (indossare il camice bianco) che influenza la percezione e i successivi comportamenti quando viene messo a confronto con un altro stimolo (il test di attenzione).[14] Quindi, attraverso quello che indossiamo ogni giorno, non solo ci «marchiamo» in funzione degli altri e per condizionare la maniera in cui ci trattano, ma anche *in funzione di noi stessi*.

Probabilmente non vi sorprenderà il fatto che il meccanismo psichico del *priming*, o stimolazione subliminale, è di grande interesse non solo per gli scienziati ma anche per i ricercatori di mercato. Benché spaventi pensare che non siamo padroni degli impulsi che ci spingono agli acquisti (per non dire di migliaia di altri comportamenti), è stato dimostrato che è più facile che le persone comprino vino francese se nel negozio viene suonata della musica francese.[15] Al di fuori dei setting artificiali degli esperimenti, cioè nella «natura selvaggia» del quotidiano, accade la stessa cosa. Le monete sembrano più grandi ai bambini poveri che a quelli provenienti da famiglie benestanti. Le colline appaiono più ripide quando si è già stanchi fisicamente. Le distanze sembrano maggiori se si portano carichi pesanti. In genere percepiamo gli oggetti che desideriamo più vicini di quello che sono in realtà. È ovvio, quindi, che nel cervello accada qualcosa di potente al livello più basilare della percezione – che è il motivo per cui nel 2012 il Lab of Misfits, presso lo Science Museum di Londra, ha creato un esperimento per indagare proprio questo, durante le serate di simil-intrattenimento aperte al pubblico che abbiamo chiamato «Lates».

L'esperimento è stato gestito da uno dei «disadattati» del laboratorio, Richard C. Clarke, e non dovrebbe suonarvi del tutto nuovo. Ricordate l'«illusione» luminosità-contrasto del primo capitolo, in cui percepivate la stessa sfumatura di grigio in maniera diversa a seconda del colore/contesto che la circondava? Abbiamo utilizzato lo stesso «test», solo che il nostro intento non era quello di dimostrare che i partecipanti non vedevano la realtà, bensì volevamo studiare come la sensazione di potere condizioni la percezione. Già sapevamo che il delirio influenza fortemente i compiti complessi che il cervello compie, come calibrare la propria autostima o decidere cosa comprare, ma che dire delle percezioni di livello più basilare, non correlate a un obiettivo? Poteva il delirio condizionare psicologicamente non solo i processi cognitivi apparentemente superiori dei principi ranocchi ma anche i più primari processi percettivi delle rane pure e semplici? Se fosse stato così, voleva dire che il delirio gioca un ruolo fondamentale a tutti i livelli operativi della percezione.

Percepire la luminosità è uno dei compiti visivi più basilari eseguiti dal cervello. In quanto tale, abbiamo ritenuto che fosse lo strumento ideale con cui testare la nostra ipotesi secondo cui lo stato di controllo o di potere di una persona avrebbe determinato le sue percezioni di livello elementare. Il primo passo era trovare dei volontari per l'esperimento, che voleva dire convincerli ad abbandonare le varie mostre scientifiche allestite nel museo, per non parlare della musica live e dei cocktail del «Brain Bar». Quando il reclutamento fu terminato, avevamo cinquantaquattro volontari, che abbiamo assegnato a caso a tre diversi gruppi: il gruppo di basso potere, il gruppo di alto potere, e il gruppo di controllo. Perché? Per poterli sottoporre all'effetto di *priming*.

Abbiamo impiegato una comune tecnica di *priming* che presuppone lo scrivere e il ricordare. Abbiamo detto ai partecipanti che avrebbero preso parte a un esperimento volto a indagare la loro percezione di eventi passati. Poi abbiamo chiesto loro di scrivere un breve testo narrativo. I soggetti del gruppo di alto potere dovevano descrivere un ricordo in cui si erano sentiti stressati ma in controllo della situazione. Quelli del gruppo di basso potere un ricordo in cui anche loro si erano sentiti stressati ma non in controllo della situazione. I soggetti del gruppo di controllo neutro dovevano raccontare come mai quel giorno erano venuti allo Science Museum. Tre stimolazioni molto differenti, potenzialmente in grado di innescare tre deliri molto differenti.

Ora che i tre gruppi avevano tre distinti «auto-preconcetti», o una mancanza di preconcetti, nel caso del gruppo di controllo, abbiamo iniziato i test di luminosità-contrasto (che i soggetti pensavano non fossero collegati al supposto esperimento sulla memoria al quale li avevamo indotti a credere che stessero partecipando). A ogni persona furono mostrati otto differenti «bersagli» grigi inseriti in contesti diversi. La sequenza era casuale e i contesti variavano per colore, situazione rappresentata e forma, mentre la luminosità misurata dallo spettrometro era costante. I soggetti dovevano valutare con dei numeri la luminosità di ciascun bersaglio, consentendo a noi in questo modo di quantificare la percezione soggettiva, influenzata dal *priming*, delle «illusorie» sfumature di grigio che il loro cervello costruiva. Alla fine abbiamo lasciato tornare tutti i partecipanti nel nostro laboratorio «Night at the Museum», mentre noi riflettevamo sui risultati. Di certo, dopo aver analizzato i numeri, potevamo dire di avere scoperto qualcosa di estremamente rivelatorio.

Mentre precedenti ricerche avevano mostrato che gli individui in condizione di scarso potere presentano abilità ridotte nei compiti percettivi complessi, noi abbiamo scoperto che, per processi basilari come la percezione della luminosità, era vero il contrario. In media, i soggetti in cui era stato sollecitato uno stato emotivo di basso potere utilizzavano gli indizi visivi del contesto in misura maggiore rispetto ai soggetti con uno stato di potere alto e ai soggetti del gruppo di controllo, nel senso che recepivano più intensamente le illusioni ottiche. La capacità del loro cervello di conferire senso a stimoli di per sé insignificanti era *acuita* dal tipo di delirio che avevamo innescato in loro, che li faceva sentire privi di controllo. Il loro bisogno, dettato dall'evoluzione, di riconquistare una sensazione di potere (vale a dire di controllo), e quindi di costruire una percezione utile, si faceva sentire in maniera più forte di quanto avvenisse per gli altri due gruppi, permettendo loro di vedere in maniera differente rispetto ai loro pari. Di conseguenza, quella che poteva sembrare una percezione più «acritica» era in realtà segno di una condizione di maggiore allerta, un tentativo di eliminare l'ansia data dal sentirsi impotenti. Questo significa che si comportavano in modo molto simile ai bambini, che sono più sensibili all'illusione, più portati, in un certo senso, a «credere». Dunque le percezioni e le realtà dei soggetti che si sentivano in scarso controllo erano significativamente, sistematicamente e statisticamente alterate dal loro stato psicologico. In sostanza, le persone che si trovano in questa condizione producono comportamenti che sono un tentativo di incrementare il proprio potere.

Il grado di potere percepito modifica persino il modo di osservare una scena, alterando i movimenti dell'occhio. Gli individui che sotto questo aspetto si trovano in condizioni diverse guardano alle cose in maniera diversa. Ad esempio, le persone che sentono di avere scarso potere osservano lo sfondo, mentre quelle che sentono di avere maggior potere osservano il primo piano. Poiché ciò che guardiamo determina la statistica delle immagini che percepiamo, il potere percepito altera l'orientamento delle nostre finestre, come pure il modo in cui facciamo muovere nel mondo le nostre case mobili. Se può sembrare un po' inquietante rendersi conto di quanto siamo suggestionabili, e di come il carattere delirante della percezione possa farci diventare «fortunati» o «sfortunati», questi comportamenti hanno tuttavia senso. Se una persona si trova in una condizione di scarso potere, è logico che il suo comportamento debba orientarsi verso una ripresa del controllo. E la ricerca mostra che anche gli «stati umorali orientati allo sfondo» condizionano fortemente le decisioni che prendiamo.[16] Il punto è che il nostro cervello, benché per tanti versi straordinario, ci rende anche vulnerabili, però quella stessa vulnerabilità può rivelarsi utile. Nei prossimi capitoli vedremo come usare attivamente il cervello affinché sia di aiuto e non di impedimento – per offrirvi nuove idee e impreviste intuizioni creative. Siamo in grado di fare questo perché possediamo una coscienza – un cervello che modifica se stesso.

Per infrangere la vostra personale Fisica del NO generata dai significati applicati alle esperienze passate, dovete accettare un fatto fondamentale su voi stessi: avete degli assunti. Sono assunti profondi, così profondi che se ne foste privi non potreste muovervi – nemmeno di un passo. Senza di loro morite. Questi assunti sono il risultato della vostra storia empirica di tentativi ed errori, che si tratti di esperienze interiori o esterne, e necessariamente vi limitano in tutto ciò che pensate, fate e percepite. Anche se così possono distruggere relazioni e carriere. Il deviare da comportamenti auto-sabotanti o anche solo routinari inizia (ma non finisce) con un primo passo molto semplice: la consapevolezza. La consapevolezza dei nostri assunti, e del fatto che questi assunti ci definiscono. E non intendo dire, «Eh sì, lo so che abbiamo *tutti* degli assunti... ma...», intendo proprio riconoscerlo sul serio, che significa *viverne attivamente la conoscenza*. Questo tipo di consapevolezza, come vedremo, è uno strumento rivoluzionario. È là dove comincerete a cambiare non solo il cervello e la percezione, ma l'intero vostro modo di essere umani.

6.

La fisiologia degli assunti

Potete immaginare una mela incolore?

Il delirio è uno strumento importante per creare nuove ed efficaci percezioni perché ci consente di modificare il nostro cervello – e quindi le future percezioni – dall'interno. Ma se il cervello umano è una rappresentazione fisica della storia di tentativi ed errori prodottasi con l'evoluzione e con l'apprendimento, e tutte le percezioni sono risposte automatiche, allora com'è possibile, anche per coloro che sanno sfruttare al meglio il delirio, cambiare la nostra percezione? Il passato, come sappiamo tutti molto bene, è senza alcun dubbio immodificabile. Quel che è successo è successo. Però, quando si tratta del funzionamento della mente, non è così semplice, poiché, e sappiamo bene anche questo, non registriamo mai la realtà, meno che mai la realtà del fluire stesso del tempo.

Quello che il cervello porta nel futuro non è l'effettivo passato, sicuramente non un passato oggettivo. La nostra storia percettiva della realtà conferisce al cervello degli **assunti automatici**, manifesti nell'architettura funzionale del cervello stesso, con cui percepiamo il qui e ora. Questi assunti determinano ciò che pensiamo, e contribuiscono a prevedere cosa fare in seguito. È importante ribadire anche l'opposto: determinano pure quello che *non* pensiamo e *non* facciamo. Se li consideriamo a prescindere dal contesto, i nostri assunti non sono né buoni né cattivi. Sono semplicemente noi, collettivamente e individualmente.

È un'ottima cosa che il cervello si sia evoluto per formarsi degli assunti, anche se molti di essi sono come l'aria che respiriamo: invisibili. Quando ci sediamo, diamo per scontato che la sedia – di solito – non si rompa. Ogni qualvolta facciamo un passo, diamo per scontato che il terreno sotto i nostri piedi non sprofondi, che la nostra gamba non ceda, che sia a una giusta distanza davanti a noi, e che abbiamo modificato la distribuzione del peso in misura tale da poterci spingere in avanti (dato che camminare è in realtà un continuo processo di caduta). Sono tutti assunti fondamentali.

Immaginate di dover pensare a cosa fare mentre si cammina, o si respira, o in tutti quei comportamenti indispensabili eppure inconsapevoli che il cervello vi permette di compiere senza alcuno sforzo. Probabilmente non vi muovereste mai più.

Questo è dovuto in parte al fatto che l'attenzione può essere diretta soltanto su un compito (ciò che nella neuroscienza della percezione chiamiamo informazione «locale»), ma anche a una questione di priorità: se dovessimo pensare a ogni singola operazione che sottostà alla nostra esistenza, passeremmo probabilmente tutto il nostro tempo a pensare di far pulsare il cuore e respirare i polmoni, rendendoci impossibile persino il sonno. Il fatto che non dobbiamo coscientemente pensare al fatto che il cuore continui a battere è dovuto al ruolo del cervello di centrale dei comandi che gestisce gli assunti fisiologici innati per il funzionamento del corpo. Dover spendere un'infinità di energia nel pensare a questi compiti non sarebbe stato vantaggioso per la sopravvivenza, in un mondo in continuo mutamento. Perciò non ci siamo evoluti con questo tipo di percezioni.

Quindi che cosa guida le nostre percezioni, quali aspetti concernenti il passato vengono estratti? Ecco una risposta: una serie di assunti meccanici basilari che la nostra specie ha sviluppato lungo i millenni fino a questo preciso istante. Questo vale non solo per la respirazione, ma anche per la vista. Noi umani – come gli altri animali – nasciamo con molti assunti (quali ad esempio le leggi della fisica) già «radicati» in noi. È per questa ragione che i nostri occhi non possono essere riprogrammati di punto in bianco per vedere come uno stomatopode; noi abbiamo sviluppato soltanto il modo di processare la luce che funzionava meglio per la nostra specie. Eppure non tutti gli assunti predeterminati del cervello sono basilari (con basilari intendo dire che sono destinati a svolgere funzioni fondamentali; perché ovviamente sono molto complessi). Per questo non siamo soltanto come le rane. Siamo anche come i tacchini.

I tacchini vengono al mondo con un riflesso endogeno che serve a proteggerli quando la loro retina riceve uno schema che indica la presenza di uccelli predatori, anche se non hanno mai vissuto prima quell'esperienza visiva. In un curioso esperimento risalente agli anni cinquanta volto a misurare le risposte alla paura nei giovani tacchini, si era riscontrato che la silhouette di un uccello rapace li spaventava mentre quella di un'anatra no. Semplicemente, lo sapevano.[1] In modo analogo, studi recenti lasciano supporre che gli umani nascano con una paura innata dei serpenti, un assunto adattativo derivante dal passato che ci ha aiutato a sopravvivere, e continua a farlo. Lo abbiamo ereditato da antenati che non conosceremo mai. In un altro studio condotto alla University of Virginia, i ricercatori hanno verificato la velocità a cui bambini in età prescolare e adulti reagivano a differenti stimoli visivi. Entrambi mostravano una «propensione attentiva» verso i serpenti, vale a dire che li individuavano molto più rapidamente di quanto facessero con stimoli non minacciosi quali rane, fiori e bruchi.[2] È dunque evidente che gli esseri umani non sono una tabula rasa.

La nozione di *tabula rasa* rientra in un dibattito di lunghissima data in merito a come gli umani diventano quello che sono con la vita che si ritrovano. Chiunque, dai filosofi agli scienziati ai politici, ha discusso questo tema, per via del fatto che si collega a fondamentali questioni etiche su cui si basano i tentativi di creare delle società eque. Siamo prodotti della natura o della cultura? Veniamo al mondo con una personalità e una costituzione fisica già formate, o sono le esperienze e le circostanze a plasmarci? Se conoscessimo la risposta a questa domanda, è ancora l'idea prevalente, potremmo affrontare meglio i mali delle nostre società. Ma è la domanda sbagliata, come il campo dello sviluppo neurale ha dimostrato, in particolare il campo dell'epigenetica: non siamo prodotti né dell'una né dell'altra, e nemmeno di una combinazione statica delle due, quanto invece della loro *costante interazione*. I geni non codificano dei tratti specifici in quanto tali, ma codificano meccanismi, processi ed elementi di *interazione* fra le cellule e i loro ambienti cellulari e non cellulari. La genetica e lo sviluppo sono dei processi intrinsecamente dipendenti dalle reciproche influenze.

Questa tesi, largamente accettata in neurogenetica, diventa evidente nel momento in cui si studia il tipo di sviluppo che ha luogo nel cervello. A essere innati nel cervello sono dei modi di crescere e un programma di massima concernente ciò che deve crescere. Ma l'esatto tipo di crescita che poi si verifica è sorprendentemente malleabile. Se si trapianta un pezzo di corteccia visiva nella corteccia uditiva, le cellule trapiantate si comporteranno come se fossero delle cellule corticali uditive, incluso il fatto di stabilire connessioni con altre aree uditive, e viceversa vale per la corteccia visiva. Ad esempio, la porzione di corteccia visiva trapiantata creerà delle connessioni nel talamo con un nucleo differente rispetto a quello che avrebbe scelto se fosse rimasta nella corteccia visiva (primaria). Formerà anche delle connessioni con svariate aree corticali che non avrebbe considerato se fosse rimasta nella corteccia visiva. Anche la struttura dei suoi processi interni cambia. Ad esempio, mentre le cellule presenti nello strato mediano della corteccia visiva diventeranno dominate da connessioni provenienti *o* dall'occhio destro *o* dal sinistro (chiamate colonne di dominanza oculare), questo schema di connettività non si forma se una regione originaria della corteccia visiva viene trapiantata nella corteccia uditiva. È una combinazione delle proprietà delle cellule, del complesso delle cellule e delle loro connessioni a determinare la funzione di una certa cellula e il suo ruolo nella «comunità» cellulare (che è molto simile a un social network). La realtà fisiologica è anche un principio biologico: i sistemi sono definiti dall'interazione fra le loro proprietà intrinseche e le loro relazioni esterne nello spazio e nel tempo, che si tratti di una cellula nella corteccia, o di un individuo in un'organizzazione o in una società. Ciò equivale a dire che il «significato» di ciascuno di noi è necessariamente definito dalle nostre interazioni interne ed esterne. Quindi, proprio come noi, un neurone visivo in fase di sviluppo è ampiamente *pluripotente* (cioè capace di differenti usi potenziali), entro un arco di tempo che è specifico per le cellule (analogamente a ciò che avviene con i tratti della personalità). Come noi, un neurone viene definito dalla sua ecologia. Tuttavia questa elasticità contestuale non significa affatto che la nostra tabula sia rasa. Sulla tabula di ognuno di noi è scritto lo stesso assunto, ovvero che per percepire e sopravvivere dobbiamo avere degli assunti.

Per di più, vi è anche codificato l'assunto che cercheremo via via *sempre più* assunti.

Il cervello utilizza l'esperienza per acquisire quanti più assunti possibili nella speranza di individuare dei principi applicabili in molteplici contesti (come un teorema in fisica). Ad esempio, le altezze: stranamente, pare che non nasciamo con la paura del trovarci in alto né con una consapevolezza dei pericoli che questo presuppone. Una recente ricerca che si è avvalsa di «scogliere visive» come quelle usate per testare i gattini ha mostrato che i bambini piccoli, pur evitando le altezze, non evidenziano una risposta autonoma alla paura.[3] Tuttavia, con il tempo, impariamo a rispettare le altezze, grazie a una gerarchia aggiuntiva di assunti che si imprime in noi, derivata dalle esperienze di vita, sia da tutte le volte che i nostri genitori ci hanno urlato di allontanarci dai precipizi, sia da tutte le volte che siamo caduti da un letto a castello e ci siamo fatti male. Qualunque sia l'origine della nostra prudenza, da lì in poi ci portiamo dietro un assunto molto utile che ci mantiene sani e salvi. Sembra comune buon senso, perché lo è, ma non era presente nel nostro cervello fin dalla nascita. Altri assunti basilari – *migliaia*, in realtà – che influenzano i nostri comportamenti sono correlati non alla sopravvivenza fisica ma a quella sociale, pur essendo anch'essi molto fisici.

La vostra meccanica dei movimenti dell'occhio dovrebbe essere la stessa di ogni altro essere umano del pianeta, giusto? Nel cervello abbiamo tutti il medesimo hardware per l'elaborazione visiva, e quindi sarebbe logico pensare che usiamo tutti il medesimo software. È una conclusione intuitiva, però è sbagliata. Per implementare l'atto del vedere utilizziamo «programmi» differenti, a seconda dei nostri luoghi di origine. In un singolarissimo esperimento condotto nel 2010, David J. Kelly e Roberto Caldara hanno scoperto che le persone nate in società occidentali palesano movimenti degli occhi diversi da quelli delle persone nate in società orientali. Per citare le loro parole: «La cultura condiziona il modo in cui la gente muove gli occhi per estrarre informazioni dal proprio mondo visivo». Gli asiatici estraggono informazioni visive in maniera più «olistica», mentre gli occidentali lo fanno in maniera più «analitica» (non si riscontravano differenze nella capacità complessiva di riconoscere i volti). Le culture occidentali si focalizzano su elementi distinti o «oggetti salienti» con i quali possono poi agevolmente elaborare le informazioni, come si addice a una visione del mondo spiccatamente individualista. Le culture orientali, di converso, assegnano più valore ai gruppi e alle finalità collettive, tendenza che induce gli individui a essere attratti da una «regione» piuttosto che da uno specifico tratto di un viso. In pratica, questo significa che, mediamente, gli asiatici si concentrano di più sull'area del naso, mentre gli occidentali sono attratti da occhi e bocca. Movimenti oculari diversi plasmano in modo incisivo la percezione, dato che ciò che «guardiamo» vincola il genere di informazioni che il cervello usa per produrre senso. Una differente natura dell'input condiziona i potenziali significati. Propensioni e assunti socialmente appresi come questi influenzano la nostra materia grigia, come pure le successive percezioni e comportamenti, eppure sono sviluppati del tutto inconsciamente a partire da più ampi assunti culturali che noi non sappiamo nemmeno che esistano, invece sono lì, impressi nel nostro cervello.

Anche altri assunti molto importanti che modellano le nostre percezioni, e persino le traiettorie della nostra esistenza, sono socialmente appresi, ma i loro effetti sui nostri comportamenti sono più facilmente riconoscibili di quelli dei movimenti oculari. L'esempio per eccellenza è dato da quel contesto in cui tutti gli esseri umani si originano, e che tutti, in una qualche versione, abbiamo in comune: la *famiglia*.

Vi presento Charles. Quinto di sei figli, era nato nello Shropshire, in Inghilterra, nel 1809. Cresciuto in una famiglia inglese colta e benestante, era un ragazzo intelligente, con i capelli castani e le gote rosa. Gli piaceva stare all'aperto, fra gli alberi e la natura. Collezionava coleotteri e mostrava un talento precoce per la storia naturale. A differenza dei suoi fratelli maggiori, era portato a mettere in dubbio la saggezza convenzionale; si chiedeva, ad esempio, se fosse poi così importante andare bene a scuola, cosa che indispettiva non poco suo padre. Charles amava fare delle domande per il puro gusto di farle, per quanto folli potessero suonare, o di fatto esserlo. Nel 1831, seguendo un percorso fuori dagli schemi che nuovamente irritò il padre, si imbarcò per il Sud America su una nave di nome *Beagle*, nella speranza di poter compiere preziose osservazioni sulla geologia, gli insetti, la vita marina e altri animali. Le sue osservazioni furono senza alcun dubbio preziose. Attraverso lo studio di dodici fringuelli delle isole Galápagos, e mettendo in discussione le sue stesse credenze in merito a un supposto disegno divino e all'origine della nostra specie, quel ragazzo cambiò la scienza per sempre. Charles, ovviamente, era Charles Darwin, l'uomo a cui dobbiamo la teoria dell'evoluzione.

Pur essendo indiscutibilmente brillante – per non parlare della sua curiosità maniacale –, Darwin avrebbe potuto non scoprire il processo dell'evoluzione se non fosse stato per gli assunti che gli derivavano dal fatto di essere uno dei fratelli più giovani della famiglia, uno degli «ultimi arrivati». È quanto sostiene, fra il resto, lo psicologo evoluzionista Frank Sulloway, destinatario del premio «Genius» del MacArthur Fellows Program. Nella sua ricerca, costantemente aggiornata con interessanti nuovi studi, Sulloway ha mostrato che l'ordine di nascita condiziona fortemente i tratti della personalità, i comportamenti e la percezione. Questo perché c'è sempre una competizione per ottenere tempo e attenzioni dai genitori e, a seconda della posizione in cui ci si ritrova rispetto a fratelli e sorelle, si sviluppano strategie e propensioni differenti per riuscire nella gara. Come Sulloway descrive efficacemente: «La conseguenza è una "corsa agli armamenti" evoluzionistica all'interno della famiglia».[4] Questo non vuol dire che i fratelli siano consapevolmente in lotta fra loro in una battaglia darwiniana all'ultimo sangue per conquistarsi l'amore di mamma e papà, ma solo che le strutture familiari inevitabilmente influenzano il nostro carattere adulto, dato che si affinano le capacità e i comportamenti che più naturalmente sono funzionali all'ordine di nascita. I primogeniti, ad esempio, tendono a guadagnarsi il favore dei genitori prendendosi cura, entro una certa misura, dei fratellini o sorelline, e quindi in genere sviluppano un grado superiore di responsabilità, ambizione e rispetto per le figure autoritarie. I figli nati dopo, invece, rafforzano dei «talenti latenti» che varranno loro l'attenzione genitoriale. Per questa ragione sono più aperti mentalmente e più avventurosi dei fratelli maggiori, e meno riverenti verso l'autorità. Il modo in cui ciascun fratello o sorella deve agire allo scopo di «avere successo» all'interno dell'ecologia familiare diventa una questione di assunti percettivi, registrati nel cervello attraverso una storia di tentativi ed errori che ha il proprio peso statistico curtotico.

Quindi, Charles Darwin ha visto le cose in maniera diversa semplicemente perché era il numero cinque della famiglia? (Interessante notare che Alfred Russel Wallace, uno scienziato che formulò idee sull'evoluzione simili a quelle di Darwin pressappoco nello stesso periodo ma pubblicò meno, era pure lui «uno degli ultimi», ottavo di nove fratelli). Oppure, se si è un primogenito o un figlio unico, si dovrebbe rinunciare in partenza e dimenticarsi di essere innovativi? La risposta è no a entrambe le domande. Quello che intendo sottolineare è il fatto che gli assunti sviluppati dal nostro cervello da molteplici tipi di esperienze su archi temporali diversi non si limitano a plasmare la percezione di una persona... *sono* quella persona. Sono stratificazioni di «significato empirico» che abbiamo attribuito agli stimoli, e che definiscono la realtà che percepiamo, il modo in cui percepiamo noi stessi e gli altri, e quindi la maniera in cui conduciamo la nostra vita.

Ma cosa sono gli assunti, fisicamente, nel cervello?

Ormai sappiamo che, in ultima istanza, tutta la percezione si riduce nel decidere se avvicinarsi o allontanarsi da qualcosa, ed è così per tutte le specie. Questo andare-verso-o-via-da è un elemento essenziale del perché percepiamo quel che percepiamo, e inevitabilmente gli assunti influenzano la direzione che scegliamo di seguire. In che modo, dunque, questo processo crea le nostre percezioni?

Gli assunti sono qualcosa di fisiologico, di elettrico, per l'esattezza. Non sono soltanto idee o nozioni astratte. Sono cose fisiche presenti nel cervello, con un proprio tipo di «leggi» fisiche, pertinenti a ciò che si potrebbe chiamare *neuroscienza del bias*, del preconcetto. La realtà che vediamo proiettata sullo «schermo» della percezione inizia con il flusso delle informazioni assorbite dai cinque sensi. Questo stimolo (o stimoli, se sono più d'uno) crea nei recettori una serie di impulsi che entrano nel cervello (l'input), andando poi a distribuirsi in zone diverse della corteccia e in altre aree cerebrali, fino a che si stabilizzano e attivano una risposta (motoria e/o percettiva, anche se la distinzione tra le due non è così netta come si riteneva un tempo). Questa è sostanzialmente la sintesi della neuroscienza in un'unica frase, sottolineando «sostanzialmente».

La percezione **altro non è** se non un *arco riflesso*, una risposta neurale autonoma e involontaria, non diversa dal riflesso patellare, quello che ci fa estendere la gamba quando un medico ci colpisce con un martelletto il tendine rotuleo del ginocchio. Al livello più basilare, la nostra vita è la somma di milioni e milioni di risposte sequenziali simili a quella che fa muovere automaticamente il nostro ginocchio.

Alle esperienze che viviamo in ogni istante della nostra vita corrisponde uno schema di attività elettrica distribuito in tutto il cervello – un modo poco romantico di vedere la percezione, tuttavia piuttosto accurato. Nel corso della nostra esistenza, gli schemi elettrici generati nel cervello in risposta agli stimoli diventano sempre più «stabili», ciò che in fisica viene definito *stato attrattore*.[5] Le dune del deserto costituiscono un esempio di stato attrattore, come pure i mulinelli in un fiume. Anche la nostra galassia è uno stato attrattore. Tutti questi casi rappresentano schemi stabili che emergono dalle interazioni di molti singoli elementi nel corso del tempo. In questo senso, posseggono un proprio stato energetico stabile, detto *momento lineare*, una grandezza fisica che rimane uguale nel tempo in assenza di forze esterne al sistema (anche se gli stati cerebrali dei bambini non sono stabili come quelli degli adulti). Il ruolo dell'evoluzione è quello di selezionare determinati stati attrattori o, più precisamente, una sequenza di stati attrattori – in quanto più utili di altri.

Gli schemi elettrici sono creati dalle vie neurali che collegano fra loro le diverse regioni del cervello, un'autostrada di connettività incredibilmente ramificata e diffusa che è l'infrastruttura del nostro cervello. Questi schemi rendono molto probabili determinati comportamenti e pensieri a discapito di altri. Alcuni studi hanno mostrato che, più numerose sono le connessioni presenti in questa rete autostradale, più è probabile che si abbiano assunti maggiormente differenziati e complessi (ad esempio, un vocabolario più ricco e migliori competenze mnemoniche).[6] Tuttavia, malgrado le prolifiche interconnessioni del cervello e la loro importanza nella percezione, la quantità di impulsi neuroelettrici che la percezione di fatto utilizza è molto bassa – *relativamente* parlando, si intende, perché il loro potenziale è praticamente infinito.

Le nostre cellule nervose costituiscono il nostro **io cartesiano**. Con «cartesiano» mi riferisco ovviamente al filosofo francese René Descartes, che formulò una visione meccanicista della coscienza umana, dalla quale discese il celebre *cogito, ergo sum*, «penso, dunque sono». Il nostro pensiero, e quindi il nostro essere, dipende dalle cellule che costituiscono il sistema ferroviario del nostro cervello, consentendo agli schemi elettrici – come treni – di seguire i loro archi riflessi. Il conteggio di queste cellule è di per sé una vicenda interessante. Per anni, i neuroscienziati hanno detto e ripetuto che nel cervello ci sono cento miliardi di neuroni. (I neuroni sono le cellule nervose che attraverso le sinapsi ricevono e inviano segnali nel sistema nervoso). È una bella cifra tonda. Ma si dà il caso che sia sbagliata.

Nessuno sembra sapere da dove sia uscita la prima volta la cifra di cento miliardi, e tutti gli scienziati che l'hanno citata sembrano aver dato per scontato che fosse corretta, per una ragione assurda anche se del tutto plausibile: perché l'avevano sentita da qualcun altro. Per un'ironia del caso che si adatta meravigliosamente al nostro discorso, è probabile che questo fatto rifletta un *bias* insito in noi, cioè la propensione verso l'interezza, da cui la cifra tonda di cento. Le cose sono cambiate nel 2009, quando la ricercatrice brasiliana Suzana Herculano-Houzel ha messo a punto un metodo intelligente e innovativo con il quale contare i neuroni e con cui ha dimostrato che quel numero era un assunto errato, un'idea ricevuta e trasmessa a più riprese che inavvertitamente è stata scambiata per un dato di fatto, un *meme* scientifico.[7] (Dei memi parleremo a breve). Attraverso il suo brillante metodo di ricerca, che ha implicato la liquefazione di quattro cervelli donati alla scienza, Herculano-Houzel ha scoperto che possediamo mediamente quattordici miliardi di neuroni in meno di quel che pensavamo, un numero «mancante» che è pari a tutte le cellule presenti nel cervello di un babbuino. Benché non sia un ridimensionamento da poco, gli ottantasei miliardi che ci restano sono comunque *tantissimi* neuroni. Perciò il pensare-dunque-essere è l'insieme di tutti questi neuroni e il modo in cui comunicano fra di loro (e naturalmente con il resto del corpo e con l'ambiente, guardatevi dal credere di essere solo cervello).

Torniamo ora al numero relativamente basso di schemi elettrochimici impiegati dal cervello nella percezione. Nel loro complesso, le cellule cerebrali formano centomila miliardi di connessioni. È una cifra colossale, ma cosa significa nella pratica? Poiché le connessioni potenziali generano i possibili archi riflessi che plasmano il comportamento, quello che davvero conta, qui, è la maniera in cui rispondiamo, vale a dire, cosa percepiamo e se la percezione che produciamo sia buona o cattiva, innovativa o scontata, incline al rischio o conservativa. Quindi stiamo parlando di risposte *possibili* rispetto a risposte *effettive*, e le prime sono praticamente illimitate. Ad esempio, immaginiamo che gli esseri umani abbiano solo cinquanta neuroni anziché ottantasei miliardi. (Le formiche ne posseggono circa duecentocinquantamila, quindi averne cinquanta significa essere un organismo eccezionalmente elementare). Eppure, se consideriamo quei cinquanta neuroni, supponendo siano in grado di formare ciascuno cinquanta connessioni, e pensiamo a tutti i possibili modi in cui potrebbero connettersi gli uni con gli altri, la quantità dei diversi possibili *connettomi* (come le mappe neurali vengono definite) sarebbe maggiore della quantità di atomi presenti nell'universo conosciuto. E questo solo con cinquanta neuroni! Ora consideriamo tutti i potenziali schemi elettrochimici che ottantasei miliardi di cellule nervose, con i loro centomila miliardi di connessioni, potrebbero creare. È un numero praticamente infinito. Però nella pratica le nostre percezioni *non sono affatto* infinite – anzi, sono ben lungi dall'esserlo. Rappresentano una frazione risibile di ciò che è oggettivamente possibile. Perché? Per via dei nostri assunti, che ci derivano dall'esperienza.

Questi *bias* determinati dall'esperienza definiscono e limitano le vie sinaptiche attraverso le quali i nostri pensieri e comportamenti vengono posti in essere. Motivo per cui la relazione fra uno stimolo (input) e il suo risultante schema neurale (output), che è una percezione, è vincolata dall'architettura neurale del cervello. Questa struttura elettrochimica è la rappresentazione materiale del processo empirico di modellamento del cervello per mezzo dei cicli di tentativi ed errori. È una griglia di possibili risposte plasmata dall'esperienza, costituitasi su un lasso temporale che va da millenni fa sino a un secondo fa, da ambienti arricchiti come da ambienti impoveriti. I nostri archi riflessi, quindi, sono contenuti non soltanto nel nostro corpo, ma anche nel nostro ambiente. Sono strati su strati di storia passata racchiusi in noi, perché la maggior parte delle esperienze che hanno plasmato il nostro cervello da «rana» (e da tacchino) sono avvenute *prima ancora che noi esistessimo*. Ma è proprio questa storia evoluzionaria a determinare la «realtà» di molto di ciò che percepiamo e di come ci comportiamo. Se intrecciamo questa esperienza a livello di specie con il nostro vissuto empirico, avremo il nostro arazzo (o, più tecnicamente, *gerarchia incorporata*) unico ed esclusivo di assunti che ci consentono di sopravvivere, rischiando però al tempo stesso di limitare le correnti elettriche – cioè le idee – che producono le nostre risposte.

In sintesi, i nostri assunti fanno di noi quello che siamo. E dubitare di questi assunti farebbe sì che praticamente tutto ciò che percepiamo rispetto alla nostra identità consapevole sarebbe messo a repentaglio. Tuttavia, il *processo* di creazione di questi preconcetti determinati dal cervello che ci rassicurano sulla nostra identità è lo stesso che genera anche quegli individui così unici e fuori dagli schemi di cui il mondo ha tanto bisogno (coloro che io chiamo «deviatori»).

Verso la fine del 2013, in Guinea, un bambino di due anni era stato infettato dal virus dell'ebola, una febbre emorragica dolorosa e altamente contagiosa, con un tasso di mortalità all'incirca del 50 per cento. Dopo questo cosiddetto «paziente zero» – la prima persona infettata – l'ebola si è diffuso a velocità allarmante in tutta l'Africa occidentale, raggiungendo all'inizio del 2014 dimensioni epidemiche, un evento che accadeva per la prima volta dalla scoperta del virus, negli anni settanta. Si è propagato in un totale di otto nazioni, delle quali la più colpita è stata la Liberia, dove sono morte quasi cinquemila persone. È stato proprio in Liberia che, nell'estate di quello stesso anno, un cittadino americano di origini liberiane di nome Patrick Sawyer, quarantenne, si era recato a trovare la sorella che aveva contratto l'ebola, restandole vicino fino al momento della morte. Dopo il funerale della donna, il 20 luglio, Sawyer si recò in aereo in Nigeria, dove il virus non si era ancora diffuso. Arrivò all'aeroporto di Lagos, la città più popolosa del paese, in condizioni gravissime, con sintomi quali vomito e diarrea. Il caso volle che in quei giorni i medici del servizio sanitario pubblico fossero in sciopero, così l'uomo fu ricoverato in un ospedale privato, dove lavorava la dottoressa nigeriana Ameyo Adadevoh.

La dottoressa Adadevoh era una donna di mezza età che aveva, come si usa dire, la medicina «nel sangue». Suo padre era stato uno stimato patologo e funzionario dell'università, e lei aveva ereditato il suo stesso rigore professionale, che applicava quotidianamente nel suo incarico di endocrinologa presso il First Consultant Hospital di Lagos. Era il medico di turno quando Sawyer giunse all'ospedale. L'uomo sosteneva di essere soltanto affetto da malaria, ma la dottoressa non la pensava affatto così. Cercò di lasciare l'ospedale, ma lei si rifiutò di assecondare la sua richiesta, convinta di dovergli fare degli esami per verificare se avesse invece l'ebola, anche se non le era mai capitato prima di curare qualcuno con quella malattia. Sawyer si oppose violentemente, al punto che la dottoressa e i suoi colleghi dovettero immobilizzarlo. Nel caos causato dalla colluttazione, l'ago della flebo di Sawyer si sfilò dal braccio, spruzzando gocce di sangue addosso alla donna. Alla fine riuscirono a bloccare il paziente, ma gli scontri non finirono lì.

Mentre la dottoressa Adadevoh e gli altri medici aspettavano gli esiti degli esami fatti a Sawyer, il governo liberiano iniziò a fare pressioni diplomatiche sulla Nigeria affinché lasciassero tornare l'uomo in Liberia, e il governo nigeriano era propenso ad acconsentire. Ma anche in questo caso Adadevoh rifiutò. Poiché nel paese non era disponibile un metodo sicuro di trasporto, tale da evitare il rischio di contagio, la donna e gli altri medici dell'ospedale fecero di tutto per mantenere Sawyer in quarantena – e ci riuscirono. Avendo così neutralizzato il loro «paziente zero», potevano ora concentrare le proprie energie per mobilitare la risposta della Nigeria al fine di contenere l'impatto di Sawyer, che intanto aveva già trasmesso il virus a venti persone.

Il 20 ottobre 2014, tre mesi dopo l'arrivo di Sawyer in Nigeria e la sua presa in carico da parte della dottoressa Adadevoh, l'Organizzazione Mondiale della Sanità dichiarò ufficialmente debellata l'epidemia di ebola nel paese, un risultato straordinario, considerando le gravi difficoltà in cui versa la Nigeria. Come un corrispondente estero del «Telegraph» scrisse al riguardo, «Potrà non sembrare una notizia così eccezionale, data la quantità di persone che stanno ancora morendo in altri stati dell'Africa occidentale. Però, se si pensa a ciò che sarebbe potuto accadere, è davvero uno scampato pericolo di cui dobbiamo essere estremamente grati. Se le cose non fossero andate così, molto probabilmente in questo momento sarei stato costretto a scrivere che l'ebola aveva mietuto la sua diecimillesima vittima, e che ne avrebbe fatte altre centinaia di migliaia».[8] Questa vittoria, come i mezzi di informazione di tutto il mondo sottolinearono, era dovuta soprattutto alla dottoressa Adadevoh, che purtroppo non poteva più vedere i frutti del suo lavoro. Sawyer era morto di ebola, seguito da altre sette persone cui aveva trasmesso il virus – una delle quali era stata proprio la dottoressa, deceduta il 29 agosto 2014. Dopo la sua scomparsa, Ameyo Adadevoh venne celebrata come l'eroina che in effetti era stata – la persona che, insieme ai colleghi, aveva protetto la Nigeria da un contagio che sicuramente sarebbe stato di dimensioni devastanti, se Sawyer non fosse stato tenuto in quarantena. La loro risposta coraggiosa – nonostante gli assunti contrastanti di altre persone intorno a loro – è diventata un modello per paesi di tutto il mondo, nonché un esempio delle conseguenze positive di un assunto corretto. La vicenda della dottoressa Adadevoh è un caso tipico di come gli assunti possano produrre pensieri e comportamenti utili, e anche di come questi assunti possano essere specifici di una singola persona, consentendole di formulare idee che altri non sono in grado di vedere.

Esaminiamo in che modo gli assunti della dottoressa Adadevoh (tralasciando il processo attraverso il quale possano essersi generati) hanno determinato i suoi pensieri e le sue percezioni, per comprendere meglio come i nostri schemi neurali plasmino i nostri stessi assunti. A questo fine, è tempo di introdurre un concetto nuovo, essenziale per ricavare idee più numerose ed efficaci da quegli ottantasei miliardi di cellule nervose dotate di carica elettrica che abbiamo nella testa.

Lo spazio del possibile

Lo spazio delle possibilità è costituito dagli schemi di attività neurale che sono possibili data la struttura della propria architettura cerebrale (o connettoma). Nel suo insieme, quest'ultima determina i possibili schemi che possono esservi al suo interno. In altre parole, contiene la matrice di tutte le percezioni/idee/comportamenti che siamo in grado di avere (ma non dimentichiamo, ripeto, che il suo potenziale non è affatto infinito). Queste percezioni/idee/comportamenti vanno dalle più eclatanti alle più banali, la maggior parte delle quali non entreranno mai a far parte della nostra esperienza concreta ma sono teoricamente possibili data una determinata concatenazione (i collegamenti della rete) di stimoli. Inoltre, *al di fuori* di questo spazio ci sono quelle percezioni e idee che *non* emergeranno o, per meglio dire, che *non potranno* emergere nel nostro cervello, e che quindi noi non esperiremo, per lo meno non in quel determinato momento – le quali sono presumibilmente *molto più numerose* di quelle possibili. I nostri assunti (cioè la connettività fra i neuroni che costituisce la nostra storia passata) determinano i confini e tutto ciò che ricade al loro interno – e quindi la struttura e la dimensionalità del nostro spazio del possibile. Si noti, peraltro, che ognuno di questi schemi è correlato ad altri, più o meno simili fra loro.

Ora, se teoricamente è possibile una quantità infinita di schemi neurali, non tutti sono utili. Consideriamo le azioni di Ameyo Adadevoh dalla prospettiva dello spazio delle possibilità. La dottoressa partiva da un assunto condiviso dal governo nigeriano: che fosse necessario contenere nella maniera più veloce ed efficiente possibile la diffusione dell'ebola. L'aspetto per il quale lei differiva dagli altri era il modo in cui farlo, che ci porta al suo secondo assunto: cioè che Sawyer dovesse essere tenuto in quarantena nell'ospedale di Lagos, in contrasto con quanto pensavano i funzionari governativi, secondo i quali la risposta migliore sarebbe stata quella di fare uscire il paziente dal paese e rispedirlo in Liberia il più rapidamente possibile. Dato che Adadevoh aveva degli assunti diversi, aveva anche un diverso spazio del possibile, vale a dire diversi stati potenziali di attivazioni neurali, manifestati sotto forma di idee, pensieri, credenze, azioni e così via. Questi assunti differenti codificati nella fisiologia del suo cervello rappresentavano la sua storia unica ed esclusiva, che ha consentito ai suoi neuroni di generare una «possibile successiva» percezione (uno stato attrattore) che le persone prive di quelle stesse connessioni neurali (assunti) non avrebbero potuto generare. Ci stiamo concentrando, ripeto, non sulla natura della sua storia personale, ma semplicemente sul fatto che, per via di quella storia, ciò che per lei era possibile percepire per altri non lo era. Non stava compiendo un «grosso salto», dal suo punto di vista. Il «grosso salto» appariva tale unicamente dalla prospettiva degli altri, poiché erano ciechi rispetto a ciò che lei vedeva, proprio perché i loro spazi delle possibilità erano differenti dal suo. La dottoressa Adadevoh era una professionista esperta con molti anni di attività, che non solo conosceva ma *applicava* le migliori procedure mediche, anche in un momento di conflitto e di pericolo. Quindi aveva delle solide convinzioni e, cosa ben più importante, aveva il coraggio di metterle in pratica. Malgrado le pressioni del governo, la donna ha anteposto il benessere del proprio paese al rischio di rovinarsi la carriera. Perciò il valore del sacrificare se stessa per il bene del suo popolo era un importante assunto che guidava le sue percezioni e le sue azioni. È un valore che ha dato forma al suo spazio del possibile tanto quanto la sua preparazione medica. In altre parole, Ameyo Adadevoh era dotata di competenze acquisite con lo studio e il lavoro sommate a intenti coraggiosi.

Per le finalità di questo capitolo, il punto che ci interessa non è il motivo per il quale la dottoressa avesse degli assunti che le hanno permesso di guidare la Nigeria nel superare la crisi dell'ebola, ma soltanto il fatto che *avesse degli assunti che differivano da quelli di altre persone*. Lo stesso vale per me, così come vale per ognuno di voi, e sia le nostre azioni più banali sia le più eroiche discendono da questi assunti contenuti nel nostro spazio neurologico delle possibilità. La vicenda di Adadevoh illustra il modo in cui i comportamenti scaturiscono dalle vie sinaptiche alle quali le passate esperienze hanno dato semaforo verde o semaforo rosso, per così dire. Ma quella che alla luce del poi è stata considerata una risposta eccellente da parte sua, a lei non appariva affatto come qualcosa di eccezionale. Si tratta di una questione cardine: per lei quella era semplicemente l'idea **più naturale** (o meglio, forse la più razionale *soggettivamente*) all'interno di uno scenario di possibilità create per lei dai suoi assunti. Lo spazio del possibile del Soggetto X (Adadevoh – la persona a sinistra nella figura seguente) **contiene** la soluzione, laddove lo spazio del possibile del Soggetto Y (il governo nigeriano – la persona a sinistra nella figura) non la può avere. Di conseguenza il Soggetto Y è a tutti gli effetti cieco di fronte al problema, non vede la soluzione. Questo aspetto spiega molti dei conflitti nei quali una persona, azienda, organizzazione o nazione semplicemente non è in grado di «percepire» (sia letteralmente sia metaforicamente) l'azione dell'altra persona, azienda, organizzazione o nazione. In gioco

non c'è un semplice disaccordo, bensì un tipo molto più pervasivo di cecità patologica di cui soffrono molte più persone di quelle affette da patologie correlate agli occhi.

Considerando come esempio di cecità quello relativo al rischio di diffusione dell'ebola in Nigeria, è chiaro che gli assunti hanno anche il loro «rovescio della medaglia», cioè delle possibilità negative. Pur essendo essenziali per il funzionamento del cervello, non sono tutti buoni (almeno in generale, dato che tutto va necessariamente riportato al contesto), così come non lo sono le idee che producono. I nostri assunti possono indurci a compiere azioni inutili o anche distruttive, come nel caso dei funzionari nigeriani che stavano per lasciare uscire dalla quarantena Sawyer, scatenando un contagio catastrofico, oppure generalizzazioni fra contesti diversi che non servono a niente. Quindi gli assunti consentono percezioni utili ma al tempo stesso le limitano anche, a volte nel bene (nel senso che così non si hanno troppo spesso cattive idee), e a volte nel male (nel senso che così non si hanno troppo spesso buone idee). Quindi la nostra fortuna sta nel fatto che i processi attraverso i quali queste strutture vengono create sono insiti nell'architettura neurale del cervello, che, come sappiamo, può modificarsi. Il nostro sviluppo non termina mai davvero, poiché il cervello si è evoluto per evolversi, ci siamo adattati per adattarci, per «ri-definire la normalità» continuamente, trasformando il nostro spazio del possibile con nuovi assunti in base all'incessante processo di prova ed errore.

Per il momento, se vogliamo comprendere meglio in che modo gli assunti limitano la percezione, riprendiamo la nostra mappa teorica del cervello con i suoi pensieri potenziali (figura a p. 173) e creiamo un modello matematico «divino» del comportamento, «divino» perché assume il ruolo dell'onniscienza. Immaginiamo di poter vedere tutto, non soltanto quello che è accaduto e accade, ma ogni cosa che potrebbe accadere o essere accaduta. Questo ci consente di rappresentare il valore del rapporto comportamento/sopravvivenza per ogni possibile percezione, e possiamo trasformare lo spazio delle possibilità in un «*paesaggio*» di valli e montagne. Le montagne rappresentano le percezioni «migliori» e le valli le «peggiori». Abbiamo convertito il nostro spazio neutrale di stati attrattori *emergenti*, che scaturiscono dalle interazioni di ciò che nelle scienze chiamiamo descrittivamente sistema complesso, in un *paesaggio della fitness*, o dell'idoneità, in riferimento al concetto di sopravvivenza del più adatto. Questa idea deriva dallo studio della matematica, dell'evoluzione e di altri campi, compresa la fisica, e registra quanto sia «idoneo» un certo tratto (o, più in generale, una soluzione), a seconda che si trovi in una valle, su un picco falso, o su un picco vero. Se è situato in una valle, il tratto ha ridotto la sopravvivenza e l'animale/specie sono morti. Se è su un picco vero, l'animale/specie sono sopravvissuti meglio di quelli situati su un «picco» più basso dello stesso paesaggio concettuale. I nostri pensieri e comportamenti hanno una simile «idoneità» rispetto al loro grado di utilità per noi. Nella figura seguente, le valli sono rappresentate dalle sfere più piccole, i picchi falsi da quelle medie e i picchi veri dalle più grandi. Si noti che sono tutti generati dai medesimi assunti.

Conoscere il «paesaggio della fitness» ottimale per la vita equivale a conoscere in che modo questo paesaggio si modifichi con il passare del tempo e con il mutare del contesto, ed equivale quindi a conoscere la mente divina. È il punto chiave di qualunque testo religioso – anzi di qualunque testo – che professi di conoscere la verità. I testi scientifici si sforzano di assumere un approccio rigoroso (poniamo, ad esempio, *L'origine delle specie* di Darwin o *Dal big bang ai buchi neri. Breve storia del tempo* di Stephen Hawking) laddove altri non lo fanno (ad esempio la Bibbia, il Corano, la fantascienza). Ovviamente, nessuno di noi è Dio, grazie a Dio!, anche se alcuni hanno la pretesa di esserlo, oppure, peggio ancora, hanno la pretesa di sapere cosa lui/lei/esso «pensi», in sostanza, ritengono di essere dei «canali» divini. Il problema è che, nel mondo non onnisciente della vita reale, noi non sappiamo in anticipo, *a priori*, quale percezione sia migliore di un'altra. E sottolineo *a priori*, perché è proprio quello il punto particolarmente significativo! Proprio da lì deriva la questione del procedere per tentativi ed errori, altrimenti detto

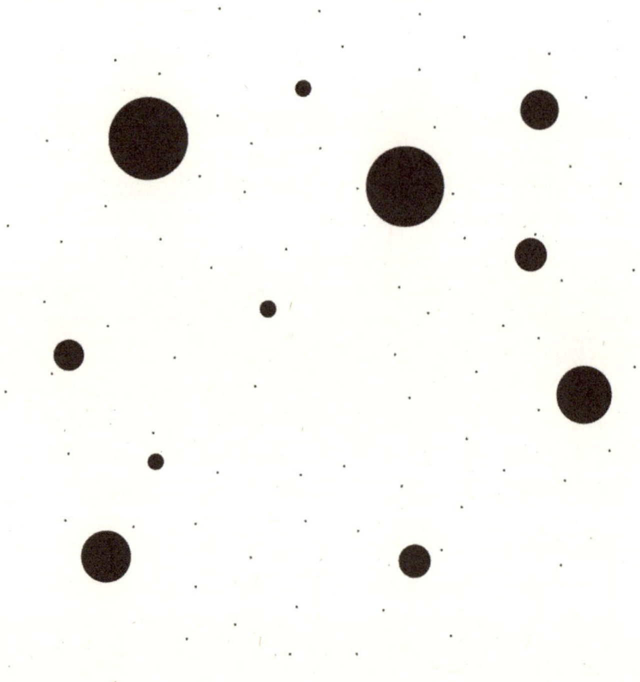

«empirismo» che altro non è se non una «strategia di ricerca» per esplorare il paesaggio delle possibilità. Come la dottoressa Adadevoh, sappiamo soltanto ciò che i nostri assunti ci inducono a credere, e anche se spesso crediamo di conoscere i risultati che produrremo (come salvare delle vite, nel suo caso), non possiamo sapere in anticipo quello che succederà in futuro in termini di conseguenze, e questo malgrado l'ironia del fatto che gli assunti del presente siano delle previsioni basate sul successo o sul fallimento di ciò che è accaduto in passato. Per sondare il nostro spazio del possibile e trovarvi le percezioni migliori, come ha fatto la dottoressa nigeriana, dobbiamo basarci sul repertorio di esperienze che ha generato i nostri assunti. Il processo di tentativo ed errore, tanto a livello pratico che immaginario, altro non è se non la perlustrazione di questo paesaggio nel tentativo di scoprire le montagne più alte cercando di evitare le valli. Ma se nel nostro spazio delle possibilità ci sono idee sia buone sia cattive, come ci accorgiamo di averne incontrata una buona?

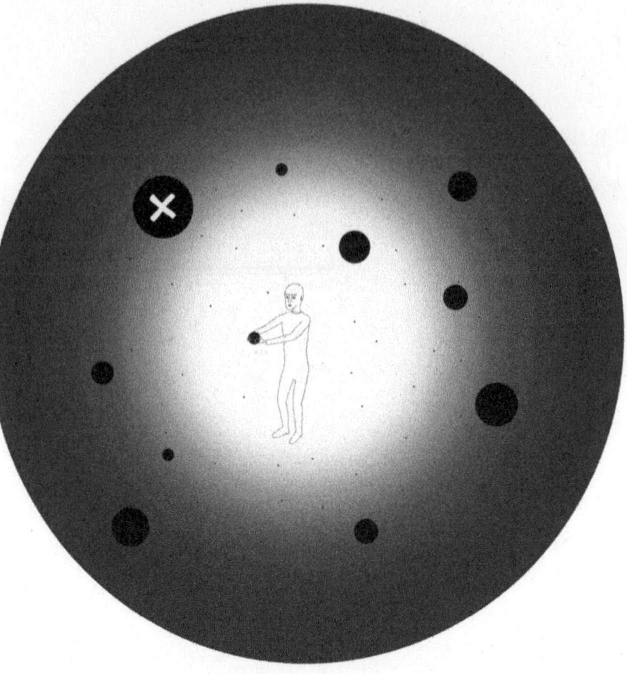

NON

NOSTRO

IL

CERVELLO

GROSSI

FA

Per rispondere a questo interrogativo, immaginate di essere rappresentati dalla figura umana situata al centro dello spazio del possibile, nell'immagine a p. 179. Quello qui raffigurato è il vostro attuale stato percettivo. La domanda è: dove è probabile che stiate per dirigervi per quanto concerne pensieri o comportamenti? Nel caso di un fiore, Elena Alvarez-Buylla (in collaborazione con il mio laboratorio) ha mostrato che i suoi diversi stadi di sviluppo – dai carpelli ai sepali ai petali – seguono una sequenza specifica. Ciò suggerisce che sono stati selezionati durante l'evoluzione non solo gli stati stessi, ma anche la loro *effettiva sequenza*. Il cervello non è differente. Anch'esso si assesta in stati attrattori di schemi neurali in continuo mutamento, nei quali ogni risposta riflessiva è seguita da un'altra a seconda della natura dello stimolo, l'input, dato un determinato contesto ambientale spaziale e temporale.

Quindi, nella figura citata poc'anzi, le diverse possibilità sono indicate dalle sfere nere (come avevamo detto per la figura precedente) in base alla distanza alla quale si trovano da noi. Più una sfera è vicina, più è probabile che sia la nostra prossima percezione (termine nel quale includo concezione, decisione e azione). Le sfere vicine a noi nella zona bianca (un metaforico «campo ravvicinato») sono le più probabili «prossime possibili» percezioni, vale a dire, gli esiti che in passato si sono rivelati più utili e che ci hanno dato la nostra attuale serie di assunti.

SALTI

Come l'evoluzione stessa, il cervello compie sempre soltanto dei piccoli avanzamenti nel futuro verso quello che più probabilmente è il successivo passo giusto per una determinata persona, in funzione di ciò che quella persona ha fatto in passato. Per cui, a dispetto del concetto altamente motivazionale secondo cui «tutto è possibile», non è *mai* così. Al contrario, è sempre il risultato di un *accumulo* di piccoli passi nel corso del tempo.

Ora notiamo la piccola X bianca, in alto a sinistra nell'immagine, situata nella zona scura (invisibile). Se anche questa potrebbe essere, in teoria, la migliore idea o decisione, poiché si trova nel margine esterno dello spazio di ricerca è una percezione molto improbabile (cosa che la rende di fatto invisibile). Perché? **Perché il cervello non fa grossi salti**.

Può accadere che la X sia invisibile non solo al singolo individuo ma anche alla cultura/specie in questione. Come si è detto in precedenza, evidentemente è stato questo il caso dei funzionari nigeriani che non erano d'accordo con il suggerimento della dottoressa Adadevoh di tenere Patrick Sawyer in quarantena; quella sua buona idea era per loro improbabile o impossibile. La storia delle loro esperienze – percezioni passate codificate nel loro cervello collettivo – la collocava a troppa distanza, fuori dalla loro portata. Quindi, benché la quantità di cose che potreste teoricamente pensare sia infinita, i vostri pensieri e comportamenti del passato... i vostri assunti o preconcetti... rendono più probabile che andiate verso determinate percezioni allontanandovi da altre.

Dunque il primo *assunto* che sto cercando di codificare nel vostro cervello attraverso la lettura di questo libro è il seguente: ammettere che avete degli assunti (o *bias*, pregiudizi), in ogni istante di ogni giorno, in ogni atto e in ogni percezione. In qualunque momento, non facciamo altro che rispondere, reagire in base ai nostri assunti relativi a informazioni intrinsecamente incerte. Su questo non abbiamo alcun controllo... nel momento in cui avviene. E molto spesso – forse quasi sempre – è un bene che sia così. Ma le persone che non sanno o non vogliono ammettere di avere degli assunti rimangono in uno stato di ignoranza rispetto al proprio cervello, e quindi rispetto a se stesse. Vivono in uno stato di cecità, non sono in grado di vedere le valli. Vedono solo i propri picchi, e ancora picchi, finché non irrompe il disastro, o il fallimento, e a quel punto le circostanze non lasciano loro altra scelta se non quella di abbandonare vecchi assunti dannosi per assumerne di nuovi, talvolta anche pagando il prezzo più alto, quello di auto-eliminarsi dalla popolazione, come sottolinea l'ironico Darwin Award che premia «qualsiasi persona che abbia contribuito a migliorare il pool genetico umano rimuovendosi da esso in modo spettacolarmente stupido». In certi casi, però, quando un disastro colpisce intere società e non solo un singolo individuo, questo premio dovrebbe andare non alle persone, bensì alle istituzioni.

Il 15 settembre 2008, la Lehman Brothers, una società americana di servizi finanziari, annunciò di voler intraprendere la procedura di bancarotta, dopo aver dichiarato miliardi di dollari di perdite irrecuperabili, quasi tutte provenienti dai mutui subprime. Si trattava di prestiti fatti a persone che poco probabilmente sarebbero state in grado di ripagarli; spesso questi mutui avevano interessi scalari con tassi che salivano nel tempo, diventando così sempre meno sostenibili dai debitori. Nel giro di ore dall'annuncio, i mercati azionari di tutto il mondo registrarono crolli vertiginosi. Poco dopo, i principali capi di Stato si riunirono con le banche centrali per discutere misure volte ad arginare ulteriori disastri. Nelle settimane successive, il tracollo della Lehman Brothers rubò la scena persino alla campagna presidenziale che vedeva opposti gli allora senatori Barack Obama e John McCain. Ne derivarono brusche frenate nell'intero distretto finanziario, seguite da arresti della crescita praticamente in tutti gli altri settori dell'economia. La gente discuteva su chi ne fossero i responsabili. Era l'inizio della crisi finanziaria globale.

Non c'è molto da dire per spiegare le cause di quanto era accaduto: Wall Street aveva fatto una scommessa sbagliata. Aveva puntato su gruppi sociali depredati da prestatori di denaro senza scrupoli attraverso i mutui subprime, e non era stata una buona mossa. Nel frattempo, le istituzioni governative create allo scopo di proteggere la nostra economia (o almeno così si presume) fecero ben poco per fermare queste scommesse sconsiderate. Quella che si è verificata, come si osserva nella maggior parte delle disfatte umane, è stata una manifestazione concreta di pessimi assunti. Le persone al potere hanno dato per scontato che un cataclisma simile non sarebbe mai potuto accadere, lo stesso le banche, certe di essere «troppo grandi per fallire». Niente di più terribilmente semplice. Avevano torto, eppure ognuno di loro continuava a dare le medesime risposte, plasmando i propri ambienti per adeguarli ai preconcetti che il loro cervello voleva confermare. E poi è venuto il giorno in cui la nostra economia si è ritrovata imprigionata dai propri assunti. Il risultato è stato un fallimento colossale, da percepire utilmente per il futuro, se non altro.

La crisi economica, come sappiamo, ha avuto effetti disastrosi su milioni di persone in tutto il mondo. Se i politici avessero avuto assunti con orientamenti diversi, che avrebbe voluto dire un diverso spazio del possibile, con differenti picchi e valli, forse avrebbero potuto mitigare il grado di intensità della crisi e delle sue conseguenze: case perse, esistenze spezzate, spaventosa povertà. Ma non è stato così, e questo è dovuto in parte a un altro aspetto dell'evoluzione del cervello.

Come specie, gli umani si sono evoluti in un contesto cooperativo nel quale la sopravvivenza dipendeva dallo riuscire ad andare d'accordo e lavorare insieme ad altri – e, come tutti sappiamo, andare d'accordo con gli altri è più facile se si è anche d'accordo con loro. Per via di questo, il nostro cervello ha sviluppato una propensione innata verso la conformità, e questo tratto-non-tabula-rasa (assunto) con il quale tutti veniamo al mondo condiziona la percezione. Ad esempio, la zona cingolata rostrale del cervello rilascia sostanze chimiche che favoriscono il conformismo sociale, o ciò che potremmo considerare come una curtosi collettiva.[9] Questo significa che gli spazi del possibile degli altri influenzano il nostro, spesso limitando le percezioni che per noi sarebbero naturali. E questo ci conduce ai *memi*.

Ai nostri fini possiamo trattare il concetto di meme – originariamente formulato da Richard Dawkins nel 1976 – come l'assunto di una cultura o di una società che vincola e determina il suo spazio del possibile collettivo (anche se, ovviamente, su Internet i memi sono quei contenuti effimeri che ci vediamo passare davanti ogni giorno, spesso con una diffusione virale). Nel Sud religioso degli Stati Uniti, ad esempio, la risposta sociale a uno «stimolo» sarà differente dalla risposta sociale al medesimo stimolo in una «diversamente religiosa» New York o San Francisco, oppure in Giappone. Per un giapponese, lasciare le bacchette piantate in una ciotola di riso è tabù, dato che simboleggia la morte. In Olanda, per dire, non significa niente. Tali assunti apparentemente banali condizionano i pensieri che abbiamo o che non abbiamo, poiché costituiscono gli assi intorno ai quali si formano gli assunti del nostro spazio del possibile. È abbastanza facile immaginare fino a che punto certi assunti culturali/sociali molto significativi attinenti, poniamo, al genere, all'etnicità o all'orientamento sessuale possano determinare i pregiudizi con i quali alcuni gruppi di persone sono costrette a scontrarsi, perché stanno lottando contro il cervello collettivo (a cui peraltro loro stessi appartengono). È così che differenti memi producono differenti risultati elettorali, un differente senso dell'umorismo, differenti valori, e anche fenomeni come il razzismo. E questi memi hanno una loro stabilità, essendo fisicamente palesi sotto forma di stati attrattori nel cervello, e di conseguenza sono difficili da trasformare.

Pensiamo alla morte di Trayvon Martin nel 2012, il diciassettenne afroamericano che girava disarmato indossando una felpa con il cappuccio sollevato sulla testa e che fu ucciso una sera, in Florida, da un civile vigilante volontario delle ronde di quartiere, che girava armato, il quale, per un tragico errore, diede per scontato che il ragazzo fosse pericoloso. O pensiamo a tutti gli omicidi «legali» di uomini neri innocenti. Molte società occidentali hanno un preconcetto percettivo verso i giovani afroamericani o i maschi neri inglesi, specialmente quelli vestiti in un certo modo. A livello culturale, molte persone hanno assorbito l'idea che avere paura di loro è utile osservando la risposta di altri che hanno paura, persino all'interno delle stesse comunità nere. L'attore comico americano Ian Edwards fa della satira su questo argomento in un pezzo in cui descrive due «tizi neri col cappuccio tirato su» che camminano sulla stessa strada, ciascuno impaurito dall'altro. «Ehi, non voglio problemi, amico» dice uno. L'altro risponde: «Nemmeno io ne voglio, fratello... *Nonna, sei tu?!*» La «paura dell'altro» è un pregiudizio molto forte che induce ad **andare via** da una cosa e **andare verso** un'altra, di solito più familiare. Quando agiamo spinti da questa paura – come ci capita più spesso di quanto vorremmo ammettere – lo facciamo sulla base di percezioni non soltanto nostre, ma di percezioni sbagliate che abbiamo ereditato.

È importante, a questo punto, mentre discutiamo di *bias*, pregiudizi e assunti e delle loro radici soggettive, accennare al fatto che **non** stiamo parlando di relativismo postmoderno, una corrente di pensiero che assegna pari validità a qualunque cosa per il puro fatto che esista, in un mondo sempre più frammentario. Non tutte le percezioni – comprese quelle plasmate dalla storia sociale – generate dal nostro cervello sono ugualmente buone. Alcune sono migliori di altre. Se non fosse così, l'evoluzione stessa non si sarebbe evoluta. Non ci sarebbe una cosa come la *fitness relativa*, dato che è proprio la natura relativa della fitness, cioè dell'idoneità, a consentire il cambiamento. Ad esempio, donne lapidate e mutilazioni genitali sono fondamentalmente e oggettivamente cose *negative*, non importa con quanta creatività ci si sforzi di giustificare tali comportamenti. Anche se si potrebbe con una certa plausibilità sostenere che siano atti «utili», dato che le persone che li compiono risultano più idonee per determinate culture, restano oggettivamente pessimi. Quel che è davvero utile è comprendere da dove arrivino, dato che solo così si genera la possibilità del cambiamento.

Perché vi rendiate conto di come memi e assunti possano limitare il nostro spazio delle possibilità quando si ha di fronte un compito o un problema che richiede creatività, facciamo un altro dei miei esercizi di «lettura». Guardate la stringa di quindici caratteri qui sotto e combinate le lettere in modo da formare cinque parole da tre lettere ciascuna *il più rapidamente possibile*. Non stateci a pensare, fatelo e basta.

AMSPUAIEOVIARAI

Scrivete qui sotto le parole di tre lettere:

1.

2.

3.

4.

5.

Ora fate di nuovo la stessa cosa, sempre il più rapidamente possibile, ma usando questa stringa di lettere:

SIEAIMIAVROAPAU

Ed elencate di nuovo le parole:

1.

2.

3.

4.

5.

È probabile che stavolta abbiate trovato una serie diversa di parole rispetto a prima, è così? Il punto dell'esercizio è proprio questo: tipicamente, le parole che le persone ricavano dalla prima e dalla seconda stringa sono differenti. In molti casi, non ce n'è nemmeno una in comune. Eppure le due stringhe contengono le stesse identiche lettere, solo in un ordine diverso. I vostri assunti hanno determinato nel cervello le differenti vie neuroelettriche imboccate dai vostri pensieri.

Ma perché avete trovato delle parole diverse? Perché nemmeno una uguale a prima? Non vi ho chiesto io di farlo. La ragione è che il nostro cervello parte dal presupposto che le lettere adiacenti è più probabile che si leghino fra loro. È una tendenza naturale che si è formata nel cervello a partire dagli assunti che ha sviluppato quando abbiamo imparato a leggere. Inoltre, in molte persone il cervello ha imparato a cercare da destra a sinistra. In aggiunta ancora, presumo che voi abbiate un assunto relativo a ciò che una «parola» sia. Avete scelto parole in italiano? Avreste potuto pescare da qualunque lingua, o anche costruire parole senza senso (non ho mai detto che le «parole» dovessero essere di un particolare tipo). Ma probabilmente voi avete imboccato il percorso che offriva minori resistenze, in senso letterale e figurato. Sin dal primo istante, avete escluso innumerevoli percezioni dal vostro spazio delle possibilità. E allora che cosa stava accadendo nel vostro cervello da indurvi a fare questo – o meglio, *perché* avete fatto questo?

Un'utile metafora consiste nel paragonare il cervello a una rete ferroviaria che attraversi il Regno Unito, o qualsiasi altra nazione dotata di un'infrastruttura ferroviaria capillare e ben gestita. Le stazioni sono i neuroni, i binari che le collegano sono le connessioni fra i neuroni, e il passaggio dei treni è il flusso di attività che percorre il cervello. Se una rete di connettività è una cosa buona e necessaria, è però per sua natura limitata, dato che il cervello (come un sistema ferroviario) è costoso da mantenere: benché rappresenti soltanto il due per cento

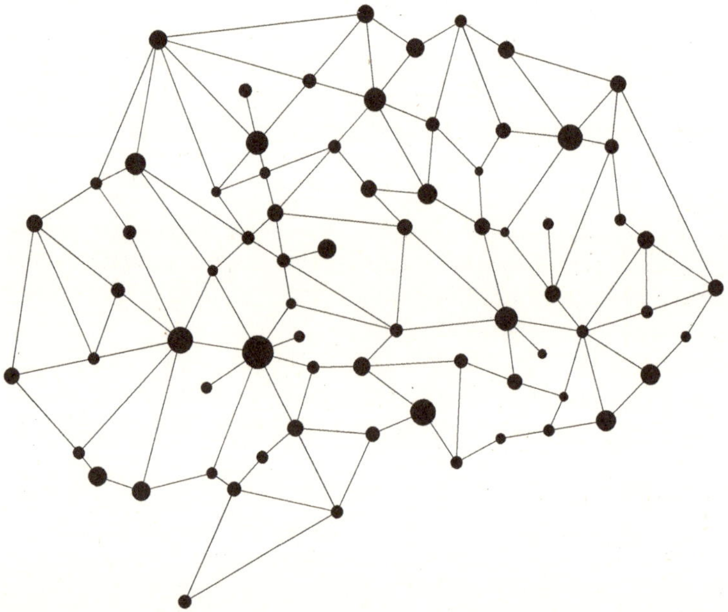

della massa corporea, consuma il venti per cento del fabbisogno energetico complessivo. (Per i grandi maestri degli scacchi, il processo del pensare durante una partita può «costare» fino a sei o settemila calorie al giorno).[10] I nostri assunti *sono* la rete ferroviaria con tutte le sue connessioni. La nostra storia ed esperienza passata di utilità percettiva ha costruito tali assunti e i loro percorsi necessariamente limitati. Dopotutto, nessuna infrastruttura ferroviaria potrebbe sostenere il costo di posare dei binari fra tutte le possibili località di una nazione per consentire ai passeggeri di recarsi direttamente da ognuna di esse a tutte le altre, non è possibile nemmeno con la metà di esse.

Nell'esercizio con le stringhe di lettere, le fermate prestabilite, programmate, del vostro treno neurale vi hanno impedito di essere più «creativi» (come si intende in senso tradizionale). I vostri impulsi elettrici hanno trasportato le vostre percezioni lungo un tracciato limitato, quindi eliminando idee dal vostro spazio del possibile così che voi non poteste fermarvi su di esse. I vostri assunti sulla lingua hanno vincolato ciò che era percepibile, anche se, adesso che lo sapete, nel vostro cervello si sono materializzate nuove possibilità. Se ne avete voglia, tornate indietro e ripetete l'esercizio. La vostra percezione risulterà cambiata.

A questo punto dovrebbe essere chiaro che è il peso delle percezioni del passato a tenervi nella posizione in cui vi ritrovate in mezzo a quelle famose sfere (figura a p. 179). Naturalmente, lo sapevate già ben prima che vi facessi fare questo «test». Abbiamo vissuto tutti delle esperienze del genere: ci viene in mente la risposta perfetta ore dopo aver subito uno sgarbo; ci rendiamo conto che avremmo voluto un certo appartamento subito dopo averne affittato un altro; forse ci rendiamo conto troppo tardi persino di avere una relazione/amicizia/collaborazione con la persona sbagliata. O semplicemente di non avere *nessuna* buona idea o soluzione per una determinata circostanza. E abbiamo tutti sentito l'espressione «del senno di poi son piene le fosse», o almeno sperimentato ciò a cui allude. La Grande recessione causata dal tracollo della Lehman Brothers racchiude in sé esattamente questo concetto, con tutta la facile saggezza di chi giudica a cose fatte che è seguita alla sua esplosione. Ne è una dimostrazione anche la tragedia dell'11 settembre. Il Rapporto della Commissione d'inchiesta sugli attentati ha attribuito ciò che accadde quel giorno, in cui dei terroristi fecero schiantare due aerei sul World Trade Center, a una «mancanza di immaginazione» da parte del governo che aveva il compito di proteggere i cittadini americani; benché si possa dire che prima dell'11 settembre praticamente tutti noi vedessimo con mancanza di immaginazione le possibilità che il mondo poteva riservare.

Tutto questo è il risultato della neurobiologia degli assunti – assunti che si estendono anche al corpo: la forma delle mani, orecchie e occhi, la distribuzione dei recettori tattili sulla pelle, la biomeccanica dei movimenti, e arrivano a influenzare persino gli oggetti che creiamo. La tela di un ragno, ad esempio, è di fatto una manifestazione esteriore dei suoi assunti, denominata «fenotipo esteso», con la quale l'animale estende se stesso nel proprio ambiente. E pensiamo alle antilopi, che hanno un *bias* collettivo di risposta al comportamento visivo degli altri esemplari: se un'antilope vede un leone, tutte le altre lo vedono come se fossero *un unico sistema percettivo distribuito*.

Però il nostro passato non è il nostro presente. Gli schemi elettrici presenti nel nostro cervello (e gli schemi distribuiti attraverso cervelli comunicanti fra loro) non sono necessariamente i migliori, perché potrebbero, sì, essere stati le risposte più adatte, ma «nella notte dei tempi». In effetti... ciò che era utile in passato può non esserlo più.

Il mondo naturale è un fluire costante, del quale la vita è un rumore correlato, e importante. Se vivessimo in un mondo stabile, restare immobili potrebbe essere la strategia migliore. Ma il mondo non è stabile. *Solitamente* cambia (anche se non sempre in maniera significativa). L'evoluzione incarna alla lettera questo dato di fatto, dato che le specie che si muovono (si evolvono) *vivono* e il movimento è vita, ma ciò include anche il movimento relativo, e quindi può parimenti voler dire rimanere fermi (o costanti) quando tutto intorno a noi si modifica. Ricordate, il contesto è tutto. I tratti che possediamo devono continuare a essere utili; altrimenti scompariamo e con noi i nostri geni, e anche gli assunti che ne sono derivati, intrinseci alla struttura del nostro cervello. Questo, chiaramente, è ciò che è accaduto ai nostri cugini evoluzionari che si sono estinti, i Neanderthal e altri ominidi. La mutevolezza della realtà è oggi altrettanto evidente. Industrie crollano e altre ne nascono, come pure le mansioni all'interno delle industrie stesse. Analogamente, cambiano le nostre relazioni, con amici, familiari, partner. Il flusso è insito in tutti questi contesti tanto importanti, quindi dobbiamo *fluire con il flusso*. Dobbiamo essere adattabili... i sistemi di maggior successo lo sono!

Più il mondo diventa «connesso», più ciascun evento di quel mondo diventa «condizionato» e «condizionante» rispetto al contesto, rispetto agli eventi che lo circondano nello spazio e nel tempo. Si tratta di un fatto straordinariamente importante. Tutti conosciamo l'adagio «Quand'ero giovane...». Bene, oggi il

mondo è davvero diverso da com'era un tempo. Un tempo, quello che in un determinato giorno accadeva agli aztechi, al di là che fosse qualcosa di costruttivo o di distruttivo, aveva pochissima influenza immediata su altre società o culture esistenti altrove nel mondo. Oggi non è più così. Oggi, a Tokyo crolla la borsa valori e a New York si sentono gli effetti ancora prima che gli operatori di Wall Street si siano alzati dal letto, pronti a una nuova giornata di contrattazioni. La possibilità di nuovi stati attrattori globali emergenti è più probabile (di questo le crisi finanziarie globali sono un esempio negativo, ma ovviamente non ci sono soltanto esempi negativi: l'assunto che siamo liberi di esprimerci, Internet, e i campionati mondiali sono alcuni degli esempi positivi). E come tutti i sistemi evolventi e altamente connessi, gli stati attrattori risultanti sono ogni giorno meno prevedibili, una condizione analoga all'imprevedibilità del tempo atmosferico con il cambiamento climatico.

In sostanza, l'ecologia del mondo (fisica e sociale, che si combinano andando a creare quella personale) sta diventando sempre più incerta, dato che oggi le azioni degli altri sono percepite con molta più immediatezza.

In risposta a questo, nel tentativo di mitigare la sensazione di incertezza, la religiosità sta aumentando, come pure la paura dell'«altro» e, più in generale, la paura di perdere il controllo (come denota il voto a favore della Brexit nel Regno Unito – o, per essere più precisi, in Inghilterra). Anche questi sono memi *globali*. Esiste un'alternativa a questo tipo di strategie: anziché imporre un ordine artificiale privo di fondamento, dobbiamo cambiare insieme al cambiamento, come del resto è insito nella nostra ecologia in perenne mutamento. È una soluzione profondamente radicata nella biologia. E, per ribadire un punto già sottolineato poco fa (che è essenziale ricordare), in natura i sistemi di maggior successo sono i più adattabili.

Se non lo faremo, il nostro cervello si arrenderà alla propria inerzia e noi rimarremo aggrappati ad assunti vecchi, *che ignoriamo*, accrescendo la pervicace stabilità dei nostri stati attrattori personali e sociali per il semplice motivo che saranno gli unici disponibili, e quindi esacerbando gli schemi mentali che ci inibiscono. I nostri assunti li rendono inevitabili.

Ma dev'essere per forza così?

Questo ci porta a un momento potenzialmente (e auspicabilmente) disorientante nella vostra esperienza di lettura – e dunque un momento molto importante. A questo punto del libro, potreste domandarvi se non siate incappati in una contraddizione che rende sospetto tutto ciò che ho affermato finora sulla possibilità di vedere in maniera differente. In precedenza abbiamo detto che il nostro cervello non si è evoluto per vedere la realtà, dato che questo sarebbe stato impossibile; e perciò quello che fa è «dare senso» a ciò che ne è privo. Ora abbiamo una spiegazione fisiologica, basata sul funzionamento del cervello, per capire **perché** è probabile che abbiano luogo soltanto determinate percezioni (e perché quelle che si verificano effettivamente sono ancora meno numerose). Ed è qui che sta il problema: se tutto ciò che facciamo – anzi, *ciò che siamo* – è radicato nei nostri assunti; e se i nostri assunti rappresentano la nostra storia personale, evolutiva e culturale dell'*interagire* con i nostri ambienti esterni *e* interni (cioè quella che io chiamo la nostra ecologia); e se questi assunti producono risposte automatiche sulle quali, *nel momento in cui si verificano*, abbiamo poco – o nessun – controllo, allora come potremo mai spezzare questo circolo vizioso e vedere in maniera differente? Non siamo intrappolati all'infinito in sequenze prefissate di archi riflessi che ci obbligano a vedere quel che abbiamo sempre visto prima, che ci fanno agire come ginocchia che si flettono automaticamente (percezione) ogni volta che il dottore (stimolo) ci percuote sullo stesso punto? Non dovrebbe essere impossibile per il nostro cervello fare nient'altro se non usare le stesse vecchie rotaie neuroelettriche?

Finora, questo libro ha creato uno spazio nel quale possiate vedere voi stessi nell'atto di vedere, nel quale possiate diventare osservatori delle vostre stesse osservazioni, percettori delle vostre percezioni.

Abbiamo imparato che l'apparato percettivo del cervello rappresenta la storia dei nostri significati passati nella sua

manifestazione fisica.
Ma, ancora più
importante,
abbiamo imparato

che il processo della creazione degli assunti non è altro che un processo intrinseco del processo costruttivo stesso del cervello. E proprio qui sta la nostra «salvezza»: il processo di costruzione delle percezioni è la strada che conduce a limitare ciò che percepiamo ma anche a cambiarlo, o persino a espanderlo.

Avete già compiuto il primo passo per imparare a deviare: ora siete consapevoli del fatto che solitamente siete inconsapevoli.

E questo significa che, ora che lo sapete, forse suona un po' aggressivo, ma lo intendo più come una sfida, non avete più la scusa dell'ignoranza, che troppo spesso è la prima barriera che impedisce il cambiamento. Se sono riuscito a rimpiazzare l'assunto di default del vostro cervello relativo al «conoscere la realtà», vuol dire che finora ho raggiunto lo scopo che mi ero prefissato: adesso sapete meno di prima. E sapendo meno, avete (e abbiamo) l'opportunità di capire di più. Senza la comprensione di questo passaggio, ogni decisione che prenderete in futuro resterà una risposta radicata nel passato, nel bene o nel male. Non ci sarà la possibilità di compiere alcuna scelta, malgrado la narrativa che il vostro cervello ripete a se stesso. Le scelte esistono solamente dove c'è un'opzione. Il comprendere perché vedete quello che vedete vi fornisce quell'opzione. Vi dà il potenziale della scelta, e con esso il *potenziale* dell'intenzione.

Vedere in maniera differente – deviare – inizia con la consapevolezza, con il vedere noi stessi mentre vediamo (però non è assolutamente qui che finisce). *Inizia* sapendo che alcuni di quegli assunti spesso invisibili che in passato ci hanno permesso di sopravvivere potrebbero non essere più così utili. Inizia comprendendo che possono di fatto essere (o diventare) dannosi per noi (e per altri), e che se non cambieranno potrebbero imporre delle limitazioni al nostro vivere. Incarnare veramente questa idea equivale a porsi in empatia con ciò che significa essere umani, anzi, con ciò che significa essere qualunque sistema vivente percettivo.

Ora siete consapevoli del fatto che solitamente siete inconsapevoli.

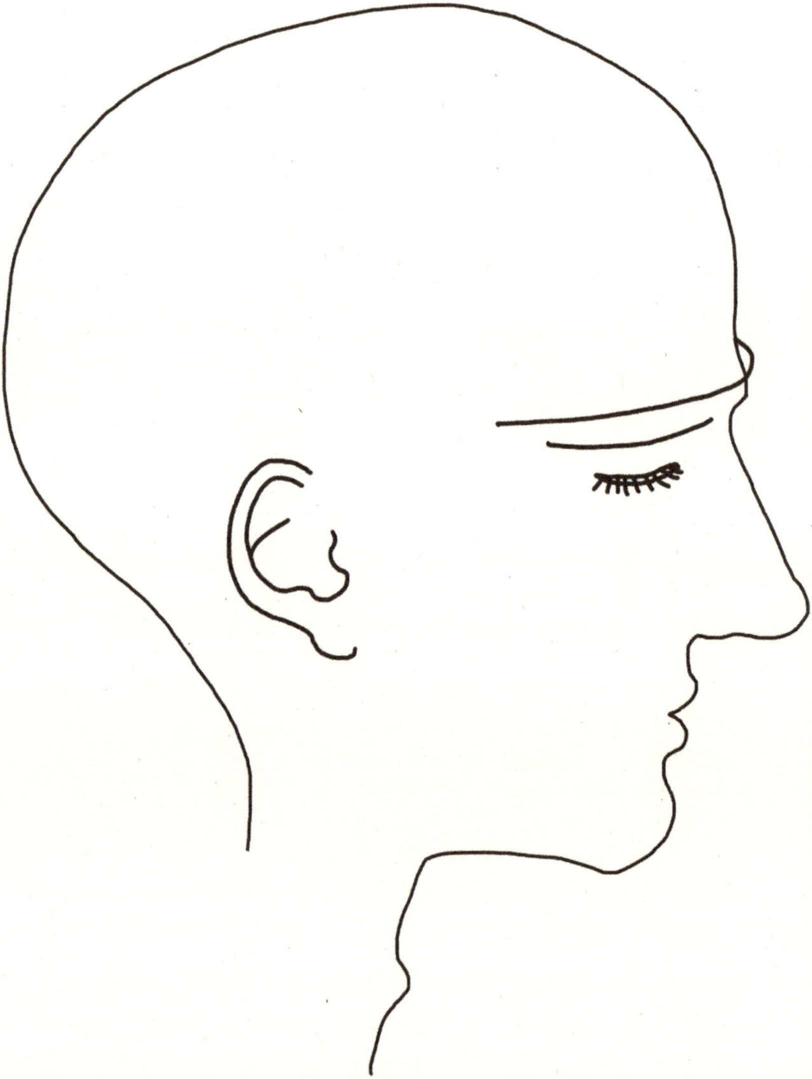

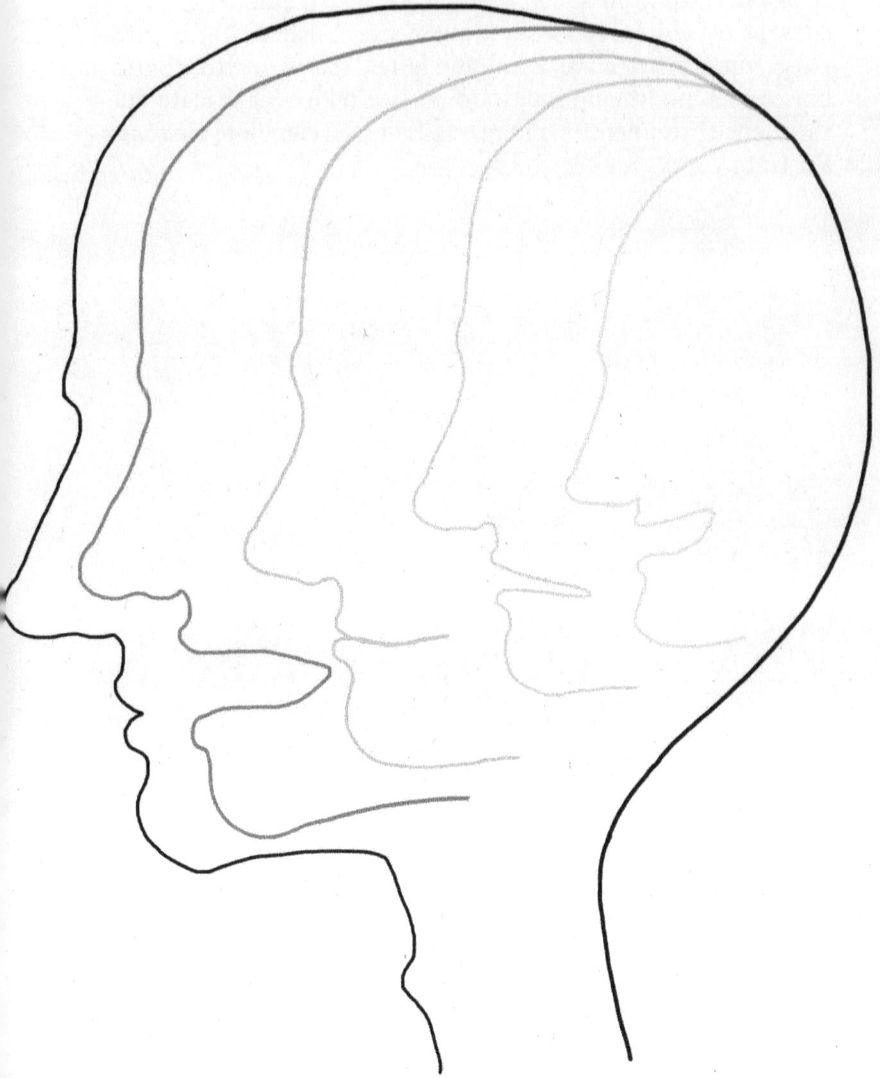

Dunque in che modo possiamo vedere in maniera differente?

Se vogliamo cambiare il nostro futuro **dobbiamo cambiare il nostro passato**.

Per strano che possa sembrare, è del tutto possibile. Anzi, in effetti è ciò che facciamo continuamente. Tutte le storie, tutti i libri, tutte le narrative, ascoltate, lette o messe in atto, contribuiscono a modificare il passato, a dare nuovo significato alle esperienze precedenti o, più precisamente, a cambiare *il passato del futuro*.

7·

Costruire un nuovo passato per il futuro

Uno degli esperimenti più noti e controversi nella storia delle neuroscienze, condotto da Benjamin Libet nei primi anni ottanta, partiva da un compito molto semplice: i partecipanti dovevano muovere il polso sinistro o il destro.

Neurofisiologo e psicologo presso il Dipartimento di fisiologia della University of California di San Francisco, Libet è morto nel 2007 all'età di novantun anni, ma il suo articolo pubblicato nel 1983 come resoconto dello studio rimane ancora oggi memorabile. Libet scoprì che intercorre un certo lasso di tempo fra le decisioni comportamentali effettuate dai nostri circuiti neurali e la nostra consapevolezza di quelle decisioni. I suoi risultati sollevarono un accesissimo dibattito, che continua a infiammare gli animi, su cervello, coscienza umana e libero arbitrio. Perché? Perché le sue scoperte mettono in discussione l'idea stessa che gli esseri umani siano agenti decisionali in grado di produrre pensieri e azioni. In altre parole, i suoi studi suggerivano che non siamo padroni coscienti del nostro destino, ci limitiamo a vederlo scorrere, falsamente convinti di averne il controllo. Ma non è così, noi siamo agenti decisionali. Però, per sapere come esercitare questa facoltà, dobbiamo prima capire perché sia possibile farlo.

Ecco come si svolse l'esperimento di Libet: lui e il suo team fissarono degli elettrodi sul capo dei partecipanti per misurare l'attività elettrica nel loro cervello. Poi venne chiesto ai soggetti di muovere il polso destro o il sinistro, ma prima di farlo dovevano indicare l'istante esatto in cui avevano preso la decisione di quale dei due muovere. Ciò era reso possibile da un dispositivo simile a un cronografo, che misurava e registrava tre momenti con una precisione al millisecondo: l'istante in cui i segnali neuroelettrici dei soggetti indicavano che nel loro cervello la decisione era presa, cioè in cui si generava un picco di attività elettrica chiamato «potenziale di prontezza motoria» (dal tedesco *Bereitschaftspotenzial*, detto anche «potenziale di preparazione»); l'istante in cui i partecipanti erano consci di voler compiere il gesto; e l'istante in cui muovevano effettivamente il polso. I risultati? Nella media, il potenziale di prontezza motoria si manifestava nella corteccia cerebrale dei soggetti 400 millisecondi *prima* della loro decisione consapevole di compiere il movimento, che a sua volta precedeva di 200 millisecondi il movimento effettivo. Può sembrare un esito piuttosto lineare, che suggerisce una «sequenza» naturale, ma furono – e *sono* – le implicazioni filosofiche dell'esperimento a essere controverse.[1]

Nell'interpretazione di Libet (e di molti altri), la sua scoperta rivelava che le decisioni coscienti dei partecipanti in realtà non erano tali. Non si potevano considerare affatto decisioni, almeno non come comunemente le intendiamo, dato che avvenivano nel cervello prima che i soggetti ne fossero consapevoli. Lo stato attrattore relativo all'attività che aveva luogo entro la loro specifica rete neurale era presente prima che la loro mente elaborasse il processo decisionale conscio. La decisione si manifestava nella loro coscienza soltanto dopo questa attivazione, sembrando ingannevolmente ciò che causava il movimento. Implicitamente, questo significherebbe che le decisioni non necessariamente discendono da intenzioni coscienti proattive, bensì da meccanismi neurali che determinano un comportamento percettivo automatico. Per estensione, suggerisce che *non esista il libero arbitrio*. Se Libet avesse ragione, il suo esperimento starebbe a indicare che gli esseri umani sono spettatori passivi della più coinvolgente esperienza di realtà virtuale: la propria vita.

Negli anni, le provocatorie scoperte di Libet hanno continuato a far discutere, generando addirittura un nuovo campo di ricerca, la neuroscienza del libero arbitrio. Il suo esperimento ha turbato e compiaciuto in ugual misura i filosofi, a seconda di dove si collocassero rispetto al dibattito di antica data fra determinismo e libera volontà, poiché sembra confermare che non abbiamo il controllo di ciò che facciamo nel qui e ora dato che tutto ciò che facciamo *nel qui e ora* è una risposta riflessiva, automatica, anche se non abbiamo l'impressione che sia così. Ci limitiamo semplicemente a reagire sul momento, per lo meno quando siamo *in*consapevoli.

Ma una mancanza di proazione non significa che non possiamo agire intenzionalmente. La chiave per sbloccare questo processo dell'azione intenzionale è la consapevolezza. Una volta che siamo consapevoli dei principi fondamentali della percezione, possiamo usare a nostro vantaggio il fatto che non vediamo la realtà. Per poter fare questo, dobbiamo ricordare che tutte le percezioni non rappresentano altro che le percezioni passate, nostre e della nostra società, riguardo a ciò che si è (o non si è) rivelato utile. Quindi, se è vero che non siamo in grado di controllare consciamente il «*qui e ora* presente», possiamo però influenzare il «*qui e ora* futuro». In che modo? **Cambiando il passato del nostro futuro**, cosa che solleva un profondo interrogativo rispetto a dove potrebbe risiedere il libero arbitrio – sempre ammesso che ce l'abbiamo.

Che cosa intendo dire?

Gli esperimenti di Libet dimostrano che abbiamo poca, per non dire nessuna, possibilità di scegliere liberamente in merito alle risposte che diamo agli eventi *nel momento presente*. Ma attraverso il processo di immaginazione (il delirio), noi abbiamo a tutti gli effetti la capacità di modificare i significati di eventi *del passato*, che risalgano a un secondo fa oppure, come nel caso di certi memi culturali, a secoli fa. Questo ri-attribuire significato, o cambiare il significato di eventi passati, necessariamente modifica la storia «passata» delle nostre esperienze – ovviamente non gli eventi di per se stessi, né i dati sensoriali prodotti da quegli eventi, bensì la storia statistica su cui si basa la percezione. Dal punto di vista della percezione, l'esercitare il libero arbitrio per conferire nuovo significato alla storia passata dei significati (cioè delle nostre narrative) modificherà la nostra storia *futura* da quel momento in avanti, vale a dire, il «passato del nostro futuro». E poiché le percezioni *future* – proprio come quelle che esperiamo nel presente – saranno anch'esse risposte riflessive *alla loro storia empirica*, il cambiamento del «passato del futuro» ha la potenzialità di modificarle (benché continueranno a essere generate senza libero arbitrio). Motivo per cui qualsiasi narrativa che costruiamo su noi stessi in rapporto al mondo, che derivi da un percorso di psicoanalisi, o da una psicoterapia cognitivo-comportamentale, o dalla lettura di un libro divulgativo di scienza come questo, rappresenta un tentativo di dare nuovo significato a esperienze passate allo scopo di modificare i futuri comportamenti automatici a livello individuale e/o collettivo.

Ma, **nella pratica**, COME facciamo a cambiare il passato del nostro futuro?

Risposta: partendo da una domanda... o da uno scherzo.

Il primo romanzo del grande scrittore ceco Milan Kundera, *Lo scherzo*, pubblicato nel 1967, è un esempio perfetto – e perfettamente stratificato – proprio di questo. Il protagonista è uno studente di nome Ludvík, il quale decide di fare uno scherzo che si rivelerà decisamente sconveniente per la Cecoslovacchia comunista degli anni cinquanta, un contesto in cui «gli scherzi si accordavano poco [...] con lo spirito dell'epoca».[2] Invia una cartolina a una studentessa dalla quale è attratto senza sentirsi ricambiato, scrivendoci su queste frasi: «*L'ottimismo è l'oppio dei popoli! Lo spirito sano puzza di imbecillità! Viva Trockij! Ludvík*». Lei mostra alle autorità il messaggio sovversivo con conseguenze terribili per il futuro del ragazzo, che cade rapidamente di disgrazia in disgrazia, fino a sentirsi spinto, anni dopo, a compiere un gesto crudele. Tuttavia, alla fine del romanzo, un Ludvík più maturo riflette sul proprio passato, giungendo a una conclusione deterministica – e forse comoda per lui. Sostiene che gli effetti del suo scherzo, come di altre azioni in apparenza innocue, sono il risultato di forze storiche agenti al di fuori del controllo umano (un chiaro argomento contro il libero arbitrio): «E fui assalito dalla sensazione [...] che spesso il destino si compie molto prima della morte».

Ironicamente, non solo *Lo scherzo* racconta gli sconvolgimenti avvenuti nella vita del protagonista Ludvík, ma la vicenda della sua pubblicazione ha generato sconvolgimenti reali nella vita dello stesso Kundera e del suo paese. Poco dopo l'uscita del libro, infatti, la stagione delle riforme avviata con la Primavera di Praga nel 1968 sembrava assimilarne lo spirito, quell'attitudine irriverente e ribelle verso un governo repressivo, che peraltro aveva immediatamente messo al bando il romanzo. Era come se il libro di Kundera, insieme al suo autore, stesse subendo lo stesso destino dello scherzo di Ludvík, cioè «si moltiplicava mostruosamente in altri e altri stupidi scherzi». Nel giro di poco, Kundera perse il suo lavoro di insegnante e si rifugiò come esule in Francia, alterando così il corso della propria esistenza. Il regime comunista considerò il romanzo e lo scherzo del titolo come una minaccia, e il suo autore come un pericoloso *deviante*. Questo perché i governi – specialmente quelli totalitari – e i loro esperti di propaganda comprendono il potere insito nel dare nuovo significato alla storia. Coloro che influenzano il significato del passato plasmano le fondamenta sulla base delle quali chi si identifica in quel passato si comporterà in futuro. Per questo motivo, interrogarsi sul passato con qualcosa di così oggettivamente innocuo come carta e inchiostro, come fece Kundera e tanti che l'hanno preceduto e seguito, è diventato un atto di ribellione gravido di significato, che in ultimo ha plasmato il futuro dello scrittore stesso. Anni dopo, in un'intervista, Kundera, scherzando, disse che tutti i suoi romanzi avrebbero potuto intitolarsi *Lo scherzo*.[3]

Tutto questo è successo perché Kundera non ha semplicemente pubblicato un'opera di finzione ma ha anche fatto la cosa più pericolosa che una persona possa fare, e che tante persone hanno fatto nel corso della storia. Ha posto una domanda: perché?

Il domandare perché è una dimostrazione di consapevolezza, di dubbio proattivo. E *Lo scherzo* è una dimostrazione del potere insito nel domandare perché. In particolare, la natura sovvertitrice del **perché?** si riscontra nei cambiamenti che ha prodotto nella storia, e nella sua soppressione da parte di governi, istituzioni, religioni e – per triste ironia – dei sistemi educativi.

Gli innovatori avviano il processo di creazione di nuove percezioni – di cambiamento del passato del loro futuro – domandando il perché non di qualsiasi cosa, bensì di **ciò che assumiamo essere vero**... *i nostri assunti*. Probabilmente, mettere in dubbio i nostri assunti più radicati, soprattutto quelli che ci definiscono (o definiscono le nostre relazioni o le nostre società), è la cosa più «pericolosa» che si possa fare, dato che ha il massimo potenziale di trasformazione e distruzione in «uguale» misura. Può avere un tale impatto sismico perché riplasma il passato, offrendoci nuovi modi di pensare a nozioni e circostanze in precedenza date per scontate come una realtà assodata. Se non ci domandiamo perché abbiamo un'unica risposta, non c'è possibilità di crearne una diversa. Tuttavia imparare a chiedere costantemente perché non è semplice, soprattutto in un'epoca in cui l'informazione è considerata qualcosa di così essenziale.

«Big Data» è la parola d'ordine del XXI secolo, raccolte di dati sempre più grandi e veloci, potenti come un sistema monetario. Ha preso piede una vera e propria ossessione per questa forma di accumulo in molti settori delle nostre società, dalla medicina al commercio, fino alle singole persone che con lo smartphone misurano i «passi» percorsi quotidianamente. C'è persino una band musicale che si chiama Big Data. Il termine si riferisce a dataset così vasti da richiedere nuove tecnologie e nuovi metodi di analisi matematica, oltre che numerosi server. Il fenomeno dei Big Data – e, più precisamente, la capacità di raccoglierli e gestirli – ha trasformato il modo in cui le grandi aziende conducono gli affari e i governi trattano i problemi, dato che l'idea sbandierata dai media è che queste immense miniere di informazioni consentiranno di ottenere conoscenze profonde in precedenza fuori dalla nostra portata. Raccogliendo metadati sul nostro comportamento, cosa che al momento si limita perlopiù alle nostre abitudini di visite/acquisti/viaggi online, le compagnie, per vendere i loro prodotti o servizi, saranno in grado di rivolgersi a ciascuno di noi direttamente: alle nostre «preferenze» (leggasi: assunti). Netflix *potrebbe* consigliarmi film e serie tv che incontrano i miei gusti; Amazon *potrebbe* mandarmi le pubblicità mirate dei prodotti che mi piace acquistare in primavera, aumentando così la probabilità di fare una vendita; le app del traffico *potrebbero* guidarmi meglio attraverso gli ingorghi secondo il mio compromesso preferito fra tempo ed estetica dei luoghi; e i ricercatori medici *potrebbero* individuare meglio i rischi per la mia salute.

L'ironia sta nel fatto che i Big Data, *di per sé*, non portano proprio a niente di illuminante, dato che a essere raccolte sono soltanto informazioni su chi/cosa/dove/quando: su quante persone cercano o cliccano su qualcosa, e quando e da dove lo fanno, oltre che svariati altri dettagli quantificabili. Tutto quello che queste banche dati del chi/cosa/dove/quando possono darci è precisamente ciò a cui il termine «Big Data» allude non troppo velatamente: fiumane di dati, e nulla più.

Senza il cervello (e, in futuro, cervelli potenziati con le intelligenze artificiali) con cui poter applicare utilmente i dati in più contesti – cioè trovare delle metafore efficaci che trascendano una singola situazione – l'informazione non ci serve a niente. Senza sapere perché, non possiamo trovare delle leggi (dei principi di base) che possano essere generalizzate, come la legge di gravità, che non si applica a nessun oggetto in particolare ma a tutti gli oggetti dotati di massa. Degli effetti senza una comprensione delle cause che vi stanno dietro sono solo mucchi di dati fluttuanti nell'etere, che di per sé non offrono nulla di utile. I Big Data sono mere informazioni, equivalenti agli schemi di luce che colpiscono gli occhi. Sono come il repertorio storico degli stimoli a cui i nostri occhi hanno risposto. Come abbiamo detto in precedenza, gli stimoli di per sé sono insignificanti perché potrebbero significare qualunque cosa. Lo stesso vale per i Big Data, *a meno che* su tutti questi database non intervenga qualcosa potenzialmente in grado di trasformarli... la comprensione.

La comprensione riduce la complessità dei dati limitando la dimensionalità dell'informazione a una serie inferiore di variabili conosciute. Immaginate di far parte di una startup che abbia sviluppato un nuovo tipo di apparecchio per il riscaldamento, e lo volete commercializzare in maniera mirata. Per la vostra ricerca, effettuate una serie di misurazioni della temperatura corporea di alcuni animali, e in particolare del loro tasso di perdita del calore. Scoprite che perdono calore a tassi tutti differenti fra loro. Più animali testate – compresi gli umani – più dati raccogliete. Data la vostra dedizione nel misurare, accumulate un dataset sterminato, con un numero sempre crescente di dimensioni, in cui ciascun animale ne ha una propria, malgrado l'apparente linearità di quella semplice stima. Tuttavia le misurazioni in sé e per sé non vi dicono niente sul come e sul perché ci sia variabilità nella perdita di calore fra i diversi animali.

Quel che dovete fare è organizzare i vostri dati. Ma in teoria c'è una quantità enorme di modi per farlo. Dovreste organizzarli per tipo, colore, qualità della superficie, o una combinazione di due, tre o *n* variabili? Qual è il metodo migliore (o «giusto») da seguire? La risposta «giusta» è quella che offre la comprensione più approfondita, e si dà il caso che in questo esempio sia organizzare per grandezza. Sappiamo – perché qualcuno ha fatto esattamente questo esperimento – che esiste un rapporto inverso tra dimensione e area di superficie: più l'animale è piccolo, maggiore è, in proporzione, la sua area di superficie, e quindi maggiore è il calore che perde e maggiore la necessità di compensare quella perdita di calore in altri modi, andando così a creare le condizioni per il processo dell'evoluzione di tentativi ed errori finalizzato a trovare la soluzione.

Ed ecco che ce l'avete: un principio generalizzabile. Quello che era uno smisurato dataset multidimensionale si è ora drasticamente ridotto a una singola dimensione, un principio semplice che deriva dall'utilizzo dei dati, ma non dai dati di per sé. La comprensione trascende il contesto, dato che i differenti contesti si fondono in base a una loro similarità in precedenza sconosciuta, che invece il principio contiene. Questo è ciò che fa la comprensione. E lo possiamo anche sentire nel nostro cervello quando avviene: il nostro «carico cognitivo» diminuisce, come pure i livelli di stress e ansietà, e il nostro stato emotivo migliora.

Per tornare al nostro bistrattato Ludvík, la sua filosofia di vita è applicabile alla percezione umana? Il nostro «destino» percettivo è già «compiuto», fuori dal nostro controllo, perché è stato plasmato da forze storiche, evoluzionarie, che precludono il libero arbitrio? Assolutamente no. Il domandare «perché?» ha provocato non solo la Primavera di Praga ma anche la Rivoluzione francese, la Rivoluzione americana, la caduta del Muro di Berlino. I rivoluzionari e i cittadini comuni che hanno portato avanti queste ondate di mutamento sociale hanno tutti in comune la stessa domanda: *perché le cose vanno così e non in un altro modo?* Se si induce un numero sufficiente di persone a domandarsi questo, cose straordinarie – e straordinariamente imprevedibili – diventano di colpo possibili (senza essere in grado di definire *a priori* quali possano essere quelle cose). E la ragione è semplice: chi, cosa, dove, e quando portano a risposte che sono illuminate dal lampione metaforico che fa luce soltanto sullo spazio che possiamo vedere (cioè *misurare*). Naturalmente, la misurazione è essenziale, come più in generale lo sono le descrizioni. Ma i dati non sono comprensione. Ad esempio, le scuole tradizionali continuano a insegnare ciò che è misurabile (cioè il genere di risposte che si ottengono con l'apprendimento mnemonico), ma questi metodi non insegnano agli studenti, valutati con criteri misurabili, a essere in grado di comprendere. È come insegnare sotto il lampione, quando invece sappiamo che le chiavi ci sono cadute altrove, in un punto nel buio. Anziché cercare nell'oscurità, noi ce ne restiamo sotto la luce e raccogliamo montagne di dati misurabili. Nonostante le incredibili tecnologie ingegneristiche richieste per certi tipi di misurazioni, mettere insieme dei dati è facile. Difficile è *comprendere* i perché. E, per ribadire ancora una volta il punto, il valore non sta nel conoscere, *sta nel comprendere*. Perciò, quando pensiamo ad esempio ai TED Talks (le popolari conferenze video online in cui esperti delle varie discipline spiegano dal palco le loro idee al pubblico), anziché «ideas worth spreading», le idee che meritano di essere diffuse, che è il loro motto, dovremmo piuttosto considerare «**le domande che meritano di essere poste**». Le buone domande (la maggior parte non lo sono) rivelano e creano collegamenti in maniera analoga a come fa il cervello allo scopo di costruire una realtà, un passato che usiamo per percepire nel futuro, a partire da quella oggettiva cui non abbiamo accesso.

Per questo George Orwell aveva ragione quando disse che «una cosa è divertente quando turba l'ordine stabilito; ogni battuta è una piccola rivoluzione».[4] Vale la pena notare che l'uso del domandare *perché* segue una lunga tradizione, una tradizione di pensiero filosofico che risale a tempi lontani, da Socrate a Wittgenstein. Quel che fanno i filosofi è prendere degli assunti esistenti (o preconcetti, o quadri di riferimento) e metterli in discussione. Questo li porta a elaborarli o a ritoccarli o a tentare di distruggerli, per poi rimpiazzarli con una serie di nuovi assunti che un altro filosofo affronterà nello stesso modo. Questa metodologia apparentemente esoterica del continuo interrogarsi è tutto meno che esoterica. Non solo è una competenza apprendibile, ma è di straordinaria importanza pratica in un mondo ossessionato dal trovare risposte definitive, che guariscano tutti i mali. È per questo che dobbiamo portare il metodo della filosofia nella nostra vita quotidiana. Tutto ciò che sia creativo nasce da questo tipo di interrogazione filosofica, che è il motivo per cui la filosofia potrebbe essere la più pratica fra le nostre discipline umanistiche in via di estinzione. Raramente le scuole insegnano agli studenti come porre le domande, meno che mai quale sia una *buona* domanda, o la maniera di trovarla. Il risultato è che siamo – metaforicamente e in un certo senso anche letteralmente – «grandi ingegneri ma pessimi filosofi».

Interrogarsi sui propri assunti è ciò che provoca le rivoluzioni, piccole o grandi che siano, tecnologiche o sociali. Lo studio del cervello mi ha insegnato che la creatività non è affatto «creativa» e che, nella sua essenza, il «genio» emerge dal semplice mettere in dubbio il giusto assunto in maniera originale, penetrante. La storia della stele di Rosetta ne è la dimostrazione.

Scoperta nel 1799 da un soldato francese vicino alla cittadina portuale di Rashid, sul Nilo, la stele di Rosetta è una tavola di granito grigio scuro alta 114 centimetri e larga 72. Proveniente da un edificio scomparso (forse un tempio) e successivamente riutilizzata e incorporata nelle fondamenta di una fortezza, reca incise su tutta la superficie delle iscrizioni in tre diversi «caratteri»: greco antico, geroglifici egizi (un tipo di scrittura formale usata dai sacerdoti) e demotico egizio (la scrittura del popolo). I geroglifici e il demotico erano due diversi sistemi di scrittura dell'antica lingua egizia, ma all'epoca del ritrovamento della stele ancora non si sapeva; lingue e ortografie si erano modificate nel corso dei secoli e con il succedersi delle dinastie, lasciando una scia confusa e disorientante di indizi sulla loro evoluzione. L'importanza potenzialmente rivoluzionaria della stele fu subito chiara agli studiosi, i quali possedevano nozioni relativamente scarse sulla civiltà dei faraoni che aveva lasciato dietro di sé le piramidi di Giza con tombe, mummie e altri manufatti enigmatici, e non sapevano *nulla* in merito alla loro lingua. Per cui la stele sembrò un dono del cielo, poiché offriva un accesso più diretto a questi sistemi di scrittura e quindi alla civiltà che li aveva prodotti, da lungo tempo scomparsa. Volendo usare un'espressione gergale di oggi, la stele di Rosetta poteva essere una «chiave crittanalitica».

La scoperta della stele avvenne in un periodo di complessi intrighi militari internazionali. Nel 1798 Napoleone aveva invaso l'Egitto con l'intento di spezzare l'egemonia inglese assumendo il controllo di quell'angolo agli estremi dell'impero. Non ci riuscì, ma la sua incursione prefigurò e persino determinò quello che sarebbe stato il destino del reperto. Britannici e francesi erano entrambi presenti al rinvenimento della stele – non avrebbe potuto essere scoperta se non fosse stato per i francesi, ma furono gli inglesi, vittoriosi, a portarsela a casa. Questo preparò il terreno per una battaglia tra gli egittologi dei due paesi, specchio delle loro belligeranti ambizioni imperiali. Dato che conoscevano il greco antico, gli studiosi pensavano che sarebbe bastato tradurre le altre due «lingue» della stele, decifrando così il codice e di conseguenza tutti gli altri scritti lasciati dagli antichi egizi. Il problema, però, era che nessuno riusciva a capire *in che modo* usare il greco per decodificare la scrittura geroglifica e quella demotica – per lo meno inizialmente, fino all'entrata in scena di Jean-François Champollion.

Nato nel 1790, l'archeologo francese Champollion era ancora un bambino quando la stele di Rosetta venne alla luce, ma da lì a non molto sarebbe stato universalmente riconosciuto come il padre dell'egittologia. Figlio di un libraio e di una donna analfabeta, all'età di sedici anni aveva già imparato più di dieci lingue, in particolare orientali e antiche. Era un *enfant prodige*, insofferente alla banale routine scolastica. L'unica cosa che lo interessava davvero era l'antico Egitto. Nel suo libro *Cracking the Egyptian Code*, lo scrittore inglese Andrew Robinson riporta una lettera del 1808 scritta da Champollion ai genitori che parla da sé: «Vorrei condurre uno studio profondo e perseverante su quest'antica nazione. Mi sento trasportare dall'entusiasmo davanti alla descrizione dei suoi monumenti immensi, sono ricolmo d'ammirazione per la sua potenza e il suo sapere, e questi sentimenti non faranno che accrescersi con le nuove idee che assorbirò. Di tutti i popoli che più ammiro, vi confesso che nessuno di loro supera in cuor mio gli egizi».[5]

A poco più di vent'anni Champollion aveva già una certa fama come filologo (a diciannove era stato nominato professore di storia). Si impegnava nella ricerca oltre ogni limite, spinto dal desiderio febbrile di imparare ogni lingua possibile e studiare ogni manufatto che le conquiste di Napoleone avevano sottratto e portato a Parigi. Nel frattempo erano stati compiuti dei piccoli passi avanti sull'enigmatica pietra ritrovata in Egitto, e in prima fila tra coloro che avevano lavorato alla sua decodificazione c'era Thomas Young, brillante medico e fisico inglese.

La stele di Rosetta con i numeri è un gioco rompicapo: se prendete un vecchio cellulare e digitate 3384273 con il T9, otterrete la parola «DEVIARE».

Benché la sua notorietà storica sia stata oscurata da Champollion, Young aveva un poliedrico ventaglio di interessi scientifici alla Goethe, ma, a differenza di Goethe, era uno scienziato straordinario. Pure lui studiò la percezione del colore, anticipandone uno dei principi fondamentali – cioè che l'occhio umano, nella visione diurna, usa tre tipi di recettori (tricromatismo), malgrado sia di per sé «cieco ai colori». Young aveva speso molto tempo e molte energie nel tentativo di decifrare i geroglifici, utilizzando principalmente la stele di Rosetta, senza però riuscirci. Quando Champollion, nel 1815, decise di impegnarsi a fondo nell'impresa di decrittazione, si scatenò una vera e propria gara accademica.

Young e altri studiosi erano partiti dall'assunto che i geroglifici egizi fossero soltanto simbolici – caratteri che rappresentavano dei concetti, senza corrispondenze con una lingua parlata. Ma nel gennaio del 1822 Champollion entrò in possesso della copia di un'iscrizione appena scoperta, proveniente da un obelisco attinente a Cleopatra, che gli permise di comprendere meglio le complessità dei geroglifici. Una di queste complessità stava nel fatto che nell'antico Egitto si usavano anche dei segni fonetici.

Partendo da questo, per svelare il contenuto della stele di Rosetta Champollion doveva mettere in dubbio l'assunto di base di Young così da crearne uno nuovo, corretto: cioè che i geroglifici rappresentavano anche dei suoni fonetici, parole della lingua copta, derivata dall'antica lingua egiziana, che ovviamente Champollion conosceva per via della sua voracità nell'imparare le lingue. Quando ebbe l'illuminazione era così sopraffatto dall'entusiasmo che, a quanto si dice, gridò, «Ho capito!», e perse i sensi.

Tipicamente consideriamo la creatività come quel momento dell'«eureka!» in cui si collegano due cose che prima erano *del tutto separate*. Pensiamo: «Ma guarda! Come hai fatto a mettere insieme due cose così? Io non ci sarei mai arrivato». Più le idee appaiono slegate fra loro, più siamo impressionati dal colpo di genio che le ha unite. Partiamo dal presupposto che grandi cause portino a grandi effetti. Tuttavia, come la stele di Rosetta ci insegna, per capire quel che accade realmente dobbiamo spazzare via il mito ed esaminare la meccanica della percezione.

Proviamo a sperimentare di prima mano quanto sia pregnante il cambiamento degli assunti – attraverso una loro messa in discussione – tornando al diamante al quale avevamo modificato il senso di rotazione, al capitolo 5. Prima di scorrere le pagine del libro e «fare» ruotare il diamante, il vostro cervello si trova in un particolare stato fisiologico (e quindi percettivo), cioè è pronto a vedere una serie di linee statiche. Possiamo rappresentare questo «stato» riprendendo il diagramma delle sfere egocentriche visto al capitolo, in cui immaginate di essere la «persona» al centro dell'immagine (figura p. 179).

Ora, cominciate a far scorrere velocemente le pagine del libro.

Poiché il vostro cervello ha un *bias* (un assunto) ereditato concernente il fatto di dirigere lo sguardo in basso sui piani (in questo caso la superficie del diamante), la direzione di rotazione più probabile, data la vostra storia esperienziale, è verso destra. Quando sfogliate rapidamente le pagine, anche se le linee non si stanno realmente muovendo, il vostro cervello coglie le piccole differenze fisiche tra ciascuna immagine e percepisce il significato probabile delle informazioni – non le informazioni di per sé – e perciò vede l'oggetto come se fosse in movimento, nella fattispecie come se stesse ruotando verso destra; ciò dipende unicamente dall'interpretazione soggettiva del vostro cervello, che si basa sul vostro repertorio di utilità ritenute tali in passato. Questo ci ricorda che non tutte le percezioni sono ugualmente possibili in un determinato momento, alcune sono sempre più probabili di altre.

Nella figura qui sotto ho rappresentato ciò che è più probabile che percepiate a seconda della distanza dalla vostra attuale «posizione», e la rotazione verso destra si trova vicino al centro. Il vostro cervello ha dunque compiuto un piccolo passo basato sulla sua storia passata di interazione con il mondo.

Quindi, benché altre percezioni potrebbero essere teoricamente possibili (il diamante che gira da destra a sinistra), si trovano però nella «zona scura» delle possibilità. Tuttavia, se cambiate i vostri assunti (cioè dirigete lo sguardo in alto – anziché in basso – sulla superficie del diamante), cambia anche

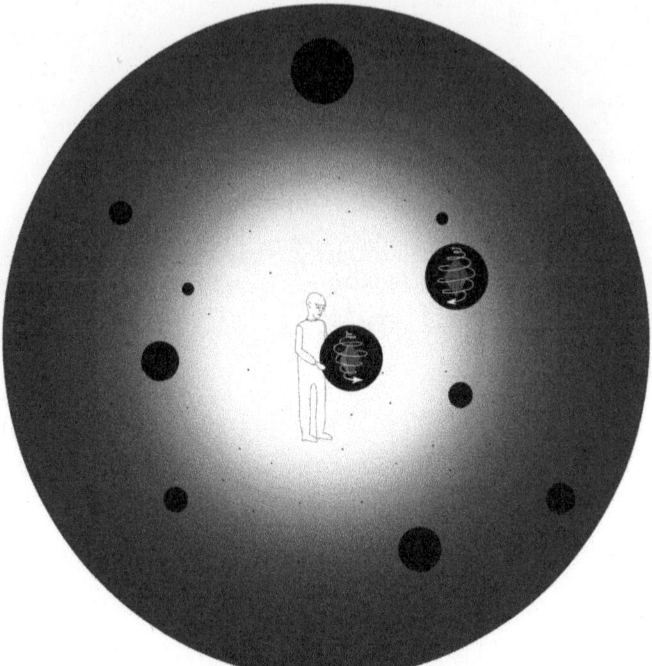

il vostro spazio del possibile, consentendovi delle percezioni che prima erano impossibili (e viceversa).

Ricordate, la percezione non è qualcosa di simile a ciò che accade nell'universo di *Star Trek*: i comportamenti non funzionano come il teletrasporto. Il nostro ritmo cardiaco aumenta gradualmente, non salta di colpo da cinquanta a centocinquanta battiti al minuto senza attraversare degli stadi intermedi. I muscoli non ci permettono di passare dall'essere seduti all'essere in piedi in una frazione di secondo. La scoperta di Champollion non è avvenuta agli albori dell'egittologia. Ciò che vale per il corpo vale anche per la mente: l'illuminazione improvvisa non esiste. Il processo di «tirar fuori un'idea» può dare la sensazione che si tratti di un salto, invece in realtà si verificano migliaia di impercettibili processi sequenziali. Così come lo sviluppo di un fiore parte dai carpelli per passare ai sepali e poi ai petali, nemmeno noi procediamo volando da un

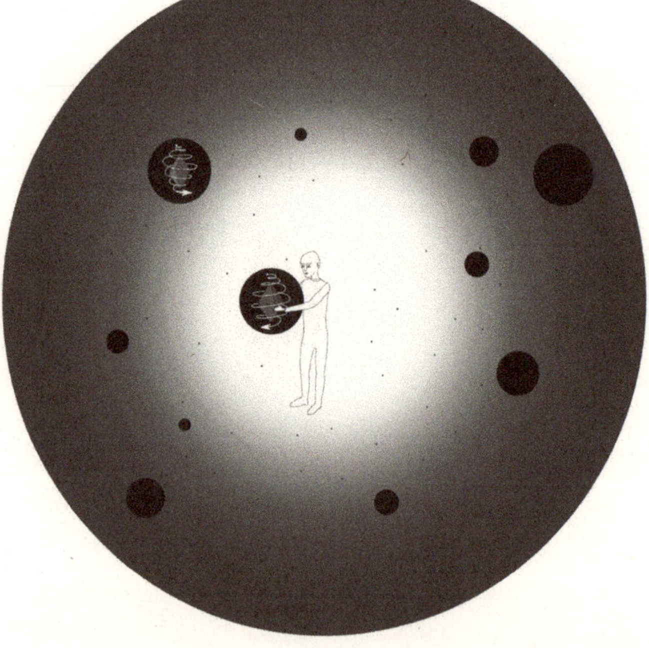

punto all'altro del nostro spazio delle possibilità; siamo vincolati dai nostri circuiti neurali che rappresentano ciò che si è rivelato «migliore» *in passato*. Consideriamo al riguardo un esempio molto contemporaneo.

Nel marzo 2008, la Apple ha messo sul mercato l'iPhone. In tutto il mondo, la gente ha atteso in fila ore e ore per acquistare il nuovo telefono. Si dice che sia il prodotto che ha venduto di più nella storia dell'umanità (rivaleggiando con la Bibbia). Ma il calcolo degli esemplari venduti o dei soldi guadagnati non è né interessante né illuminante; sono mere informazioni su chi, cosa, quando, dove o come (o quanto). Importante è comprendere in che maniera l'iPhone e gli smartphone successivi ci abbiano cambiati, e **perché** lo hanno fatto.

Gli smartphone ci hanno permesso di interagire con il mondo e gli uni con gli altri in un modo nuovo (anche se non dobbiamo glorificarli acriticamente per questo, bensì riconoscere che questo modo «nuovo» di interagire è in *certi* casi un modo peggiore). Hanno saldato il gap tra le nostre esistenze fisiche e le nostre, ora parallele, esistenze digitali, fornendoci un ponte per armonizzare queste due realtà fondendole in un'unica esistenza, cosa che, nel bene o nel male, è il futuro. È per questo motivo che gli smartphone hanno cambiato la nostra maniera di vivere, ed è per questo motivo che Steve Jobs e Jony Ive, progettista capo della Apple (insieme a molti altri dipendenti dell'azienda), hanno influenzato la vita di tante persone, compresa la vostra, che possediate o meno uno dei loro prodotti. Hanno offerto una risposta a una domanda che trascende geografia, cultura, lingua e singole personalità. È un risultato davvero sbalorditivo, toccare così profondamente l'esperienza umana universale, un'esperienza definita soprattutto dal cervello e dalle percezioni che crea.

Ma l'aspetto che è cruciale comprendere consiste nel fatto che i passi compiuti per determinare un cambiamento così incisivo sono stati piccoli e numerosi, ciascuno partito da una domanda, in particolare la domanda del *perché*. La Apple non si è magicamente teletrasportata all'iPhone. Jobs, Ive e l'intera azienda avevano un repertorio percettivo passato relativo al «domandarsi perché» che ha reso certe idee, magari troppo fuori dagli schemi o del tutto inconcepibili per altre persone, qualcosa di intuitivamente logico per loro. Erano pensieri che nella «sfera Apple» nascevano in modo naturale, anche se questo non vuol dire che non abbiamo richiesto intenso impegno e applicazione. Per riprendere il nostro modello neuro-attrattore della percezione, gli assunti che il team Apple aveva acquisito hanno portato il loro treno-cervello collettivo a fermarsi su certe idee che altri non avrebbero nemmeno immaginato potessero essere delle stazioni. Ogni domanda ha modificato la struttura dello spazio del possibile, talvolta in maniera estensiva, e non solo per un'unica persona ma per moltissime. Per via di questo, ora lo spazio del possibile di queste altre persone è cambiato per sempre.

Uno degli aspetti più insidiosi connessi al concetto di genio e di rivoluzione è che, una volta che si condivide una propria idea con il resto del mondo, è impossibile sapere cosa succederà. Certe intuizioni, come il fatto che i geroglifici rappresentano una lingua parlata; o nozioni come la scoperta di Keplero che non siamo al centro dell'universo; o anche invenzioni come la vela triangolare che ha permesso per la prima volta ai naviganti di avanzare controvento, o la visione di Steve Jobs e la filosofia di design della Apple di Jony Ive, hanno un impatto metaforico sulla vita della gente. Invece altre novità, come l'«innovativa» tecnologia LaserDisc per vedere i video in casa, hanno fatto fiasco e sono uscite di scena. Quindi perché certe idee o certe domande conducono a grandi cambiamenti, mentre altre no? Perché Milan Kundera dopo la Primavera di Praga è dovuto andare in esilio, a differenza di altri scrittori cechi che avevano pubblicato romanzi nello stesso periodo? Perché Steve Jobs ha cambiato per sempre la vita di oggi, e voi o io non l'abbiamo fatto? Esiste una spiegazione per questo? Sì, esiste.

Un individuo grosso che salti in una piscina produce un grosso spruzzo. Un individuo più piccolo, anche se si lancia con la stessa forza, ne produce uno più piccolo. È una cosa ovvia. Le idee, però, non ubbidiscono alle stesse regole, che è il motivo per cui la percezione innovativa è così potente, e così ambita.

Per comprendere il «genio», dobbiamo mettere in questione l'assunto che i grandi effetti debbano essere sorti da grandi cause. Non è per forza così, e probabilmente non lo è affatto nel caso dei risultati migliori. Tutti vanno in cerca del piccolo investimento che porti all'«unicorno». La risposta è trovare una domanda che, per quanto «piccola» in apparenza, abbia effetti vasti; questo, secondo me, è ciò che definisce una «buona» domanda. Posto quindi che domande (idee) apparentemente grandi possono avere effetti piccoli, o anche nessun effetto del tutto, la matematica ha studiato questa verità osservabile, e la spiegazione ci conduce in uno degli ambiti scientifici più sismici degli ultimi anni, la teoria della complessità. Se comprendiamo perché certe idee generano grandi cambiamenti mentre altre no, possiamo imparare in maniera più efficace a costruire e porci come obiettivo delle domande in grado di produrre i cosiddetti colpi di genio. Le domande del perché sono quelle che conducono alle intuizioni epocali, specialmente se il perché sfida una verità conosciuta. Ma poiché siamo così abituati a dare per scontata una causalità lineare, e quindi assumere che la creatività sorga dal collegamento di elementi disparati attraverso un'intuizione spontanea, è essenziale capire il perché di tale tendenza. E, strada facendo, questa consapevolezza può condurci a nuovi modi di vedere, sperimentare e collaborare.

La teoria della complessità è un'area della ricerca scientifica emersa negli ultimi trent'anni, un'area di ricerca nella quale il mio laboratorio è attivamente impegnato, nel contesto delle reti adattative, da quindici anni. La teoria è d'ausilio nello studio di fenomeni sia naturali sia prodotti dall'umanità, dai terremoti e le valanghe alle crisi e le rivoluzioni economiche. Ha aiutato gli scienziati a dimostrare che simili eventi tanto influenti sono in realtà sistemi di parti interattive che seguono schemi e principi matematici. I sovvertimenti sono impossibili da prevedere, ma, dopo che il fatto si è compiuto, la loro «qualità sovversiva» rientra secondo un preciso tipo di collasso, o «legge di potenza». Questo perché alla fine i sistemi complessi possono progredire verso una sorta di «auto-criticità», ritrovarsi cioè su una soglia sottilissima fra

stabilità e convulsione in cui la caduta di un granello di sabbia (come l'uscita di un romanzo nella Cecoslovacchia del 1967) può non causare assolutamente niente oppure dare il via a uno sconvolgimento epocale. E il cervello è il più complesso sistema vivente, se non il più complesso tout court, dell'universo conosciuto.

La base dei sistemi complessi in realtà è piuttosto semplice (e non sto cercando il paradosso, come un critico d'arte che definisca una scultura «grande eppure piccola»). A rendere un sistema imprevedibile e quindi non lineare (e in questo rientriamo noi e i nostri processi percettivi, o il processo decisionale collettivo) è il fatto che i componenti che lo costituiscono sono interconnessi. Poiché i componenti interagiscono, il comportamento di ciascun elemento del sistema è influenzato dal comportamento di tutti gli altri ai quali è connesso. Tutti noi siamo la manifestazione di un sistema complesso, perché gli esseri umani *sono* sistemi complessi, come pure lo sono la società e l'ambiente in cui viviamo, inclusa la sua storia evolutiva. Eppure, per secoli, la scienza si è basata su un diverso tipo di assunto, relativo a un mondo che in realtà non esiste, un mondo di «causalità lineare», soprattutto perché sembra che il cervello si sia evoluto ritenendo questo assunto un'utile approssimazione. È un luogo nel quale A causa B e B causa C, compendiato nelle formule delle leggi fisiche di Newton, dove il mondo non è un palcoscenico ma un tavolo da biliardo. Le tesi newtoniane funzionano *approssimativamente*. L'energia di questo causa il movimento di quello; cause felici danno esiti felici. È un modello utile, ma non accurato. Il problema è che suddividere un sistema negli elementi che lo compongono priva il mondo di ciò che lo rende non solo naturale, ma meraviglioso... e divertente – *l'interazione di tutto con tutto!* Vita e percezione della vita. Vita... nello spazio... di mezzo.

Vita e percezione della vita. Vita... nello spazio... di mezzo.

(Questo ci suggerisce un mantra ispirato alla biologia, «Sii nel mezzo di ogni cosa»).

Possiamo considerare questi oggetti interconnessi, qualunque cosa siano, come dei *nodi* (gli elementi) di un network solitamente dotati di connessioni non uniformi (chiamate *margini*). In qualsiasi network, alcuni nodi hanno più margini (connessioni) di altri. Questo ci riporta alle domande, ma in particolare alle *buone* domande, domande che hanno come obiettivo gli assunti.

I nostri assunti sono indiscutibilmente interconnessi. Sono nodi che hanno connessioni (margini) con altri nodi. Più un assunto è fondamentale, più numerose sono le sue connessioni. Quello che voglio dire è che i nostri assunti, insieme alla sensibilissima rete di risposte, percezioni, comportamenti, pensieri e idee che creano e con cui interagiscono, sono un sistema complesso. Una delle caratteristiche basilari di un simile network è che, se spostiamo o spezziamo un elemento che è intensamente connesso, non influiamo soltanto su quell'elemento, ma anche su *tutti* gli altri che vi sono connessi. Ecco perché cause piccole possono avere effetti massivi (ma non per forza è così, e in effetti di solito non lo è). In un sistema ad alta tensione, semplici domande mirate ad assunti fondamentali hanno la potenzialità di trasformare la percezione in modi drastici e imprevedibili.

Prendiamo, ad esempio, i tre semplici diagrammi a punti raffigurati alla pagina seguente. Hanno tutti sedici assunti (nodi). Nel primo diagramma, nessuno di essi è connesso (non ci sono margini). Nel secondo, ci sono alcuni margini; e nel terzo i nodi sono tutti connessi tra loro. Ora immaginiamo di «spostare» verso l'angolo superiore destro un singolo nodo del primo diagramma per metterlo in discussione. Si muove soltanto quello. Poi immaginiamo di fare la stessa cosa allo stesso nodo nel secondo diagramma: si muovono tre nodi. Infine, immaginiamo di fare la stessa cosa allo stesso nodo nel terzo diagramma: si muovono tutti. Potremmo pensare a quest'ultimo caso come alla trasposizione visiva di un'«idea geniale». Un'intuizione o azione cruciale innesca una reazione a catena di altre intuizioni e azioni, generando un effetto «castello di carte» che fa collassare gli assunti non più utili.

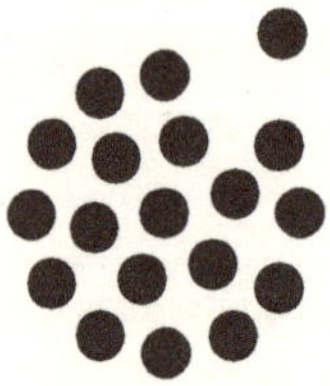

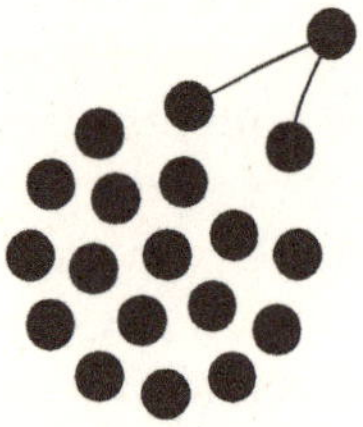

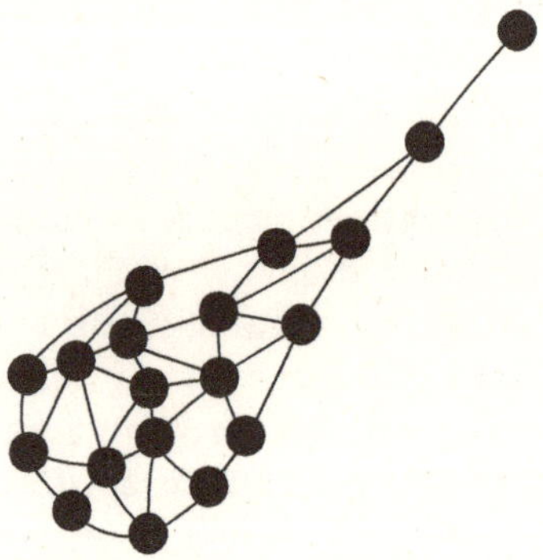

L'interazione degli assunti nel nostro cervello e nel nostro processo creativo è ciò che definiamo *gerarchia incorporata*. Gli assunti sono come il nostro corpo. Il corpo è fatto di organi, che sono fatti di cellule, che sono fatte di *organelli* (gli organi delle cellule), che sono fatti di molecole, e così via. Nella sostanza, una società altro non è se non la densità in continuo mutamento degli elementi molecolari che costituiscono tutti noi. Ognuno di essi è uno stato attrattore all'interno di un sistema più ampio, come le onde che si formano sulla superficie del mare prima di frangersi sulla battigia, o i mulinelli transitori in un fiume che scorre veloce. Più un assunto è basilare, più il suo cambiamento può influenzare il resto del sistema, dato che la gerarchia poggia le sue fondamenta su di esso. Quindi, la domanda giusta – per quanto piccola – può indurre al cambiamento (si spera in meglio, ma non sempre è così) una persona, un'invenzione, un'idea, un'istituzione o anche un'intera cultura.

Ecco dunque il principio della deviazione: *l'interrogarsi dà il via a una «ricerca»*, un viaggio nell'ignoto. La ricerca più penetrante parte da un «perché?», specialmente se mirata a mettere in dubbio ciò che assumiamo sia vero. Poiché le nostre verità sono assunti altamente connessi, modificando loro potremmo modificare l'intero sistema. Questo significa che il passo successivo che compiremo in quel nuovo spazio del possibile sarà «creativo». Qui inizia la scelta e, nel fare questa scelta, diamo avvio al processo di cambiamento del futuro.

L'importanza dell'interconnettività si riflette nel cervello stesso. In una mente impegnata in senso creativo ci sono livelli superiori di attività corticale, vale a dire, più idee che generano eccitazione neuronale sia durante i momenti di «ispirazione» sia in generale. Questo perché gli schemi neuroelettrici si distribuiscono più diffusamente e diventano quindi più connessi e interattivi. Al tempo stesso l'inibizione diminuisce, cioè la vocina nella nostra mente che ama urlare la Fisica del No parla più raramente e a volume più basso. In caso ve lo stiate domandando, certe droghe psichedeliche come quelle contenute nei «funghetti magici» hanno sul cervello un effetto simile. Studi recenti condotti con l'imaging funzionale da Enzo Tagliazucchi,

Leor Roseman e colleghi presso l'Imperial College di Londra lo hanno confermato. Di solito, quando osserviamo una scena, la gran parte dell'attività neurale si limita alla corteccia visiva primaria, situata nella parte posteriore della testa. Quando invece i soggetti guardavano la stessa scena dopo l'assunzione di LSD, non solo la loro corteccia visiva era più attiva, ma si attivavano anche molte altre regioni. In poche parole, l'LSD consentiva all'attivazione di spostarsi fra più aree della rete neurale, in questo modo collegando parti del cervello di diverso tipo. In linea con questo cambiamento fisiologico, molti partecipanti riferivano sensazioni di «dissoluzione dell'ego» e di «comunione con l'universo». Data tale prospettiva più «aperta», forse non sorprenderà che, secondo quanto emerso dagli studi, la somministrazione in bassi dosaggi di sostanze psichedeliche (come la psilocibina contenuta nei funghi allucinogeni e nell'LSD) facilita le relazioni umane, è un sostegno per la terapia di coppia e abbassa i livelli di depressione per periodi prolungati. Grazie al fatto di connettere più aree cerebrali diverse, è come se queste sostanze chimiche consentano alle persone di vedere al di là dei loro assunti correnti e di crearne di nuovi, espandendo il loro spazio del possibile e, così facendo, alterando il passato del loro futuro e quindi le loro future percezioni (più frequentemente in meglio; la risposta varia a seconda della dose assunta).

Anche se tutto ciò potrebbe sembrare un'esortazione all'uso di droghe, è soltanto «informazione». E se sul piano emotivo vi suona come una sfida – accade a molti –, a costituire la sfida non è l'informazione, in quanto di per sé è priva di significato. Se vi sentite provocati, è probabilmente perché l'informazione non è coerente con i vostri assunti, si scontra con il significato *presente in voi* rispetto a questa stessa informazione. Ma l'informazione è «agnostica», mentre non lo è il significato. Il significato che vorrete darle dipende da voi.

Tutto questo per dire che la creatività è di fatto un processo molto basilare, e accessibile. Si tratta semplicemente di cambiare il vostro spazio del possibile mettendo in discussione gli assunti che ne delineano le dimensioni. Di conseguenza, è fuorviante suddividere il mondo in persone «creative» e «non creative» (o autoidentificarsi in una delle due). In un mondo in continuo movimento, siamo tutti pesci affamati bisognosi di progresso, vale a dire che tutti abbiamo la necessità di deviare e perciò cominciare con delle domande anziché con delle risposte, in particolare la domanda del perché. E questo processo di messa in discussione degli assunti è alla portata di chiunque. Tutti noi abbiamo uno spazio del possibile, e viviamo in un mondo dinamico, fatto di tanti contesti, per cui possiamo – anzi dobbiamo – modificare questo spazio. Nella nostra società contemporanea, diciamo che una persona creativa è tale perché è capace di individuare una connessione fra due o più cose apparentemente slegate fra loro che altri non sono in grado di vedere. Ma per quella persona «creativa» l'unione di quelle due idee/percezioni non rappresenta un grosso salto, che sarebbe un processo percettivo che noi fisiologicamente non possediamo. Al contrario, è un piccolo passo che ha avuto come esito un grande cambiamento. Alla luce di questo, la creatività come viene tradizionalmente concepita non è affatto creativa. La creatività è creativa solo se la guardiamo dall'esterno.

La creatività è creativa solo se la guardiamo dall'esterno.

In altre parole, se impariamo a usare gli strumenti che sono già presenti nel nostro cervello per modificare il passato del nostro futuro con dei perché opportunamente mirati, saremo in grado di cambiare quel «destino» che il Ludvík di Kundera non è riuscito a trasformare. Ma se nella creatività (intesa nel senso comune del termine) non c'è niente di creativo, cos'è che la rende così difficile?

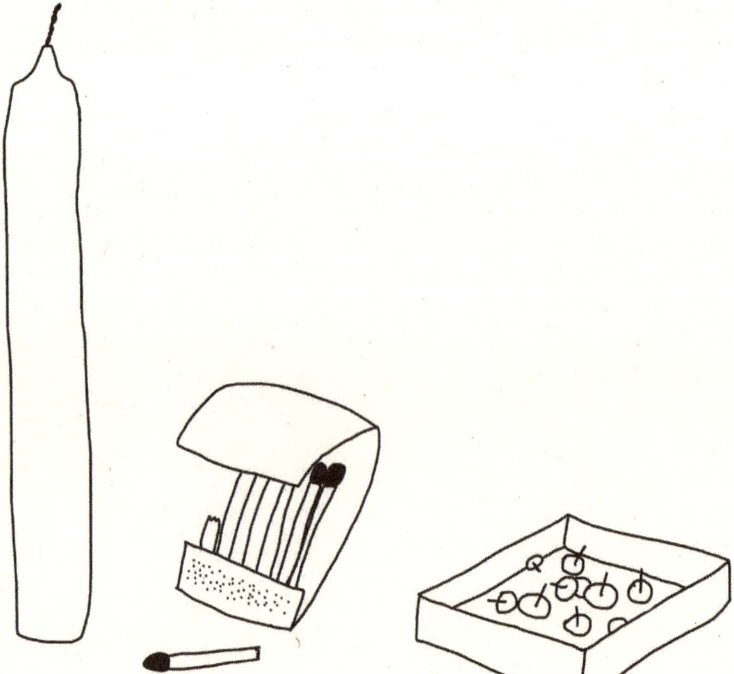

8.

Rendere visibile l'invisibile

Le domande rivoluzionarie e le rivoluzioni che innescano derivano dalla demolizione di vecchi assunti allo scopo di istituirne di nuovi e migliori. Il problema è che spesso noi siamo ciechi, non vediamo il perché di quello che facciamo. Come si è detto, gli assunti che plasmano le nostre percezioni sono sovente come l'aria che respiriamo, invisibile, cosa che rende difficile sapere su cosa interrogarci e dove indirizzare i nostri perché. In questo capitolo impareremo a vedere ciò che non si vede.

Guardate gli oggetti raffigurati nella pagina precedente: una candela, una bustina di fiammiferi e una scatola di puntine da disegno. Il vostro compito è semplice: accendere la candela e attaccarla al muro usando gli oggetti presenti nell'immagine. È il problema della candela di Duncker, dal nome del suo ideatore Karl Duncker (non andate a cercare la risposta più avanti). Notare bene che le puntine contenute nella scatola non sono abbastanza lunghe per trapassare la candela da parte a parte.

Vi state spremendo le meningi? Capita alla maggior parte delle persone, me compreso. Malgrado la risposta «giusta» (la X nello spazio delle possibilità) sia oggettivamente semplice, quasi tutti impiegano molto tempo per trovare la soluzione, sempre ammesso che la trovino. Questo significa che siamo individui non creativi, incapaci di mettere insieme due idee *diverse*, incapaci di impegnarsi a fondo nel «misterioso processo della creatività, che non si sa mai cosa possa farci trovare?» È segno del fatto che siamo sprovvisti di quei geni, posseduti da rarissimi individui, che permettono di compiere grandi salti?

Ricordiamo che il paesaggio del nostro spazio del possibile è definito dai nostri assunti. Il problema della candela è costruito per rendere determinati assunti, e quindi determinati schemi di attivazione neurale (stati attrattori), più probabili di altri. Analogamente, guardate l'oggetto nell'immagine qui in basso (torneremo fra poco ai fiammiferi e alla candela). Potete vedere una superficie scura sulla parte superiore della struttura vagamente cubica, e una più chiara sulla parte inferiore, con un gradiente fra le due. Notate che – senza che ne siate necessariamente consapevoli – la sembianza delle superfici e del gradiente è coerente con un'illuminazione proveniente dall'alto. Poiché ci siamo evoluti su un pianeta dove la luce proviene dall'alto, questo aspetto della natura è stato incorporato in assunti innati nella nostra architettura neurale. Di conseguenza, ho creato questa immagine (per uno studio sull'illusione di Cornsweet condotto con Dale Purves), e in particolare il gradiente fra le due superfici, in modo tale da confermare questo assunto del vostro cervello e attivare le particolari rotaie neurali che come risultato vi fanno vedere le due superfici illuminate in maniera diversa.

Eppure sono *fisicamente identiche*. Sono dello stesso colore.

Se non mi credete, guardate l'immagine qui in basso, dove sono state isolate le aree centrali delle due superfici. Provate anche a capovolgere il libro, così che lo stimolo non sia più indicativo di un'illuminazione dall'alto: in questo caso la forza dell'illusione si riduce, appunto perché ora lo stimolo è diventato meno coerente con il vostro assunto della luce proveniente dall'alto.

Quel che vale per il cubo vale anche per il test di creatività con la candela e i fiammiferi. Così come non siete in grado di vedere le superfici del cubo nella loro realtà fisica, non potete nemmeno vedere la soluzione al problema della candela, perché state vedendo la percezione più probabile dato lo spazio delle possibilità creato dei vostri assunti. Però, come abbiamo fatto con la rotazione del diamante, se cambiamo i nostri assunti possiamo cambiare la successiva percezione possibile. Questo giochino è difficile non perché la soluzione lo sia di per sé, ma perché non vediamo gli assunti che lo stimolo attiva. Se sapessimo quali sono questi assunti, troveremmo immediatamente

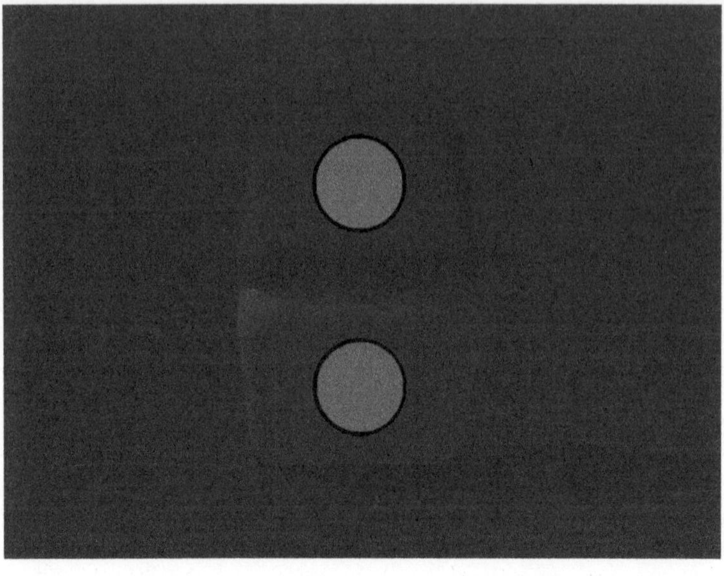

la soluzione, poiché sarebbe la risposta più ovvia data la nuova (per noi) serie di assunti richiesta per risolvere il problema.

Torniamo quindi a considerare se davvero *siamo* individui non creativi, o invece persone che semplicemente non sono consapevoli dei propri assunti, assunti che vincolano quello che ci è possibile vedere, pensare e immaginare. Nell'indagare la seconda eventualità, prendetevi un momento e cercate di fare emergere i vostri assunti su ciascuno degli elementi dell'immagine.

Quali sono i vostri assunti sulle puntine da disegno? E sulla bustina di fiammiferi? E sulla candela stessa? Articolateli chiaramente; anche scrivendoli, se preferite. Perché pensate che le puntine servano a un certo scopo e non a un altro? Espandete questa domanda ponendovene un'altra... e poi un'altra... e, così facendo, inizierete a vedere in tempo reale voi stessi che vedete. Domandarsi perché in questo modo è utile non solo per mettere in discussione degli assunti, ma anche per trovarne di nuovi. Questo approccio ci permette di considerare allo stesso tempo molteplici realtà persino in contraddizione fra loro, e di valutarle. Adesso le possibilità sono diverse?

Nella prima immagine le puntine da disegno sono nella scatola. Di conseguenza, il vostro cervello genera la percezione che offre la minore resistenza e quindi dà per scontato che la scatola sia un contenitore, e che i contenitori contengano delle cose. Non potrebbe essere nient'altro, finché non prendete in considerazione la possibilità che invece *potrebbe* essere qualcos'altro. Perciò, se vi venisse mostrata una seconda immagine dove le puntine sono fuori dalla scatola, questo stimolo libererebbe il vostro cervello dal primo assunto («contenitore») e renderebbe possibile l'idea di «mensola per la candela». Naturalmente, avreste potuto tirare fuori voi stessi le puntine dalla scatola, nella vostra mente. Però non ci avete pensato, dato che eravate limitati dai vostri stessi assunti. Invece, a coloro che hanno modificato i propri assunti sulla scatola (consciamente o – più probabile – inconsciamente) la risposta sarà arrivata come un'intuizione improvvisa, un'«eureka». Ma si tratta *davvero* di un'intuizione improvvisa?

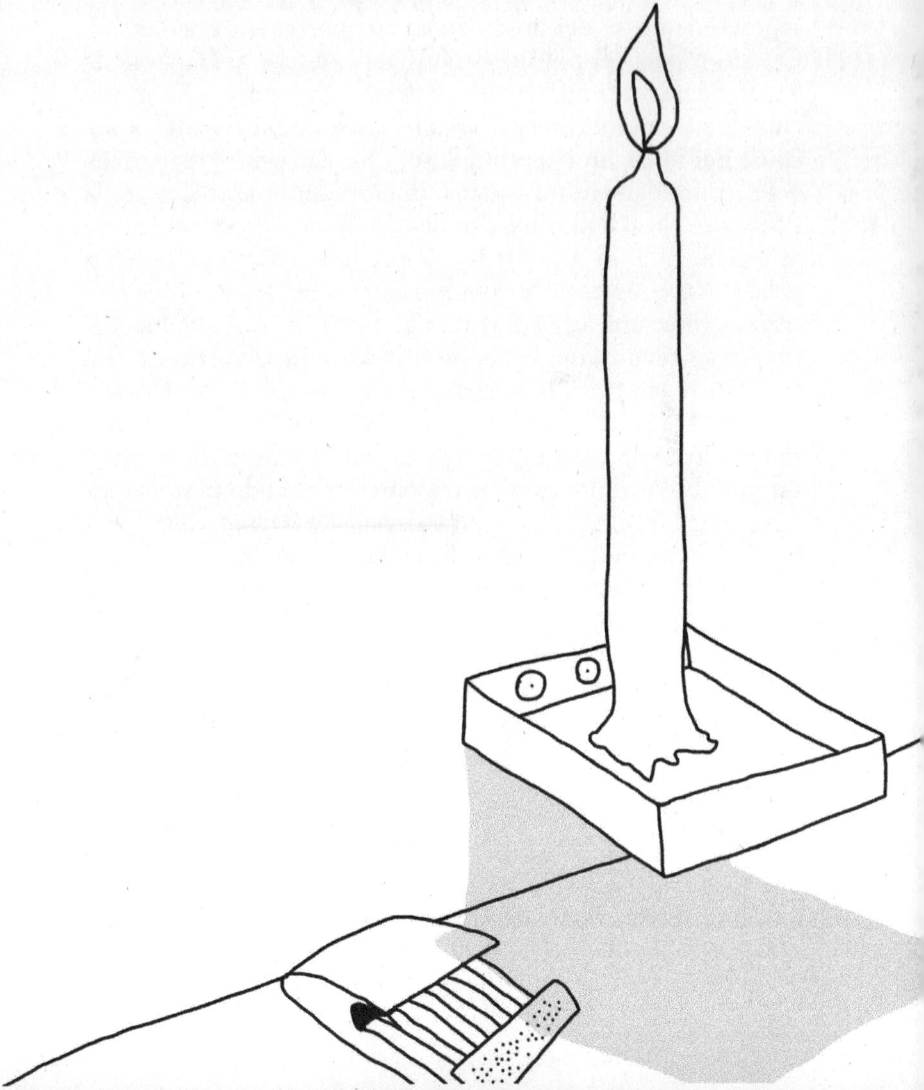

No. Non c'è in questo niente di miracoloso, nessuna ispirazione particolare. Al contrario, come sempre avviene per qualcosa di creativo dal punto di vista della persona che lo compie, è stata una piccola progressione logica verso la successiva percezione possibile, basata su domande giuste che hanno portato a nuovi assunti che hanno ridisegnato lo spazio del possibile, e **si dà il caso** che tutto questo abbia sortito un grande effetto. A bloccare la nostra creatività non era la mancanza di una predisposizione genetica a collegare fra loro idee diverse, quanto invece la predisposizione genetica della nostra specie a non scorgere le cause dei nostri stessi comportamenti percettivi. Questo è uno dei più importanti ostacoli che si frappone al vedere in maniera differente e al deviare da percezioni convenzionali e scontate: **i nostri assunti sono ciechi rispetto a noi come noi lo siamo rispetto a loro**. Questa cecità pregiudizievole è il fondamento di ciò che in precedenza ho chiamato la Fisica del No. La persona che dice «no» non necessariamente sa perché lo fa, sa solo che ha sempre fatto così in precedenza nella stessa circostanza e quindi si comporta *come se* la sua percezione fosse una legge di natura immutabile. A sua volta questo atteggiamento rende impossibile dubitare di qualcosa, finché non si acquisirà la «vista» (la consapevolezza dei propri assunti). Ma perché continuiamo a essere ciechi rispetto a tanti assunti così importanti, pur sapendo che noi SIAMO i nostri assunti? E come possiamo sviluppare un metodo per portarli costantemente alla luce, e quindi risvegliare la creatività? Come possiamo curare questo tipo di cecità concettuale che ha prodotto tanti disastri, dal fanatismo religioso all'intolleranza nella vita di tutti i giorni?

Una delle principali ragioni per cui così spesso non riusciamo a vedere i nostri assunti è che il cervello tende a percepire se stesso come stabile e immutabile. Tuttavia, per citare uno dei miei poeti preferiti, Walt Whitman: «Sono vasto, contengo moltitudini». In senso lirico, è una metafora che coglie una sfaccettatura dell'animo umano; in senso invece neuroscientifico, coglie la verità della percezione. Come ha scritto lo psicologo cognitivista Bruce Hood: «Siamo una storia del nostro sé – una narrativa costruita, prodotta dal nostro cervello».[1]

Quindi potremmo dire che siamo come una delle illusioni relative alla luce che vi ho illustrato in precedenza, un colore che cambia sfumatura a seconda di ciò che ha intorno. I nostri assunti – e quindi la nostra personalità – variano in base al momento, al luogo, alle persone con cui siamo. Eppure è raro che lo teniamo a mente. È un dato di fatto che ci mette a disagio.

Prova ne è che alcune grandi aziende stanno investendo milioni se non miliardi di dollari partendo dal presupposto che le persone siano stabili e immutabili. Nel secolo attuale si registra una spinta fortissima, nel mondo economico, mirata alla definizione dell'identità. La domanda che queste aziende stanno ponendosi è: «Quali sono gli assunti delle persone?». È un fenomeno avviato su larga scala da Google e Facebook, nel momento in cui hanno capito il «valore» dell'informazione. Ma Google e Facebook non vogliono informazioni fini a se stesse, dato che, come sappiamo, i dati grezzi sono insignificanti tanto quanto gli stimoli luminosi che colpiscono la retina. Quello che vogliono è sapere *perché* cerchiamo in rete le cose che cerchiamo. La semantica delle parole chiave ne è il riflesso. Una parte consistente della Silicon Valley è oggi concentrata sul finanziamento di imprese che siano in grado di procurare dati che effettivamente rispecchino gli assunti umani. Peraltro questa tendenza era cominciata decenni fa, con il cosiddetto marketing mirato. Alla fin fine, tutto si riduce a cercare di vendere puntando ai preconcetti della gente. Però non lo si può fare con buoni risultati a meno che non si conoscano bene questi preconcetti, vale a dire, i perché in base ai quali le persone agiscono. Invece quello che in molti fanno, del tutto naturalmente, è indirizzarsi ai consumatori come se fossero personalità decontestualizzate, destinate a non cambiare mai, cioè come se costituissero una media composita – che, nella barzelletta delle chiavi e del lampione, è la porzione di strada illuminata e quindi misurabile. Ma la cosiddetta misurabilità è qualcosa di intrinsecamente limitante; per giunta, ed è un aspetto fondamentale, non è mai in sincronia con le realtà derivanti dal vivere insieme ad altre persone.

Che cosa fareste, ad esempio, se aveste una relazione di coppia con qualcuno che vi tratta come se possedeste gli assunti medi del genere umano? Per di più, immaginate che questo/a partner vi dia la quantità media di affetto, trascorra con voi la quantità media di tempo, faccia con voi del sesso medio, nel numero medio di volte a settimana, nel modo medio di farlo, condivida la quantità media di sentimenti, e rispetti l'età media a cui sposarsi e avere dei figli (ma speriamo non il numero medio di questi ultimi, se no si rimarrebbe con una frazione di bambino). Sorprendentemente, dato che gli esseri umani sono tutte variazioni su uno stesso tema, in realtà non sarebbe affatto una cattiva strategia. Se si riesce a non far patire troppo il proprio ego, è probabile che una strategia come questa funzioni, inizialmente, almeno, appunto perché tutti gli umani hanno in comune degli assunti di base. In effetti la maggior parte delle relazioni partono pressappoco in questo modo, e si comincia quasi sempre così anche quando si affronta qualcosa di nuovo in generale: in fondo è pratico, si inizia sapendo già in partenza tutto quel che si deve fare.

Ma è una buona strategia anche sul lungo termine? Decisamente no. Creare rapporti di qualunque tipo con le persone come se queste fossero delle «medie» misurabili e invariabili può avere conseguenze disastrose.

Nel 2014, Victoria's Secret, il marchio statunitense di abbigliamento femminile, aveva lanciato nel Regno Unito la campagna «The Perfect Body». Come avviene di solito, le foto pubblicitarie per la nuova linea di lingerie presentavano delle supermodelle bellissime e magrissime, tali da indurre un senso di inferiorità nelle potenziali clienti, nonostante l'intento fosse quello di motivarle all'acquisto. Anziché rispondere alla campagna pubblicitaria precipitandosi nei negozi, spinte dall'«aspirazione» ad assomigliare alle modelle, alcune donne indignate hanno lanciato sul web una contro-campagna, con una petizione su Change.org, divenuta virale, che conteneva una richiesta molto chiara: «Vorremmo che Victoria's Secret chiedesse scusa e si assumesse le proprie responsabilità per il dannoso e malsano messaggio che il suo slogan "Il corpo perfetto" manda alla società in merito al corpo delle donne e a come dovrebbe essere giudicato. Vorremmo poi che Victoria's Secret cambiasse il testo della sua campagna in qualcosa che non promuova malsani e irrealistici standard di bellezza, e che promettesse di non usare più pubblicità così nocive in futuro».

Il marchio di lingerie aveva mancato il bersaglio della sua campagna, non avendo saputo indirizzarsi alle reali identità delle sue potenziali clienti, ma, ancora peggio, nemmeno ai loro ideali di bellezza, che nei fatti sono variegati, comprendono tante diverse forme e peculiarità. Invece Victoria's Secret si era rivolta solamente a una singola idea di bellezza (spesso appiattita su una sua «media» idealizzata) che non aveva nulla a che fare con la diversità soggettiva delle persone né con la diversità generale del modo di concepire la bellezza. Il suo errore non è stato tanto il voler promuovere uno standard cosiddetto irraggiungibile, quanto piuttosto il ritenere di conoscere gli assunti che creano gli spazi del possibile nelle loro clienti, in questo caso, che tutte le donne aspirino a quell'unico tipo di «corpo perfetto», mentre non è così. Sarebbe semplicemente impossibile, tant'è che le persone desiderano un marchio grazie al quale sentirsi riflesse nella propria unicità, non uno che le faccia sentire escluse. Alla fine, Victoria's Secret ha modificato i propri assunti su ciò che può essere utile in una campagna pubblicitaria per riuscire a vendere, o qualcosa del genere, per lo meno. Ha mantenuto le stesse fotografie, ma con un nuovo slogan: «A Body For Every Body».

L'azienda di abbigliamento si è comportata come se non sapesse perché ha fatto quello che ha fatto; e in questo modo si è alienata le simpatie proprio di quelle persone con le quali voleva comunicare, cosa che non si può certo considerare una buona scelta commerciale. Né – a quanto sembra – ha compreso gli spazi del possibile delle sue potenziali consumatrici, e nemmeno il fatto che quegli spazi sono *contestuali* per ciascuno di noi, anche se avrà sicuramente condotto dei focus group e altri tipi di ricerche di mercato per testare la propria campagna, che però evidentemente non hanno funzionato. Se le aziende volessero davvero capire meglio i propri clienti, dovrebbero lasciar perdere le solite tecniche di ricerca di mercato come focus group e questionari, che sono affidabili soltanto in ambienti statici con consumatori, be', non umani. Come si è detto in precedenza, gli esseri umani sono non soltanto instabili, ma anche pessimi conoscitori di se stessi. Infatti, alcune ricerche di psicologia sociale hanno mostrato che le risposte date dalle persone tendono a *non essere vere* a un livello che sorprende. I risultati ottenuti fanno pensare che i partecipanti rispondano in un modo che riflette ciò che vorrebbero essere, anziché ciò che effettivamente sono. Inoltre, a volte non prestano attenzione, oppure danno risposte non sincere soltanto per il gusto di farlo. È per questi motivi che si dovrebbero condurre ricerche «*nel nostro habitat naturale*», dove vengono prese decisioni reali pensando alle conseguenze, con feedback che possono risultare banali come pure altamente salienti. In questo senso, è molto più affidabile studiare il *comportamento* delle persone anziché l'interpretazione introspettiva che ne forniscono. Ecco un utile principio percettivo: se volete capire gli esseri umani o una situazione generata da esseri umani, dovete conoscere i loro assunti; ma non chiedeteli a loro! E se volete conoscere voi stessi, a volte la risposta migliore la si trova in un'*altra persona*. Alcuni studi hanno mostrato che gli altri possono riuscire meglio di noi stessi a prevedere il nostro comportamento – perché si tratta di una previsione utile dal loro punto di vista. Detto questo, possediamo però un importante metodo innato per vedere noi stessi con maggiore chiarezza, per non trattarci come «una media» e diventare più abili nell'interrogarci e nel deviare dalle rotte prestabilite.

Qual è questo metodo? Le emozioni. La fisiologia delle emozioni spesso ci dice tutto quel che abbiamo bisogno di sapere. È importante, poiché i nostri sentimenti – oltre al resto – sono indicatori, o intermediari, che rivelano i nostri assunti a noi stessi (come potrebbe essere successo a qualcuno di voi nell'apprendere i dati positivi relativi agli effetti delle sostanze psichedeliche). Prima di affacciarci in qualsiasi situazione, abbiamo delle aspettative. Il cervello ricompensa la nostra capacità di prevedere il futuro, compresi i comportamenti altrui, rilasciando in diverse regioni della corteccia delle sostanze chimiche che arrecano benessere. Quando invece non riusciamo a prevedere in modo corretto, ne ricaviamo l'opposto della tranquillità: sentiamo emozioni negative, e le nostre per-

cezioni sono invase da tutte le sensazioni che vi si accompagnano. I nostri assunti ci hanno tratti in inganno, ovvero il nostro spazio delle possibilità non conteneva una percezione predittiva utile. Quindi, la negatività che sentiamo quando entriamo in conflitto (con noi stessi, con altri, o con il mondo) è semplicemente un riflesso del fatto che ciò che sta accadendo ora non è coerente con ciò che pensavamo sarebbe dovuto accadere; vale a dire, i significati che giungono dal presente non corrispondono a quelli del passato. La cosa interessante è che, quando siamo consapevoli dei nostri assunti mentre entriamo in una situazione, anche se gli assunti stessi non vengono poi confermati, la nostra reazione emotiva sarà meno grave, perché non eravamo del tutto ciechi rispetto alle forze che stavano plasmando la nostra percezione. I miei colleghi di quand'ero all'University College di Londra hanno scoperto un'equazione che prevede, approssimativamente, se qualcuno si sentirà o meno felice in una determinata situazione.[2] Il punto chiave è se gli eventi corrispondano o meno alle aspettative. Inoltre, l'aspettativa che un evento soddisfi le proprie aspettative altera i livelli di felicità prima ancora che l'evento stesso si verifichi, cioè, prima che l'esperienza si compia effettivamente: molto spesso, infatti, è proprio nel pregustare un determinato evento che ci si sente felici. Questo perché la dopamina – un neurotrasmettitore correlato, fra le altre cose, alle sensazioni piacevoli – viene rilasciata copiosamente in previsione di un evento positivo, e poi durante l'evento stesso il suo livello cala.

Per rendere meglio l'idea, e per collocare la sfida della creatività in un contesto più prettamente biologico, prendiamo il mal di mare. A volte in barca viene la nausea, soprattutto se si sta sottocoperta. Una delle cause è un conflitto che si verifica fra due dei nostri sensi. Gli occhi si muovono all'unisono con l'imbarcazione, e dicono al cervello: «Siamo fermi»; invece gli orecchi interni, che stanno ricevendo dei segnali indicanti il movimento, dicono: «No, ci stiamo sicuramente muovendo». Quindi il sistema oculare e il sistema vestibolare stanno inviando segnali contrastanti al cervello, il quale entra in una condizione di incertezza e reagisce con sintomi di malessere. Una tipica risposta a un conflitto biologico interno è la nausea, che è un modo del cervello di dire al corpo: «Vattene via da questo posto!» Per eliminare l'incertezza, quando siamo in barca, possiamo o sdraiarci e chiudere gli occhi (facendo quindi cessare la lotta tra le informazioni contraddittorie), oppure andare sul ponte e osservare l'orizzonte, così che gli input sensoriali derivanti dagli occhi e dagli orecchi tornino a essere complementari, producendo certezza. Ora che il mondo ha di nuovo «senso» dal punto di vista percettivo, il corpo si calma. Quando invece il corpo non è in una condizione di calma, lo stress indotto dall'incertezza restringe drasticamente il proprio spazio del possibile, allo scopo di massimizzare l'efficienza e ottimizzare le risposte fisiche.

Anche se il mal di mare non è propriamente un'emozione, sapere che in generale è così che le emozioni funzionano è molto utile. Anzitutto, perché il segnale emotivo ci assegna un compito pratico quando qualcosa ci sconvolge, grande o piccolo che sia, ci offre l'occasione di domandare a noi stessi quale assunto non sia stato corrisposto. Questo esame «a cose fatte» di una situazione, sia professionale sia personale, è estremamente importante perché ci costringe a cercare di individuare l'assunto invisibile che ha guidato il nostro comportamento. Una volta che riusciamo a vedere quell'assunto, abbiamo poi la possibilità di scegliere.

Questo significa che, per portare davvero alla luce i nostri assunti ed espanderli, oppure sostituirli con altri nuovi, dobbiamo costantemente entrare in una condizione emotiva che costituisca una sfida e sperimentare la differenza... *attivamente*! Con il termine «sfida» mi riferisco a un'esperienza o a un ambiente che non corrispondono ai nostri assunti (aspettative). Ma in questo caso una sfida emotiva è in realtà qualcosa di positivo, dato che una ricerca deliberata del contrasto è il motore che guida il cambiamento (e il cervello). Quindi la *diversità dell'esperienza* è per il cervello una spinta alla trasformazione, perché nuove persone e nuovi ambienti non solo rivelano a noi stessi i nostri assunti, ma allargano anche il nostro spazio delle possibilità con assunti nuovi. Una maniera particolarmente utile per sperimentare la differenza o il contrasto è viaggiare.

In anni recenti, sono stati compiuti studi sempre più numerosi sugli effetti dell'apertura derivante dal viaggiare che si riscontrano sulla creatività e sul cervello. In collaborazione con vari colleghi, Adam Galinsky, del quale abbiamo parlato al capitolo 5 in riferimento al suo lavoro sulla *enclothed cognition* («cognizione indossata» o «coscienza dell'abito»), sta conducendo osservazioni pionieristiche in questa nuova area di ricerca. In uno studio pubblicato nel 2010, Galinsky, William Maddux e Hajo Adam hanno scoperto che l'aver vissuto all'estero risultava fortemente collegato a un'intelligenza creativa più elevata. Per questo esperimento, che è stato condotto in Francia con studenti universitari di quel paese, i ricercatori hanno usato con i partecipanti, tutti vissuti in precedenza in altri paesi, l'effetto di *priming* – facendo svolgere loro un'attività che innescasse un determinato stato mentale – in due modi diversi e in due diverse occasioni, e poi hanno chiesto loro di eseguire lo stesso compito. Nel primo tipo di innesco, i soggetti dovevano descrivere un'esperienza in cui «avevano imparato qualcosa di nuovo da una cultura *differente*». Nel secondo dovevano scrivere di una volta in cui «avevano imparato qualcosa di nuovo sulla *propria* cultura». In entrambi i casi, dopo il compito del *priming*, i partecipanti dovevano eseguire un test di completamento della frase simile agli esercizi con le stringhe di lettere che vi ho fatto fare in precedenza. Quali sono stati i risultati? Erano significativamente più creativi i partecipanti che avevano avuto come innesco le proprie esperienze multiculturali vissute all'estero. In altri termini, il loro spazio del possibile si ampliava (diventando allo stesso tempo anche più complesso; di questo parleremo successivamente) se era basato sulla storia percettiva che avevano acquisito in un altro paese. Il fatto di vivere all'estero aveva già portato alla luce molti assunti che strutturavano la loro percezione passata, quindi questi soggetti erano meno legati ai loro preconcetti preesistenti; inoltre, riuscivano a riconoscere meglio il fatto che certi loro assunti fossero cristallizzati. Tuttavia, il modo in cui agiamo una volta che abbiamo reso visibili i nostri preconcetti dipende dalla volontà soggettiva di deviare da un percorso prefissato e – di fondamentale importanza – dall'ecologia in cui ci ritroviamo e/o che creiamo.

A mio parere, in generale ci sono due tipi di reazioni quando ci si trova a vivere all'estero. Il primo è diventare una versione estrema di se stessi (cioè il classico «espatriato», che resiste alle «deviazioni» di una cultura straniera), in cui gli assunti originari diventano più stabili proprio *perché* sono in contrasto con gli assunti diversi di un'altra cultura. Anche dalla ricerca psicologica ci derivano considerevoli evidenze di questo: quando gli individui sono introdotti in un ambiente nuovo, incerto, è frequente che diventino appunto delle versioni esasperate di se stessi.[3] L'aspetto ironico (il cervello, ovviamente, ne è pieno) è che, più si espongono alle persone delle ragioni razionali per cui i loro assunti sono sbagliati, più rapidamente loro vi si aggrapperanno, passando così con altrettanta rapidità a qualcosa di molto simile alla fede. Assistiamo a questo fenomeno nell'attuale «dibattito» sul mutamento climatico. Al riguardo va notato che, mentre la BBC e le altre testate giornalistiche devono offrire una pari quantità di tempo ai due versanti del confronto, questo non significa che le diverse opinioni godano del medesimo consenso.

L'altro genere di reazione comune, più aperta, che si riscontra nelle persone che vivono in paesi stranieri è quella di accogliere gli assunti (ritenuti positivi, costruttivi) di un'altra cultura. Ne consegue uno spazio del possibile con un maggior numero di dimensioni e quindi, per definizione, caratterizzato da un grado superiore di libertà (cioè con una maggiore diversità al suo interno in senso sia matematico sia metaforico). Ho avuto il piacere di sperimentare personalmente gli effetti positivi del confronto con la differenza. Una mia studentessa di quando insegnavo all'University College di Londra era israeliana – molte persone con cui ho avuto rapporti di amicizia provengono da Israele (come pure da Scozia, Inghilterra, Cile, Stati Uniti e altre nazioni). Aveva ventidue anni, e malgrado avesse vissuto fino a quel momento sempre e soltanto nel suo paese, non aveva mai conosciuto un palestinese, non nel senso vero del termine. Era una cosa difficile da credere per uno come me, che non venivo da lì e avevo solo informazioni superficiali su quell'area, come mi capita sempre per i luoghi che non frequento. Quando si era trasferita a Londra, quella ragazza aveva dovuto cercarsi una sistemazione, ovviamente, e per caso le capitò di trovare una stanza in una zona della città con una densità particolarmente alta di palestinesi. Perciò, soltanto vivendo a Londra aveva potuto conoscere da vicino gli assunti della comunità palestinese, nonostante in Israele siano molto presenti. Grazie a questo, aveva ridefinito il suo concetto di «patria», e al suo ritorno era stata in grado di vedere il suo paese e il suo popolo in maniera diversa e, cosa ancora più importante, di vedere se stessa in maniera diversa. Il multiculturalismo è un carattere positivo, anzi è necessario per qualunque metropoli che voglia incoraggiare l'innovazione, sempre però che si combini con altre condizioni (perché non conta soltanto la diversità, ma anche un'ecologia di innovazione in cui la diversità deve trovarsi – approfondiremo questo aspetto in seguito). L'essere esposti a una varietà di modi di essere è un fattore che si è mostrato efficace nell'incrementare non soltanto l'empatia, ma la stessa creatività.[4]

Risultati ancora più eloquenti sono derivati da un altro studio condotto da Adam Galinsky e colleghi, dal titolo «Fashion with a Foreign Flair» (Moda con un tocco straniero), nel quale i ricercatori sono usciti dal laboratorio per esaminare il collegamento fra creatività e successo nel mondo professionale della moda. Hanno studiato ventuno stagioni (undici anni) di collezioni presentate da stilisti di livello internazionale e sono giunti alla conclusione che «l'esperienza professionale compiuta all'estero dai direttori creativi era un fattore predittivo del tasso di creatività delle loro collezioni».[5] Se i direttori dei marchi avevano non solo vissuto ma anche lavorato all'estero risultavano più creativi, e questa esperienza si rifletteva sulla cultura dell'intera azienda, nello stesso modo in cui il padrone di casa determina il clima di una festa, perché entrava a far parte degli assunti della loro leadership. Anche l'inserimento in un luogo di lavoro di almeno alcune persone che abbiano vissuto all'estero arricchisce il collettivo. L'esperienza acquisita all'estero dai dirigenti avrà un'influenza più incisiva all'interno dell'azienda, ma, a qualunque livello, più gli schemi mentali sono elastici, meglio è, e non solo per quanto concerne il cervello, ma anche i rapporti interpersonali. Uno studio longitudinale del 2013 pubblicato sul «Journal of Personality and Social Psychology» ha mostrato che, quando «si mettono in viaggio», le persone tendono a diventare più aperte e ben disposte, e meno nevrotiche. Naturalmente, una maggiore apertura accresce le nostre possibilità di scorgere gli assunti che plasmano le nostre percezioni. Quindi...

Siate alieni. Gli stranieri in terre straniere si portano a casa un cervello nuovo. Questo rende più facile individuare gli assunti che hanno bisogno di essere messi in discussione, e poi più facile farlo.

Tuttavia, ci sono dei limiti ai benefici di questi stili di vita da globetrotter; o meglio, c'è una dolce meta a cui i professionisti che risiedono all'estero dovrebbero sempre aspirare. Lo studio sulla moda di Galinsky ha riscontrato che troppi spostamenti internazionali, o l'immersione in ambienti culturali troppo drasticamente dissimili dai propri, potrebbe di fatto inibire la creatività. Molto probabilmente questo dipende dal fatto che le situazioni impegnative causano nel cervello il rilascio di ormoni dello stress, che ostacolano il libero flusso degli schemi neuroelettrici percettivi associati alla creatività, imponendo risposte più impellenti del tipo «attacco o fuga». Ripensiamo al lavoro di Marian Diamond con i ratti cresciuti in ambienti diversi, in cui più l'ambiente era arricchito più

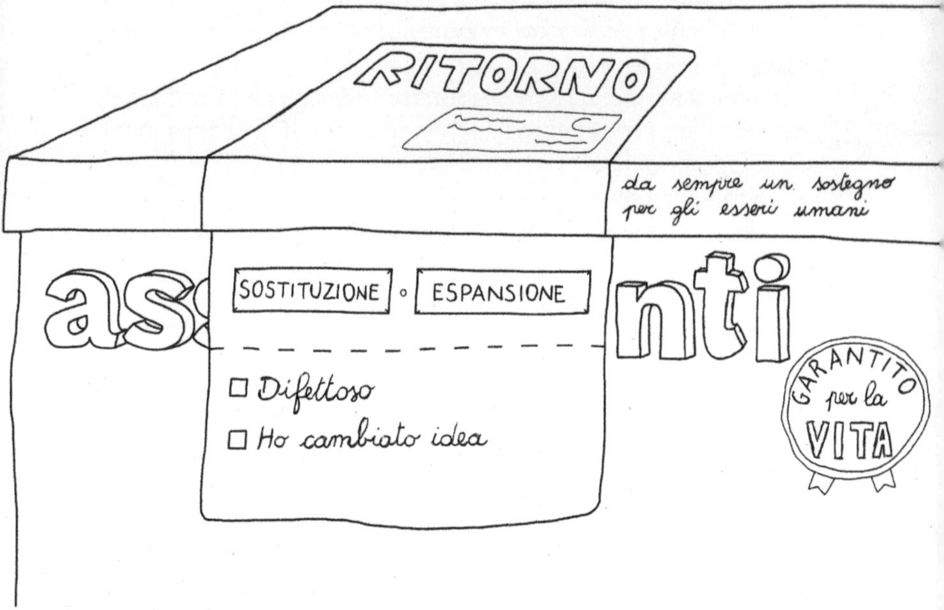

numerose erano le connessioni neurali degli animali. Ma se l'ambiente diventava eccessivamente arricchito, il cervello dei ratti in effetti *riduceva* la propria complessità. Decidere quale sia il «troppo» è ovviamente un fatto personale. Il punto è che vivere e lavorare all'estero può essere molto positivo, tuttavia è più opportuno farlo in luoghi in cui non si parta totalmente da zero sotto il profilo culturale, linguistico ed economico.

Non tutti, però, hanno la possibilità di viaggiare per poter svelare a se stessi i propri assunti (tra le altre cose), meno che mai di vivere e lavorare all'estero. Questo vuol dire che rimarranno per sempre svantaggiati rispetto a chi l'ha fatto? Certo che no. Per portare alla luce assunti a loro volta in grado di creare le condizioni per un nuovo passato del futuro, il nostro viaggio non deve per forza avere luogo all'altro capo del mondo. Se abbiamo la volontà di domandarci perché, può essere altrettanto rigenerativo per il cervello e per la percezione viaggiare nel proprio paese, in una regione vicina, una città vicina, o anche solo nel vicinato. L'importante è mettersi in gioco con situazioni e ambienti in contrasto con i propri – e che provochino delle emozioni – poiché ci spingeranno a misurarci in contesti non familiari di tentativi ed errori che verranno registrati nel nostro repertorio neurale di risposte. E poi possiamo viaggiare con la mente.

Come già sappiamo, le esperienze immaginate si codificano nel cervello praticamente nello stesso modo di quelle realmente vissute, quindi sperimentare il potere della fantasia può essere un buon surrogato del viaggiare, cosa che peraltro spiega la popolarità del genere della letteratura di viaggio (e anche della lettura in generale, dato che tutti i libri ci portano in mondi sconosciuti). Quando leggiamo dei resoconti di viaggi, ci identifichiamo nel processo compiuto dagli autori per lasciare emergere i propri assunti. Nel descrivere il caos e le difficoltà, ma anche i numerosi aspetti gratificanti, che si incontrano nelle esperienze di viaggio, forse nessuno è bravo come lo scrittore americano Paul Theroux.

Mai sazio di avventura, Theroux ha viaggiato con la ferrovia Transiberiana, fatto trekking in Afghanistan e visitato l'Albania durante le sommosse civili, e ha la capacità di scrivere in maniera coinvolgente non soltanto dei suoi viaggi ma anche del perché si viaggia: «Credo che il desiderio di viaggiare sia una caratteristica intrinsecamente umana: il desiderio di muoversi, di soddisfare la curiosità o di allentare le paure, di cambiare le circostanze della propria vita, di sentirsi straniero, di farsi un amico, di assaporare un paesaggio esotico, di rischiare l'ignoto».[6] E scrive anche: «Il ritardo e la sporcizia sono le realtà del più gratificante dei viaggi».[7]

Quindi sporcatevi le mani.

Se la lettura è un'arma potente, è tuttavia nel *confronto fisico* con il mondo che portiamo alla luce i nostri assunti e ne creiamo di nuovi in maniera più incisiva, e di conseguenza con maggiori benefici percettivi, uscendo dal nostro guscio! È così che il cervello produce significato più efficacemente e più *durevolmente*. Nel succedersi di tentativi ed errori che compiamo nella vita reale non solo possiamo riconoscere i nostri schemi mentali, ma possiamo *costruircene* di nuovi.

Nel succedersi di tentativi ed errori che compiamo nella vita reale non solo possiamo riconoscere i nostri schemi mentali, ma possiamo costruircene di nuovi.

Facciamo la conoscenza di Destin Sandlin, un ingegnere missilistico dell'Alabama, sposato con due figli. Possiede un'energia contagiosa, un carismatico accento del Sud e un bel sorriso aperto che sembra incapace di trattenere. È anche una persona che ha fatto le seguenti cose: ha sparato con un AK-47 sott'acqua, ha studiato la fisica del «gatto che cade al rallentatore», ha fatto mangiare un colibrì in una mangiatoia tenendola in bocca, ha estratto il veleno dai pesci più letali del mondo, ha analizzato il movimento delle labbra di coloro che fanno beatboxing (cioè riproducono tutti i suoni delle percussioni con la bocca e la voce), ha mangiato cervello di capra e ha videoregistrato il lavoro di alcuni artisti del tatuaggio a 32 000 fotogrammi al secondo. Ora che ci penso, a dire il vero ha filmato tutte queste cose a un numero di fotogrammi al secondo piuttosto elevato, e sono tutte piuttosto sbalorditive da vedere. Perché Sandlin compie imprese simili?

La ragione contingente è che cura una popolare serie di video scientifici su YouTube intitolata *Smarter Every Day*, con più di cento episodi firmati da lui. La ragione vera è che, per indole e per scelta, è una persona che va in cerca di esperienze di vita le più disparate e originali che presuppongano delle domande, anche se di certo lui è troppo schivo per descriverlo in questi termini. Lui dice che la sua è pura curiosità verso il funzionamento delle cose, rispetto al motivo per cui avvengono in un certo modo e rispetto a come la scienza possa spiegare i fatti in apparenza più enigmatici, ad esempio perché Houdini, che leggendariamente aveva un corpo duro come l'acciaio, è morto per un pugno nel ventre, o perché l'acqua dello sciacquone scorre in direzioni opposte nell'emisfero nord e nell'emisfero sud (è vero). Tutto ciò non è altro che una veste elaborata per presentare ciò che Sandlin fa realmente: aggiunge nuove esperienze al suo passato percettivo che portano costantemente alla luce i suoi assunti sul mondo che lo circonda. Ha un'idea di esistenza orientata non verso esperienze che rientrano nella media, bensì verso una sua personale (ponderata e ricca di spunti di riflessione) devianza. Così facendo, modifica ciò che in futuro sarà possibile che abbia luogo nel suo cervello.

In uno degli episodi, intitolato *The Backwards Brain Cycle*, Sandlin mostra una particolare bicicletta progettata da un saldatore che lavora nella sua azienda, nella quale se si gira il manubrio a sinistra la ruota anteriore gira a destra e viceversa. Nel video Sandlin rivela subito il suo primo assunto: pensava che avrebbe potuto pedalarci su senza alcun problema. Riteneva di poter concettualizzare mentalmente il meccanismo invertito, incorporarlo in un batter d'occhio nei circuiti motori del suo cervello, e via. Invece no, non funziona così. Allora ha messo in gioco i propri assunti, trasformando la sfida in un'*esperienza vissuta* nel mondo reale, in qualcosa di assolutamente fisico, e gli ci sono voluti *otto mesi* per imparare ad andare su quella bicicletta, con un allenamento di cinque minuti al giorno. (Suo figlio, di circa cinque anni, ci ha impiegato soltanto due settimane, grazie alla plasticità neurale del suo giovane cervello, che si traduce nell'abilità di incorporare i feedback – leggasi: esperienza; prove ed errori – più rapidamente degli adulti). Del lavoro di Sandlin mi piace soprattutto la sua attitudine a *sperimentare* (e quindi diventare) le cose di cui parla. Ad esempio, si è portato dietro la bicicletta in convegni che ha tenuto in varie università, persino in Australia, e ogni volta c'erano dei volontari che si offrivano di provarla sul palco, increduli di non poterci riuscire, e sistematicamente perdevano l'equilibrio. In questi «esperimenti», il suo modo di essere e il suo spazio delle possibilità influenzano quelli di altre persone. Condividendo con altri le sue domande concrete che rivelano degli assunti sottostanti, e rendendoli partecipi su un piano fisico, Sandlin ne modifica il cervello e la percezione, offrendo loro delle risposte riflesse potenzialmente nuove.

L'esperimento di Sandlin con la bicicletta Backwards Brain ha messo in discussione uno schema mentale che per la «fisica» delle sue cellule neuromuscolari era così automatico al punto da diventare invisibile: se giro il manubrio a sinistra mi dirigo a sinistra, mentre se lo giro a destra mi dirigo a destra. Era un assunto così profondamente radicato – uno stato attrattore come non mai, un meccanismo che pareva impossibile da interrompere – che ha potuto modificarlo coscientemente soltanto con uno sforzo notevole e dopo molto tempo. Era un «assunto del corpo», ma ovviamente derivava dalla rete neuroelettrica del suo cervello, dato che non esiste una legge universale che dica in quale direzione le biciclette debbano sterzare (per quanto la cosa possa essere intuitiva). Sandlin ha individuato l'arco riflesso prodotto dalle passate esperienze, e i limiti che questo imponeva al suo comportamento. Inoltre, è anche riuscito a incorporare nuovi assunti: alla fine dell'episodio, in uno spezzone davvero esilarante, Sandlin torna in sella a una bicicletta «normale», per la prima volta in otto mesi. O meglio, *tenta* di farlo.

Il ritorno alla normalità ha avuto luogo ad Amsterdam, una delle città al mondo con il maggior numero di biciclette, e i passanti erano chiaramente perplessi di fronte a questo adulto che sembrava salito su una bicicletta per la prima volta in vita sua. Quel che stava realmente accadendo, com'è ovvio, era che il suo cervello stava lottando per reinstradare le vie neurali, cioè per lasciare lo stato attrattore neuroelettrico appena appreso relativo a come andare in bicicletta e tornare ai suoi vecchi, convenzionali archi riflessi. Ma alla fine ce l'ha fatta. «È scattato!» dice Sandlin nel video, di colpo nuovamente capace a pedalare su una bicicletta normale, anche se ancora un po' incerto. «È scattato!», la manifestazione fisica di un'auto-criticità comportamentale nel momento in cui un piccolo movimento sembra generare un grande effetto. All'improvviso era riuscito a istituire nel suo cervello un nuovo assunto proprio perché aveva riscoperto il vecchio e il suo significato. Mi domando se, con più tempo e più esercizio, il nuovo assunto possa coesistere con il vecchio, anziché essere in contraddizione come apparivano all'inizio, e magari Sandlin possa diventare «ambidestro» e riuscire ad andare sui due tipi di bicicletta. Molto probabilmente ci riuscirebbe, istituendo più dimensioni (e assunti apparentemente contraddittori che coesistano) nella sua rete neurale percettiva.

Sandlin non avrebbe mai potuto allenare il proprio cervello ad andare dal punto A al punto B, nella fattispecie, a essere fluido in questa percezione «dualistica», se non si fosse costretto a confrontarsi fisicamente con il mondo, uno sforzo che gli ha consentito di vedere le forze invisibili che modellano le sue percezioni. A quel punto è stato in grado di mettere in discussione i propri assunti, come abbiamo imparato a fare nel capitolo precedente esaminando in che modo si «producono» le grandi idee, e quindi incorporarne di nuovi attraverso i feedback insiti nel processo empirico di prova ed errore. Nel fare questo, l'esperienza inedita che ha creato per sé ha aperto nuove possibilità (e le necessarie connessioni neurali) a lui stesso e al suo cervello, come pure a chiunque altro disposto a rischiare una caduta dalla bici.

L'elemento chiave che ha consentito a Sandlin di riconoscere i propri assunti e crearne di nuovi, espandendo così il suo spazio del possibile, è stata la bicicletta modificata. Una nuova tecnologia è spesso cruciale per un processo di deviazione. Per «tecnologia» non intendo un'app o un dispositivo di ultima generazione (anche se nemmeno li escludo necessariamente). La maggior parte delle tecnologie rendono più facile, più veloce o più efficiente quello che già facciamo, e dunque sono utili. Tuttavia, le migliori tecnologie – a mio parere – sono quelle che hanno un impatto sulla nostra consapevolezza di assunti che in precedenza non vedevamo, portandoci a modificarli e a espanderli, con la conseguenza di un cambiamento nei nostri spazi del possibile personali e collettivi. In questo senso, le più grandi innovazioni sono quelle che ci mostrano nuove realtà, come il microscopio, il telescopio, l'imaging a risonanza magnetica, la vela, i teoremi, le idee, e le domande. Le migliori tecnologie rendono visibile l'invisibile.

Le migliori tecnologie rendono visibile l'invisibile.

Tali tecnologie aprono la strada a nuove conoscenze, trasformando le nostre idee su noi stessi e sul mondo. Non solo mettono in discussione la veridicità di ciò che diamo per scontato, ma offrono anche l'*opportunità* di una nuova, più vasta, più complessa serie di assunti. Ci spingono a cambiare prospettiva, passando dal centro dell'universo alla posizione più interessante, e interessata, di outsider.

Il punto chiave, qui, per quanto attiene alla percezione, è che, se nella nostra vita vogliamo andare dal punto A al punto B, che si tratti di una transizione personale o professionale, la prima sfida da accettare è che *tutto* ciò che facciamo è un automatismo radicato nei nostri assunti. Quindi dobbiamo praticare l'umiltà. Tuttavia, benché sia una condizione preliminare per il cambiamento, quest'ultima da sola non basta. Anche dopo essere giunti a riconoscere che tutto quello che vediamo e facciamo dipende dai nostri assunti, di solito continuiamo comunque a essere ciechi rispetto alle ragioni per cui le nostre azioni sono quelle che sono. La sfida successiva per la deviazione consiste dunque nello scoprire quali sono i nostri assunti. Sovente questo implica il coinvolgimento di altre persone che ci sono estranee, per via del potere della *diversità all'interno dei gruppi*. Il passo seguente è rendere più complessi i nostri assunti – e quindi ridefinire la nozione di normalità – *impegnandoci in un confronto attivo* con la natura contrastante del mondo. È ciò che ha fatto Destin Sandlin, come pure tutti coloro che hanno indossato la cintura magnetica feelSpace, ricavandone una maggiore capacità di orientamento.

Un altro fattore cruciale per vedere in maniera diversa è muoversi nel mondo senza sentirsi troppo a proprio agio. Sia letteralmente che metaforicamente, sia con il corpo sia con la mente, dobbiamo sporcarci, smarrirci, sentirci sopraffare dalle esperienze. Potrà sembrare un luogo comune, ciò nondimeno è vero, ed è necessario ribadirlo con fermezza, visto l'impeto con cui i paesi occidentali si proiettano verso ossessioni come salute e sicurezza. (Stiamo correndo a una velocità tale per proteggerci dai rischi a breve termine, che nella nostra società sta quasi diventando rischioso restare fermi!) Non vivete la vostra vita da turisti, portandovi dietro i vostri assunti dovunque andiate. Lasciateli nel terminal dell'aeroporto. E quando arrivate a destinazione, comprate dei generi alimentari mai visti prima, chiedete informazioni nella lingua del posto, orientatevi in una rete di trasporti sconosciuta, cercate di ricordarvi da soli come ritornare in hotel anziché fare sempre affidamento su Google Maps. E, in mezzo a tutto questo, date ascolto alle vostre emozioni, così da sapere se vi siete allontanati abbastanza dal punto di partenza. Solo in questo modo sarete in grado di scoprire tutte le disavventure e i contrattempi di cui le vacanze all-inclusive vi derubano. Solo allora riconoscerete l'invisibile in voi stessi, *ammettendo che potreste sbagliarvi in merito alla vostra «conoscenza» delle cose*. Cercate assunti nuovi, più generalizzabili, affrontando con impegno il mondo reale servendovi anche del potere dell'immaginazione e, così facendo, modificherete le probabilità delle vostre *future* risposte riflessive, incrementando la possibilità di sconfiggere le distorsioni curtotiche che le passate esperienze vi hanno lasciato. È così che istituirete nuovi e migliori assunti e «viaggerete» verso nuove percezioni. In poche parole... espandetevi!

Una volta, però, che avrete portato alla luce i vostri assunti, sperimentare con assunti nuovi non è facile, e sovente è proprio la nostra stessa evoluzione a sviarci da questo processo. Il nostro cervello lo vuole evitare a tutti i costi, anche se i risultati saranno rigenerativi per noi. Questo ci porta alla seconda grande sfida connessa alla creatività: abbiamo paura del buio.

9.
Celebrare il dubbio

Il buio. Poche cose ci terrorizzano di più. La paura che induce in noi è una costante della nostra vita: l'oscurità piena di scricchiolii della cameretta dopo che mamma e papà spengono la luce; le ombre cupe tutt'intorno al bagliore del falò mentre ascoltiamo storie «da brivido»; le tenebre ancestrali della foresta in cui scorgiamo a malapena le sagome degli alberi; il buio inquietante di casa nostra quando rientriamo la sera e ci domandiamo se siamo soli.

L'oscurità rappresenta una paura fondamentale dell'esistenza perché contiene tutte le paure che ci portiamo dentro – paure reali e immaginarie, generate sia dal vissuto sia dalla cultura, dalle narrazioni, dalle favole. Più è profondo il buio in cui ci ritroviamo, più sono le cose che temiamo: animali ostili, cadute con il rischio di rompersi un osso, oggetti acuminati che ci faranno sanguinare; rapinatori, stupratori, assassini; e tutti i parti della fantasia che sono irreali ma non per questo ci spaventano di meno: spiriti del male, bestie mitologiche, zombi che si cibano di carne umana. Il buio è la manifestazione dell'ignoto, e questo è ciò che temiamo sopra ogni cosa: la consapevolezza di non sapere cosa si annidi nello spazio appena più in là. Non sapere se siamo al sicuro o in pericolo, se proveremo piacere o dolore, se vivremo o moriremo. Il cuore batte sempre più forte, gli occhi scrutano in ogni direzione, l'adrenalina scorre a fior di pelle. L'ignoto «tortura» gli esseri umani. Per comprenderne il motivo dobbiamo tornare molto indietro nel tempo, a quando questa paura ha fatto di noi ciò che siamo, aiutandoci a sopravvivere. È il nostro passato evoluzionario, e spiega perché la creatività spesso ci sfugge, pur sapendo che in fondo è un processo semplice. Spiega anche perché possa essere tanto difficile interrogarsi sui *perché* e rimuovere gli assunti negativi.

Immaginiamo come doveva essere il nostro pianeta all'incirca due milioni di anni fa, in particolare le vaste distese dell'Africa orientale, dove tutti noi abbiamo avuto origine. Era un ambiente imprevedibile e gravido di pericoli letali. Massivi smottamenti tettonici avevano radicalmente trasformato il paesaggio da quella che era una regione pianeggiante, ricca di foreste, in una topografia arida di montagne e vallate, bacini lacustri e altopiani. È stata la scarsità di risorse disponibili (cibo, acqua, materiali per costruire strumenti) a far scendere dagli alberi i nostri predecessori genetici, e di conseguenza a farli diventare bipedi – motivo per cui non si sono estinti, come in precedenza era accaduto ad altre specie imparentate con loro. In questo mondo ostile c'erano ancora svariati tipi di ominidi in competizione, costretti a sfidare un clima mutevole e tanti altri animali pericolosi, tra cui ippopotami molto più grossi di quelli attuali, cinghiali quasi altrettanto grandi, iene dai denti affilatissimi. Ma solo una specie di ominidi sarebbe sopravvissuta: gli *umani*.

È questo l'ambiente in cui ci siamo evoluti – in cui il nostro cervello e la nostra percezione si sono evoluti. Era il pianeta Terra tanto, *tantissimo* tempo prima che intervenisse qualunque forma di legge e ordine. Era un luogo altamente instabile in cui avevamo conoscenze scarsissime su come ripararci, nutrirci e curarci. Gli umani non erano ancora i «padroni del mondo» che siamo oggi (anche se altri sistemi viventi che sono i veri «padroni», come batteri e scarafaggi, resteranno sul pianeta ancora molto a lungo dopo che noi ce ne saremo andati). La più semplice malattia poteva uccidere, dato che non esistevano medicine né si poteva concepire che ce ne fossero. Il mondo era un luogo avverso e senza certezze, nel quale il futuro si perdeva nelle «tenebre». In un contesto del genere, non essere capaci di prevedere era una pessima cosa, mentre saperlo fare era un'ottima cosa. Se non si era in grado di prevedere con il giusto anticipo la posizione di una sorgente, quali piante mangiare e quali no, la possibilità che l'«ombra» laggiù fosse qualcosa che poteva mangiare noi... dopo *sarebbe stato troppo tardi*. Certezza significava vita, incertezza significava morte. Non «sapere» voleva dire morire.

Non «sapere» voleva dire morire.

Lungo tutto il corso dell'evoluzione, è stato più difficile rimanere vivi che morire. È un semplice dato di fatto, ci sono molte più possibilità di morire che di vivere. Quando sei al riparo e protetto nella tua comunità, dove tutto, almeno per il momento, è prevedibile, l'ultima cosa che dovrebbe venirti in mente di dire è: «Mhmm, chissà cosa c'è dall'altra parte di quella collina?». Sarebbe una pessima idea! È ovvio che così le probabilità di morire di colpo aumentano notevolmente. Eppure quel che può essere vero per un singolo individuo non necessariamente lo è per il gruppo o per la specie. È proprio grazie a quell'individuo «pazzo» che, *in un ambiente dinamico*, il gruppo ha una maggiore possibilità di sopravvivere - apprendendo quali pericoli o vantaggi ci sono al di là della collina, e forse scoprendo nuovi spazi del possibile di cui si ignorava l'esistenza. Grazie al cielo ci sono in mezzo a noi persone *apparentemente* patologiche... i deviatori (laddove «apparentemente» è riferito alla normalità, alle persone che sono nella media e dunque, per definizione, non devianti).

Per i pesci è lo stesso. Nei banchi di pesci, di solito quelli che si allontanano dal gruppo e trovano del cibo sono i primi a essere mangiati. Alla fine avvantaggiano l'intero banco, però al prezzo del loro sacrificio. Un insieme differenziato al suo interno - un'orchestra completa - è essenziale in un mondo come il nostro che è in continuo mutamento! Anzi, è convinzione unanime che la diversità sia fondamentale per l'evoluzione di tutti i sistemi. La nostra ricerca sull'evoluzione dei sistemi di vita artificiale ha mostrato che le popolazioni differenziate hanno una maggiore probabilità di trovare la soluzione ottimale rispetto a popolazioni meno differenziate. Inoltre, secondo i risultati dello studio, era più probabile che esibissero un maggior numero di comportamenti «contestuali» (cioè comportamenti condizionati) se si evolvevano in **ambienti incerti** (dove c'era un rapporto uno-a-molti fra stimolo e ricompensa) rispetto ad **ambienti non ambigui** (dove c'era un rapporto uno-a-uno fra stimolo e ricompensa). **Anche i loro processi neurali erano più complessi.** Ad esempio, quando gli stimoli luminosi erano ambigui, evolvevano molteplici tipi di recettori nella loro «retina» artificiale, che è un prerequisito per la visione a colori. Sono risultati coerenti con l'idea che il comportamento contestuale e l'elaborazione neurale si siano originati a partire dall'incertezza.

Superare l'incertezza e prevedere l'utilità a partire da dati apparentemente inutili è verosimilmente *il* compito fondamentale che il cervello umano, come pure quello di altre specie, si è evoluto per assolvere, ragione per cui il fatto di stare nell'incertezza è esattamente ciò che il nostro cervello si è evoluto per evitare. I sistemi viventi in generale odiano l'incertezza. Infatti una paura come quella per il buio compare non solo negli umani ma anche in molte specie di scimmie, dato che il buio rende estremamente vulnerabili.[1] Non è *soltanto* l'oscurità vera e propria che cerchiamo di evitare, ma anche il timore che ci assale quando entriamo nell'incertezza, quando cioè siamo all'oscuro in senso metaforico. Al contrario di noi (benché derivi dallo stesso principio percettivo), i ratti non hanno paura del buio bensì della luce. In quanto animali notturni, si sentono più al sicuro, meno minacciati, dopo il calare del sole, dato che le tenebre li proteggono dall'essere visti.[2] Per loro l'incertezza è data dalla luce, non dal buio. Quindi tutti i sistemi viventi (individualmente e collettivamente), evolvendosi, sviluppano e apprendono la propria peculiare «oscurità», come pure una profonda, energica resistenza alla specifica incertezza che ne deriva, ma al tempo stesso sviluppano anche risposte fisiologiche per affrontare l'incertezza che non è evitabile. Sono risposte fisiche e viscerali, ed evidenziano come il cervello e il corpo siano un tutt'uno per quanto attiene alle percezioni e alla loro facoltà di limitare una creatività che diversamente sarebbe naturale.

Il cervello umano ha evoluto due strategie generali per affrontare la paura dell'incertezza. Una è la rabbia. Non vi è mai capitato di vedere dei viaggiatori infuriati sbraitare contro un povero addetto aeroportuale? Spesso si comportano così perché hanno di fronte a sé l'insicurezza insita nel viaggio; non denotano pensiero innovativo né tantomeno indulgenza nel gestire la situazione, perché il loro cervello è entrato in una condizione che impedisce loro di farlo. Gli effetti della collera sulla nostra percezione sono in un certo senso la terapia contro la paura che scaturisce dall'incertezza.[3] La rabbia tende a farci sentire pienamente giustificati nella nostra percezione di ciò che è vero – che è un delirio di certezza molto potente. Questo processo è sostenuto dai drastici cambiamenti fisiologici che avvengono nel corpo quando insorge la rabbia. I muscoli si tendono, e il cervello rilascia dei neurotrasmettitori chimici chiamati catecolamine che incrementano la percezione dell'energia, cosa che a sua volta provoca il tipico desiderio alimentato dalla rabbia di intraprendere immediatamente azioni protettive. Il battito cardiaco accelera, la pressione sanguigna sale e aumenta anche il ritmo respiratorio. L'attenzione si concentra in modo esclusivo sull'obiettivo della nostra collera e riusciamo a notare ben poco altro. Una persona che sia stata in collera spesso continua a rimuginare a lungo anche dopo che lo stimolo è cessato, ricreando ripetutamente nella propria immaginazione la sequenza stimolo-risposta e quindi *rinforzando* le connessioni neurali causali (ricordate quando abbiamo parlato del potere dell'immaginazione sull'attività del cervello). Vengono inoltre rilasciati altri neurotrasmettitori e ormoni (tra i quali adrenalina e noradrenalina) che innescano uno stato di eccitamento aggressivo che permane a lungo. In tutto questo, l'aspetto interessante e anche ironico sta nel fatto che, più gli individui sono creativi e intelligenti, più può risultare difficile dissuaderli dalla loro reazione rabbiosa, dato che riescono meglio di altri a trovare connessioni apparentemente insignificanti in quelle che di fatto sono delle relazioni non causali, come pure a creare a livello interiore degli argomenti coerenti a sostegno della propria posizione erronea, volti a proteggerli dall'incertezza dell'ignoranza. Tuttavia, benché questa risposta «naturale» possa presentare vantaggi enormi in determinate situazioni di vita-o-morte, è davvero la risposta migliore in tutti i contesti?

La spinta fondamentale del cervello, dettata dall'evoluzione, a incrementare la certezza ci offre un quadro di riferimento attraverso il quale possiamo riesaminare lo studio sul potere condotto nel Lab of Misfits che abbiamo discusso in precedenza. In quell'esperimento, con alcune tecniche di *priming* avevamo innescato nei partecipanti uno stato di forte e scarso potere (e uno stato neutro nel gruppo di controllo), che aveva influenzato la loro percezione. Ad esempio, i soggetti nello stato di potere basso avevano recepito le mie illusioni ottiche sui colori più intensamente rispetto ai soggetti nello stato di potere alto; si mostravano più «disponibili» verso le influenze contestuali, apparendo in un certo senso più «creduloni». Ma questa credulità nella percezione era in realtà un tentativo di *incrementare certezza e potere*. La vigilanza più acuita di questi soggetti nel percepire le illusioni ottiche rappresentava un mediatore per lo stato fisiologico avversivo dell'incertezza. Anche le persone più giovani credono più facilmente alle illusioni, perché bambini e ragazzi sono in uno stato perenne di basso potere e si mostrano molto consapevoli di questa mancanza di certezza tramite i comportamenti che producono (anche se i genitori, quando un figlio inizia a piangere e urlare in un luogo pubblico, sarebbero probabilmente inclini a dichiarare se stessi impotenti; i capricci, infatti, sono una forma di controllo). Fuori dal «laboratorio», il non comprendere fino a che punto la ricerca di certezze ci condiziona – e riduce il nostro spazio delle possibilità – può avere esiti tragici, e spiega inoltre certi comportamenti autodistruttivi, che pur essendo tali possono sembrare «logici» a chi li mette in atto. Provate a chiederlo a Donna Ferrato.

Donna Ferrato è una donna dallo sguardo penetrante di chi ne ha viste tante, perché è decisamente così. Ha visto da vicino, e catturato in immagini straordinarie, il lato oscuro della natura umana. A partire dagli anni ottanta, questa fotogiornalista di New York ha documentato le violenze contro le donne all'interno delle pareti domestiche, contribuendo a fare emergere il fenomeno sulla scena pubblica. Il suo libro simbolo, *Living with the enemy*, del 1991, è un ritratto devastante di donne abusate nell'ambito delle loro relazioni più intime, mentre il suo attuale progetto multimediale online, *I Am Unbeatable*, esplora il viaggio verso una nuova vita, di donne che riescono a sottrarsi dai loro contesti violenti. Tuttavia non è un processo semplice, e Ferrato ha osservato donne che hanno impiegato anni prima di scegliere l'incertezza e lasciarsi alle spalle la certezza di una violenza reiterata. Questa tendenza è eloquente degli estremi assurdi verso i quali la mancata comprensione della nostra stessa percezione ci può ciecamente spingere. Spiega anche il famoso detto «Meglio il diavolo che conosci dell'angelo sconosciuto».

La spinta a mitigare l'incertezza è alla base di molto di ciò che facciamo, sentiamo, vediamo, sperimentiamo, scegliamo e amiamo. È vero a un punto tale che giungiamo a preferire il dolore all'incertezza. Un recente studio di alcuni ricercatori dell'University College di Londra ha mostrato che più era alto il livello di incertezza, maggiore ero lo stress provato dai partecipanti. Secondo l'autore a capo dello studio, Archy de Berker, «È risultato essere molto peggio non sapere se si stia per subire uno shock, rispetto a sapere con certezza che lo si subirà, o che non lo si subirà». In sostanza, per il sistema il non sapere è più stressante dell'avere una conoscenza certa di qualcosa di negativo. Di conseguenza, il controllo del livello della sensazione di incertezza di un'altra persona può essere usato come mezzo di controllo tout court, che sia attuato da un governo o nell'ambito delle relazioni interpersonali.

È forse per questo motivo che la mancata rivelazione dei propri gusti sessuali all'interno di una coppia (che è solo una delle possibili forme di trasparenza) può determinare una sensazione di chiusura nella relazione (e, più in generale, influire sul grado di soddisfazione percepita). E spiegherebbe anche perché le aziende che operano in settori che riducono l'incertezza possono registrare profitti incredibili. Come il guru del marketing Rory Sutherland mi ha fatto notare, il successo di Uber non sta tanto nell'aver minato l'industria dei taxi (una responsabilità che gli attribuiscono in molti), quanto piuttosto in qualcosa che rientra nel nostro discorso sull'incertezza, nella fattispecie il bisogno di sapere con precisione dove si trova il taxi e quando arriverà. Se vi guardate intorno con questa prospettiva, noterete voi stessi degli esempi analoghi. Altra cosa portata alla mia attenzione da Sutherland, nelle fermate degli autobus di Londra lo stress si è drasticamente ridotto quando l'azienda dei trasporti ha installato dei display a LED con l'indicazione dell'orario di arrivo dei mezzi. Anche se l'attesa era lunga, il solo fatto di sapere che lo fosse rendeva l'esperienza più tollerabile sotto il profilo emotivo. Analogamente, i progettisti del terminal 5 dell'aeroporto di Heathrow hanno applicato nell'ascensore che sale dai binari ferroviari un pulsante con l'indicazione «UP», anche se l'ascensore può andare solo in alto e a un solo piano! Però, senza pulsante, la gente entrava, non sapeva cosa fare e veniva presa dal panico. La cosa divertente è che questo pulsante di plastica non è collegato al motore dell'ascensore ma unicamente alla corrente elettrica, per cui quando qualcuno lo preme, tutto quel che succede è che si illumina (e l'ascensore fa quel che avrebbe fatto comunque). Questo esempio dimostra anche la relazione inversamente proporzionale tra la nostra paura dell'incertezza e la possibilità di agire. Quando sentiamo di poter fare qualcosa (cioè abbiamo una sensazione di controllo – illusoria o meno che sia), il senso di incertezza diminuisce. Le progettazioni che assecondano questo profondo bisogno neurobiologico esercitano un forte impatto sia sul benessere dei fruitori, sia sul successo commerciale delle aziende che le attuano, e anche noi (nell'ambito del Lab of Misfits) ci facciamo guidare da questo principio quando progettiamo esperienze per il pubblico.

È chiaro, dunque, che il desiderio di certezza plasma i nostri spazi del possibile, le nostre percezioni e le nostre esistenze, sul piano tanto personale che professionale. Di solito, questo bisogno ci salva. Però ci sabota anche. Produce una tensione continua tra il nostro sé cosciente e il nostro sé automatico. Per superare il riflesso innato che ci spinge in cerca di certezze (talvolta a qualunque costo), dobbiamo far leva sul nostro sé consapevole e raccontare a noi stessi una nuova narrativa, cioè continuare a ripeterci che insistendo nella pratica cambieremo il passato del nostro futuro e anche le nostre risposte fisiologiche. Dobbiamo creare delle ecologie interiori ed esterne che, celebrino il dubbio!

L'ostacolo più grande che si frappone alla possibilità di deviare e di vedere in maniera differente non è il nostro ambiente in quanto tale, né la nostra «intelligenza», e nemmeno – ironicamente – la sfida di riuscire a raggiungere il mitico momento dell'«eureka», bensì è la natura stessa della percezione umana, e in particolare il bisogno *percepito* di sapere. Ed è paradossale che nei meccanismi della percezione rientrino però anche quei processi tramite i quali possiamo portare alla luce nuove, potenti percezioni e maniere per deviare. Ciò significa che il meccanismo che genera la percezione è il fattore bloccante, e il *processo* che genera la percezione è il fattore che consente la creatività, inteso in senso automatico il primo e in senso consapevole il secondo. Attraverso un impegno *intenzionale*, basato sulle indicazioni delle neuroscienze, nel modo di usare la nostra percezione, offriamo a noi stessi l'opportunità di lasciare emergere nei nostri pensieri e nei nostri comportamenti delle possibilità che diversamente non sarebbero disponibili. Sì, è vero, il nostro obiettivo numero uno è quello di restare vivi. Ma restare vivi per periodi prolungati di tempo richiede qualcosa in più di una reazione immediata. Richiede adattamento, dato che in natura i sistemi più efficienti sono anche i più adattabili. Inoltre, vogliamo prosperare in tutti i sensi. E per poterlo fare dobbiamo assumerci dei rischi nelle nostre percezioni, cioè dobbiamo essere devianti. Deviare bene è difficile. Ci vuole impegno, dato che non ci stiamo opponendo soltanto a noi stessi.

Celebriamo il dubbio!

Gli esseri umani hanno strutturato le loro società intorno a istituzioni che procurano certezze: governi, tribunali, polizia e, purtroppo, sistemi educativi (anche a livello universitario), e i processi che le concernono. In politica, la nozione di «inversione di marcia» o «dietrofront» è sempre presentata negativamente. Pensiamo per un momento a quanto questo sia sciocco. Davvero vogliamo che i nostri politici – a dire la verità, vale per chiunque – si aggrappino ostinatamente a ciò che «assumono essere vero» a dispetto della prova evidente (e talvolta schiacciante) del contrario, soprattutto sapendo che quello che era «vero» ieri non necessariamente lo è anche oggi? Oppure vogliamo dei politici (e più in generale dei leader) che incarnino una maniera flessibile di pensare, persone pragmaticamente plastiche come il cervello che produce i loro pensieri?

Anche la religione limita le nostre incertezze, che è uno dei motivi (fra gli altri) per cui tanti miliardi di cervelli sostengono con passione gli assunti su cui si basano le loro fedi indiscusse. Un articolo della BBC del 2014 riferiva che nei paesi con una marcata stabilità sono presenti alti tassi di ateismo, mentre i luoghi afflitti da condizioni di vita tendenzialmente disastrose hanno «divinità moralizzatrici».[4] Ma il rovescio della medaglia di questo tipo di certezza sta nel fatto che le religioni sostituiscono i nostri assunti con i loro, e danno per scontato, facendone alla lettera un articolo di fede, che non li metteremo mai in discussione.

E, naturalmente, nell'attività neurale che ha luogo nel cervello, c'è la condizione di stabilità dei nostri stati attrattori (proprio come i nostri omeomemi culturali), quella forza inerziale dei significati passati che ci spinge verso percezioni automatiche a cui è difficile opporsi.

Ma abbracciare l'incertezza al fine di innovare è possibile, anzi, è essenziale. Sentirsi scomodi e provare altre sensazioni disagevoli sono di fatto *condizioni auspicabili*. Sono luoghi in cui indugiare e lasciare che le percezioni li esplorino, come un affollato mercato straniero con venditori che gridano frasi in una lingua incomprensibile. Se troviamo il coraggio di celebrare il dubbio a sufficienza da poter dire: «Bene, non lo so», di colpo gli assi perimetrali che vincolano il nostro spazio del possibile vengono meno, lasciandoci liberi di costruire da zero uno spazio del tutto inedito, pieno di idee nuove. Anche affrontare il conflitto con il dubbio è un'attitudine non solo praticabile, ma ideale. Ora che sapete come funzionano le percezioni, siete in grado di comprendere che vi comportate e pensate in una determinata maniera non perché quella sia una espressione del vostro sé più intelligente, creativo, ma perché siete spinti dal vostro bisogno fisico di certezza.

Però, nella pratica, come possiamo assicurarci di affrontare creativamente un conflitto? Anzitutto, dobbiamo *ascoltare in modo differente*, vale a dire, *osservare attivamente*. Invece di ascoltare soltanto per essere pronti a difenderci, dobbiamo farlo pensando che *il conflitto* è *un'autentica opportunità*. E intendo «conflitto» nella sua accezione più vasta, ovvero una situazione che non soddisfi le proprie aspettative, speranze o desideri, come quando da bambini si affronta per la prima volta la gravità, o un'opinione che differisce dalla propria. *Quando ha luogo nella giusta ecologia*, il conflitto è lo spazio migliore per l'apprendimento. Nell'ambito delle relazioni interpersonali, quell'ecologia richiede che *entrambe le parti* abbandonino l'idea della prova di forza... «Ho ragione io ed ecco perché» (anche se è a volte è indispensabile assumere questa posizione, solo non così spesso come ci piace pensare).

Immaginate se i governi adottassero questo modello creativo per i loro conflitti, o se avvenisse nelle relazioni interpersonali in generale. Immaginate quanto potrebbe risultare costruttivo se ci confrontassimo con la differenza presumendo di non sapere anziché di sapere già tutto, cioè affrontare il conflitto con delle domande e non delle risposte, muovendo dall'intento di capire in che modo questa differenza potrebbe riplasmare la nostra percezione e il passato del nostro futuro. Non solo questo approccio può essere essenziale per portare alla luce i nostri assunti, come pure quelli degli altri, ma se lo adottiamo – dato che cambieremo appunto il passato del futuro – modificheremo anche il nostro approccio verso i futuri conflitti. Peraltro, benché si tratti di assumere un'attitudine aperta e pacifica verso gli scontri, non significa essere dei santi. Si può essere produttivamente egoisti, dato che siamo alla ricerca di idee migliori allo scopo di creare, nelle nostre relazioni e nella vita in genere, maggiore comprensione a partire dai conflitti che inevitabilmente sorgono.

È per questo motivo che il conflitto fa parte dell'amore tanto quanto l'affetto fisico, anche se la maggior parte delle persone non lo trova affatto piacevole. A differenza degli abbracci, dei baci, del sesso e di altri tipi di contatto (che richiedono anch'essi un ascolto attivo per essere percepiti in maniera significativa), il contatto emotivo del conflitto è spesso ciò che divide anziché unire una coppia, dato che tanto spesso sfocia nelle dinamiche della rabbia descritte poc'anzi: litigi o peggio ancora. È uno sfogo delle tensioni che possono nascere per qualunque motivo, da faccende banali, come l'organizzazione della giornata e i lavori di casa, all'atteggiamento che si assume verso questioni più importanti, come il modo di comportarsi, la fedeltà, le opinioni sul mondo. Eppure, come molti di noi sanno, durante il conflitto *tutte* le questioni possono diventare gravi se non ci manteniamo consapevoli di come la percezione agisce *in quanto tale, NON SOLO nell'altra persona*; anche le rimostranze da poco sono in grado di scatenare le liti peggiori, e le dinamiche di paura-rabbia cominciano a guidare la nostra percezione del sé e – in particolare – degli altri. Questo perché sovente il conflitto si riduce al fatto che i nostri assunti non sono stati soddisfatti, cosa che produce emozioni che a loro volta non corrispondono alle aspettative del partner, generando così ulteriori emozioni, e via dicendo. In altre parole, due persone in una relazione non hanno mai lo stesso passato, non hanno mai lo stesso cervello, e quindi non hanno mai lo stesso spazio del possibile che contenga le stesse idee nella stessa posizione rispetto alla disponibilità. Si tende raramente a mettere in discussione la validità delle proprie aspettative o ciò che rivelano di se stessi (teoricamente a se stessi), ma i conflitti possono trovare una risoluzione solo se le coppie trovano un modo di essere, amare e capire più «comprensivo» (letteralmente), se ciascuno dei due espande le dimensioni del proprio spazio del possibile per includere gli assunti dell'altro, collaborando così a creare uno spazio più esteso e più complesso nel quale entrambe le risposte possano coesistere, senza reciprocamente opporsi. Però questo processo di apprendimento attraverso il conflitto richiede pazienza e sollecitudine, nonché – ovviamente – dei nuovi assunti sul conflitto stesso.

John Gottman è uno psicologo e professore emerito alla University of Washington il quale, insieme alla moglie, Julie Schwartz Gottman (anche lei psicologa), ha rivoluzionato lo studio delle relazioni. Portando un approccio scientifico e non meramente clinico al loro lavoro con le coppie, hanno messo a punto un metodo innovativo per raccogliere dati e attribuirvi significato allo scopo di individuare quegli schemi di comportamento universali che producono felicità o infelicità nelle relazioni. Conducono la ricerca nel loro «Love Lab» di Seattle, un appartamento-studio dotato di un'attrezzatura allo stato dell'arte che traccia le risposte fisiologiche di coppie che si prestano volontarie. Ai partecipanti viene semplicemente chiesto di interagire come fanno di solito, mentre i ricercatori li osservano e li registrano, annotando anche indicatori fisici come il battito cardiaco. Nel corso degli anni, John Gottman ha organizzato i dati raccolti nelle sessioni elaborando un modello che gli consente di prevedere con una precisione del 91 per cento se una coppia divorzierà o meno. Ora, *questa* sì che è una bella dose di certezza!

I Gottman hanno individuato quelli che chiamano i «quattro cavalieri dell'Apocalisse», quattro comportamenti che quasi invariabilmente portano la coppia alla rottura: criticare (diverso dal semplice esprimere ad alta voce una lamentela), disprezzare, stare sulla difensiva e fare ostruzionismo.[5] Però i due psicologi hanno anche scoperto che creare e portare avanti una relazione felice è molto più complicato di così, e secondo me è perché la maggior parte delle persone, non solo nelle relazioni di coppia, ma in *qualsiasi relazione*, considerano il conflitto come un'attività perlopiù *non costruttiva*. Tendiamo a vederlo come un faccia a faccia accusatorio in cui il nostro unico fine è quello di demolire il punto di vista dell'altro per conservare il nostro. Niente di costruttivo, nessun interesse a esplorare o prendere in considerazione nozioni nuove, nessuna apertura al «viaggio» o a nuove esperienze, nessun desiderio di scoprire se magari ci sono assunti impliciti e dannosi che sarebbe bene rendere espliciti. Nessuna domanda, soltanto «risposte» che portano a un tipo di decostruzione non creativa, non attenta, non intenzionale. Ma se invece affrontassimo qualsiasi conflitto con una disposizione mentale totalmente diversa, cioè se lo percepissimo con assunti molto differenti, nella fattispecie, come un'opportunità per scoprire la devianza dell'altra persona? Perché comprendere gli altri – anche se stessi – non equivale a sapere in cosa siano simili a noi. Amare vuol dire amare la devianza dell'altro. Ciò che definisce *noi* e ciò che definisce *loro* sta nel modo in cui ciascuno devia dalla norma. Come la mia compagna Isabel e io amiamo dire, si tratta di capire se le pazzie di due persone sono compatibili. Affrontare il conflitto con consapevolezza, accogliendo il dubbio, facendone un elemento della propria storia percettiva in continua evoluzione, è difficile, rischioso persino, specialmente se l'altra persona lo affronta senza aver capito i principi della percezione. Quindi, oltre all'umiltà, la creatività richiede coraggio, perché si sta entrando in uno spazio che il nostro cervello si è evoluto per evitare.

Come faccio ad addentrarmi in un posto da cui l'evoluzione mi ha detto di tenermi alla larga – l'oscurità dell'incertezza – celebrando il dubbio? Come trasformo tutte queste cose che adesso ho capito in un modo non solo di vedere, ma di essere? Qual è il primo passo attivo verso la deviazione, per interrogarmi sui miei assunti così da poter andare dal punto A al punto B? Prendendo in prestito una frase da un vecchio sketch di Bob Newhart che amo molto...

FERMATEVI

Alla lettera, intendo. Non vi chiedo di rallentare, ma proprio di fermarvi.

Come abbiamo visto al capitolo precedente, se vogliamo andare dal punto A al punto B, dobbiamo impegnarci attivamente in un confronto con il mondo. Ma il primo passo per raggiungere B è andare da A a *non*-A. Essere in non-A vuol dire essere nell'incertezza, recepire lo stimolo senza attribuirvi il significato richiesto dal passato. Il punto cruciale è distogliere lo sguardo dai significati che nel tempo abbiamo stratificato sugli stimoli. Fermare con consapevolezza le nostre risposte riflessive, come si è in grado di fare quando si riesce a vedere la causa di un automatismo. Un passante vi urta sul marciapiedi. La vostra prima risposta automatica può essere: *Che cafone!* Questo è un «A». Ma fermatevi. Non andate verso A, andate verso *non*-A. Forse il tizio che è venuto a sbattere contro di me è malato; forse per questo è inciampato, e magari ha bisogno di aiuto. O invece è proprio un cafone. Non cercate di saperne di più. Se ci fermiamo abbiamo la possibilità di sapere meno, di arrestare la forza che limita la percezione, quella forza prodotta dai *bias* cognitivi che cerchiamo sempre di confermare, possiamo bloccare la reazione istintiva che sta per arrivare evitando di far «scattare il ginocchio», e restarcene lì con l'insignificanza dello stimolo, anche se in quel momento non abbiamo l'impressione che sia insignificante.

Quando tutto va «bene», la scelta è univoca: manteniamo il significato A. È ovvio. Non ci sono alternative, a meno che non ci si senta gratificati nel distruggere per il puro gusto di farlo, come, purtroppo, alcuni fanno. Però, per la maggior parte di noi, solamente quando una situazione è conflittuale ci possiamo trovare davanti a una scelta. Si potrebbe persino giungere a dire che è nel conflitto che il nostro carattere si è rivelato *e* forgiato. Una delle opzioni, di fronte a un conflitto, è tirar su la gamba di scatto, come abbiamo sempre fatto in passato. È la risposta normale (leggasi: nella media). Ma ora che siamo consapevoli del perché vediamo ciò che vediamo, abbiamo un'altra opzione: deviare, scegliere non-A, addentrarci nell'incertezza. È soltanto in questo passaggio che possiamo assumere il controllo, non in ciò che viene dopo non-A, che sia B, C o Z. Ma distogliersi dall'ovvio, dallo stato attrattore ormai lungamente consolidato, è difficile. Anzitutto, dobbiamo bloccare la prima risposta che sorge spontanea.

Quando cominciamo a fare questo, attenuiamo l'intensità dell'influenza esercitata sulla percezione dai nostri assunti correnti. È sostanzialmente, ad esempio, l'intento della meditazione, un meccanismo concepito per andare al punto *non*-A, il cui obiettivo è «svuotare la mente» e arginare l'incessante (e spesso infruttuoso) fluire dei significati. È stato dimostrato che la meditazione, oltre che contribuire a ridurre le risposte di «attacco o fuga» prodotte dall'amigdala contro lo stress, aiuta anche le persone a sviluppare un'attitudine più empatica (l'empatia non è altro se non un processo creativo dell'immaginare se stessi nei panni di un altro) e modalità di pensiero che implicano il «lasciar vagare la mente». Uno studio condotto a Harvard nel 2014 ha anche riscontrato che un corso di mindfulness (una tecnica di meditazione basata sull'«attenzione consapevole») di otto settimane incrementava la densità della materia grigia nel cervello dei partecipanti, dimostrando che la meditazione va a generare un ambiente interiore arricchito che favorisce la crescita neurale.[6] Nelle situazioni stressanti, in cui la creatività sovente lascia spazio alle reazioni di «attacco o fuga», il semplice atto di fermarsi stimola a livello neurale risposte chimiche differenti dal cortisolo, il cosiddetto «ormone dello stress». Il cervello rilascia infatti *ossitocina*, che è stata in misura quantificabile associata a comportamenti più empatici e generosi (oltre che a svariati altri). E attraverso la generosità e l'empatia ascoltiamo molto più creativamente. Possiamo quindi generare a tutti gli effetti un modo migliore di vivere usando la chimica stessa del nostro cervello.

Fermare i nostri significati automatici è così importante perché è il primo passo nell'incertezza, da cui possiamo poi creare significati inattesi, e nel farlo ri-creare il significato delle passate esperienze tramite lo strumento dell'immaginazione, che altera il passato del nostro futuro, alterando a sua volta le future percezioni. Il libero arbitrio esiste, e si esercita non nell'andare verso A, bensì nel decidere di andare verso *non*-A; nel modificare il significato passato delle informazioni allo scopo di cambiare le risposte future. Il libero arbitrio richiede consapevolezza, umiltà e coraggio per muoversi nel contesto dell'incertezza.

Parecchi anni fa, ho vissuto un periodo particolarmente stressante che è durato a lungo. Il risultato è stato un «crollo» fisico ed emotivo. Il mio corpo era entrato in uno stato di malessere costante: emicrania, torpore mentale, svariati sintomi neurologici. È una condizione pericolosa da sperimentare in quanto neuroscienziato, affascinante e spaventosa al tempo stesso, dato che sai troppo e in realtà non sai niente. Ogni sintomo (stimolo) innescava una serie di assunti e conseguenti percezioni da parte mia, dal tumore al cervello alla sclerosi multipla. È andata avanti così per settimane, se non mesi. Alla fine, non essendoci una diagnosi chiara malgrado i sintomi fossero non solo psicologici ma anche fisiologicamente misurabili, sono cominciati gli attacchi di panico. Le percezioni che li accompagnavano erano reali come qualunque altra percezione. La sensazione che stessi per morire – immediatamente – era attanagliante. Era così forte da indurmi sovente a chiamare l'ambulanza, che poi quando arrivava presupponeva un passaggio necessario dall'ignoto al noto, e così l'impressione di morire cessava. Cosa avrei dovuto fare? Dovevo ricoverarmi e andare dal punto A (sentirmi uno straccio, con attacchi di panico ricorrenti) al punto B (sentirmi di nuovo «normale», qualunque cosa significhi)? Ho cercato di fare quello che moltissime persone prima di me hanno fatto: attraverso il processo della percezione e il compimento del primo passo fondamentale per andare in una nuova direzione, diventare consapevole dei miei preconcetti... e, grazie alla comprensione di questo, smettere di andare verso la direzione in cui stavo andando. Ho bloccato le mie ansie speculative. Le ho *volutamente* ignorate. E in quello stato di sospensione dei pensieri hanno iniziato a comparirne di nuovi e decisamente migliori. Questo ha avviato una nuova storia per la mia percezione.

Nel caso specifico degli attacchi d'ansia, una delle maniere, se non *la* maniera migliore, per allontanarsi da essi è ignorarli. Lo intendo proprio alla lettera. Come disse Carl Jung, i problemi non sono mai fissi, bensì sono determinati dalla prospettiva dell'osservatore. In questo caso, il mutamento di prospettiva consisteva nel non prestare loro la minima attenzione. Non cercare di capirne la causa, perché questo non avrebbe fatto altro che rinforzarne il significato, scatenando attacchi di panico ancora più forti. Era più facile essere in un punto A («sapere» che qualcosa non andava) piuttosto che in un punto *non*-A (ammettere che stavo vivendo un delirio inutile). Era difficile guardare da un'altra parte; e, come gli studi sull'attenzione dimostrano, si tratta di una sfida che tutti gli esseri umani affrontano a partire da un'età molto precoce.

Quando il mio secondo figlio, Theo, aveva pochi mesi, un giorno era seduto su un seggiolino a dondolo appoggiato sul tavolo della cucina nella nostra casa di Stoke Newington, a Londra. Aveva un'espressione di felicità stampata sul volto perché appesi davanti a lui c'erano quattro giocattoli morbidi molto appariscenti, appena fuori dalla sua portata. Ogni volta che faceva dondolare il seggiolino, i giocattoli dondolavano di conseguenza, producendo in lui quello che all'inizio sembrava un divertimento infinito. Era tutto sorrisi e risatine, mentre io cucinavo a poca distanza. Ma poi qualcosa è cambiato. Ha iniziato a piangere (non che fosse una sorpresa, vista la frequenza con cui i bambini lo fanno). Quindi io ho optato per la cosa che mi pareva più ovvia, cioè ho di nuovo fatto muovere i giocattoli. Ho subito attirato la sua attenzione, eppure continuava a piangere.

Mi dispiaceva, però, lo ammetto, era anche una scena affascinante. Molto rapidamente ho potuto osservare (sì, lo osservavo mentre piangeva, ma non aveva ancora raggiunto lo stadio del pianto disperato, è una delle tante controindicazioni dell'avere per padre un neuroscienziato che studia la percezione) che il suo pianto si attenuava o cessava ogni qualvolta i suoi occhi si distoglievano dai giocattoli. Però subito dopo, come se fosse stato attratto da un magnete, il suo sguardo tornava sul giocattolo al centro, e lui ricominciava a piangere a dirotto. Poi cercava di nuovo di spostare l'attenzione, il pianto rallentava, ma poco dopo gli occhi guardavano il giocattolo, e lui ritornava a piangere. Era come se piangesse per la frustrazione, pensavo. Ma frustrazione per cosa?

Per il fatto che il giocattolo aveva più potere su di lui di quanto lui ne avesse su se stesso.

Mi sono reso conto che Theo non voleva più guardare il giocattolo, ma non poteva farne a meno. Era impressionante. Non riusciva a smettere di rispondere. Non era in grado di abbandonare la posizione A. Avrebbe voluto spostarsi in una posizione non-A, e quindi era frustrato per la sua stessa incapacità di distogliere l'attenzione. Così, dopo ore di osservazione di questo comportamento, alla fine ho messo via il giocattolo e tutto è tornato sereno! (Scherzo: ho tolto il giocattolo molto velocemente).

Che cosa ci dice questo piccolo esperimento condotto su mio figlio? Anche se sappiamo ancora molto poco sull'attenzione (che per i neuroscienziati può essere un comodo argomento polivalente), sembra che il potere dell'attenzione non stia nel guardare, bensì nella capacità di smettere di guardare, di distogliere lo sguardo, posandolo su ciò che è meno ovvio, di interrompere un ciclo di pensieri e percezioni. Questo perché la nostra attenzione è per natura attratta dalle cose che storicamente sono importanti per noi, che siano basilari come gli oggetti molto vistosi nel caso dei sistemi visivi giovani, in corso di sviluppo (che sono simili all'apparato visivo di un insetto), oppure stimoli associati in passato alla paura o al piacere.

Se battiamo le mani vicino a una persona che non se lo aspetta, la sua attenzione si rivolgerà immediatamente verso i nostri occhi. A una festa, sedetevi accanto a un vostro amico che stia parlando con qualcun altro, e poi di proposito iniziate a menzionarlo alla persona con cui state parlando voi, pronunciando il suo nome in maniera udibile. Vedrete con quanta rapidità il vostro amico o si unirà alla vostra conversazione, anche se avete smesso di parlare di lui, oppure si allontanerà, semplicemente perché gli risulta impossibile continuare la propria conversazione. Oppure pensiamo alle migliaia di ore che trascorriamo nel traffico su autostrade che in realtà non sono bloccate da alcun incidente, per il semplice fatto che un incidente avvenuto nella corsia *opposta* attira la (morbosa) attenzione degli automobilisti inducendoli a rallentare. La facoltà di interrompere un processo dipende dalla corteccia frontale del cervello. L'aspetto fondamentale dell'attenzione non è il guardare verso qualcosa, né il dirigere lo sguardo su ciò che è razionale, cioè le cose che sono più logiche statisticamente e storicamente, come nel caso di Theo. Il potere dell'attenzione sta nel distogliere lo sguardo dall'«ovvio», portandolo sul meno ovvio; sta nel dare inizio alla deviazione, e nel costringere il cervello ad attivare la funzione inibitoria, che risiede nella corteccia frontale, e che ferma un processo quando è necessario.

Sotto questo aspetto, come sotto quasi tutti gli aspetti, siamo molto simili ad altri animali, forse più di quanto in genere si voglia credere. Le api, ad esempio, con il loro modesto milione di cellule cerebrali, vedono molte delle stesse illusioni ottiche che vediamo noi (e vedono in modi che i nostri computer più sofisticati non sono in grado di imitare), gli uccelli possono produrre pensiero astratto, e certi primati si arrabbiano se una situazione non è equa. E lo stesso vale per la direzionalità dell'attenzione: similmente agli altri animali, che sono attratti da oggetti appariscenti, anche noi tendiamo istintivamente verso ciò che luccica (cioè ai contrasti marcati, in senso *sia* fisico *sia* concettuale). I nostri occhi si muovono in modo sistematico, raramente a caso. Guardiamo con più interesse i confini tra le superfici. Modifichiamo i movimenti oculari a seconda del nostro stato emotivo, puntando maggiormente lo sguardo sul primo piano quando ci sentiamo in uno stato di forte potere, e verso lo sfondo quando sentiamo di avere scarso potere. Nel caso delle donne, è probabile che guardino il volto di un'altra donna in maniera diversa rispetto a quando guardano un uomo (concentrandosi sulla bocca anziché sugli occhi, ad esempio). I movimenti oculari, che sono le nostre finestre sul mondo, celano i nostri assunti. Perciò guardare l'ovvio è una cosa ovvia da fare, anche se ciascuno di noi ha un

Perciò guardare l'ovvio è una cosa ovvia da fare, anche se ciascuno di noi ha un « ovvio » differente. E il campo ristretto su cui dirigiamo lo sguardo può determinare il significato del resto delle informazioni.

«ovvio» differente. E il campo ristretto su cui dirigiamo lo sguardo può determinare il significato del resto delle informazioni.

A questo punto avrete notato che, nel libro, oltre al diamante nell'angolo in basso a destra, c'è un altro tipo di segno grafico nell'angolo inferiore sinistro. Fate di nuovo scorre velocemente le pagine. Come il diamante, anche le barrette sembrano muoversi in due modi diversi. Potete vederne due muoversi da sinistra verso destra formando una X (una percezione globale coerente, detta selettività *pattern-motion*), oppure le potete vedere come due barrette indipendenti che si muovono in su e in giù *separatamente* l'una dall'altra (selettività *component-motion*). Potrebbe sembrare che passino da una direzione di movimento all'altra in maniera casuale. Ma non è così. Tutto sta nel modo in cui le guardate. Per spiegarlo, voglio che fissiate lo sguardo sul centro della X, dove le due barrette si inciociamo, e vedrete una X che si muove da sinistra verso destra. Se invece fissate lo sguardo sull'estremità di una delle barrette, e ne seguite il movimento verso l'alto e verso il basso, vedrete le due barrette muoversi indipendenti in su e in giù l'una contro l'altra. Ciò che vedete è determinato da dove guardate. Questo perché, mentre l'immagine nel suo insieme può avere due possibilità ugualmente probabili, gli elementi distinti dello stesso stimolo complessivo non le hanno. Lo spazio del possibile è determinato da dove dirigete lo sguardo, non dalla possibilità astratta dell'immagine in sé e per sé. E questo cosa ci rivela?

L'elemento fondamentale per definire una persona o un gruppo di persone è non solo ciò che fanno (cioè che guardano), ma anche ciò che non fanno (che non guardano). Nel cervello, ad esempio, non ci sono solo neuroni attivi a determinare la natura delle nostre azioni, ma anche neuroni inattivi, poiché ciò che conta è lo schema d'insieme dell'attività. Quindi, a differenza della maggior parte degli animali, noi possiamo cambiare il passato del nostro futuro distogliendo lo sguardo dall'ovvio,

Quello che guardiamo rivela chi siamo, ma quello che scegliamo di non guardare ci crea.

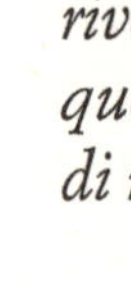

andando da A a non-A. Quello che guardiamo rivela chi siamo, ma quello che scegliamo di non guardare ci crea.

È spostando lo sguardo che diamo avvio al processo della deviazione, perché per non guardare una certa cosa i nostri occhi devono trovare qualcos'altro su cui posarsi. E su quel «qualcos'altro» abbiamo molto meno controllo, dato che ora il nostro cervello deve assestarsi in un nuovo stato attrattore in considerazione del nuovo stimolo combinato con la nostra storia passata. Ma se non altro non sarà A. Se vi abituate a farlo, in futuro sarà meno probabile che vediate automaticamente A, e più probabile che vediate B (o C, o Z). Possiamo generalizzare questo processo: ciò che vale per il modo di dirigere lo sguardo vale anche per il modo di dirigere i pensieri. Occorre solo esercitarsi nel guidarli.

Ora torniamo alle barrette nell'angolo del libro, e riprovate a sfogliarlo. Forse avrete notato che in tutte le pagine c'è anche un puntino proprio sopra all'intersezione delle due barrette. Vorrei che teneste lo sguardo fisso su quel puntino mentre scorrete velocemente le pagine. Nel frattempo, focalizzate la *direzione della vostra attenzione* o sull'incrocio delle barrette oppure sul loro margine estremo, come avete fatto prima con il movimento oculare. Questa volta, però, anziché muovere gli occhi, *muovete soltanto l'attenzione*. Notate come anche in questo caso le barrette cambino la direzione del loro movimento a seconda di quello a cui prestate attenzione – o non prestate attenzione. Ciò da cui distogliamo lo sguardo (e ciò verso cui lo portiamo) modifica la natura dell'informazione che codifichiamo nel nostro cervello e i significati che vediamo. Possiamo quindi passare da A a non-A «distogliendo lo sguardo» sia esternamente, con gli occhi, sia internamente, con la «mente». Possiamo riscrivere le nostre percezioni fermandoci, e poi ricominciando da capo, fino a ritrovarci nel non-A… e per arrivarci tutto quel che serve è ciò che io chiamo «ecovi». Ma questo ci obbliga ad addentrarci in un luogo che il nostro cervello si è evoluto per evitare, ovvero l'incertezza.

10.

L'ecologia dell'innovazione

Abbiamo visto che capire l'effettivo funzionamento della percezione ci offre un nuovo quadro di riferimento per indagare la creatività e, più in generale, la creazione. Avendo appreso perché il nostro cervello si è evoluto per percepire nel modo in cui percepisce, ora possiamo procedere per gradi in un cammino che può cambiare la nostra maniera di vedere. Questo approccio attiene al ruolo del singolo individuo, poiché ciascuno di noi ha la responsabilità del proprio interrogarsi (e delle conseguenze che ne derivano). Tuttavia, come ho sottolineato a più riprese, nessuno di noi esiste in un vuoto. Non solo creiamo la nostra ecologia, l'ambiente in cui siamo immersi, costituito dalle cose che contiene e anche dalle *interazioni* fra di loro, ma siamo a nostra volta creati da essa. Quindi, per imparare davvero a deviare, dobbiamo imparare a innovare la nostra percezione nell'ambito del mondo con cui interagiamo. È qui che possiamo scoprire un nuovo modo di essere per noi stessi e per gli altri, e costruire un luogo che unisca tutti i principi percettivi che abbiamo esaminato.

In fondo a un corridoio fiocamente illuminato al quinto piano del Valley Life Sciences Building presso la University of California di Berkeley, c'è una porta anonima. Non lascia presumere sorprese né grandi misteri su ciò che potrebbe esserci dall'altra parte: un ripostiglio per le pulizie, forse, o un magazzino per la cancelleria. In realtà, dietro la porta c'è uno spazio singolare e rivoluzionario al tempo stesso, distribuito su quattro grandi stanze adiacenti. Da una struttura a traliccio metallico fissata al soffitto pendono lampade, fili elettrici e cavi di ogni genere. Abbondano computer e videocamere, insieme a svariate strumentazioni ingegneristiche e circuiti stampati. La cosa più bizzarra di tutte è che praticamente su ogni superficie si muovono dei minuscoli robot che assomigliano a insetti o rettili, non nel senso che li ricordano vagamente, sono proprio simili in modo impressionante, fin nelle giunzioni articolari e nelle sagome del corpo. Quando sono entrato e ho chiesto a una studentessa di Ph.D. che cosa l'avesse portata in quel laboratorio, lei candidamente mi ha risposto: «Gli scarafaggi».

Siamo nel Poly-PEDAL Lab del biologo Robert Full. PEDAL è l'acronimo di Performance, Energetica, Dinamica, Animali e Locomozione, ma queste cinque parole riunite in una sigla, per quanto ironica e sagace, non sono sufficienti a rendere appieno l'idea del laboratorio di Full né dei suoi risultati eccentrici e strabilianti. Full e i suoi collaboratori, che vanno da studenti non ancora laureati a esperti riconosciuti dei settori più disparati, hanno suscitato con le loro scoperte grande interesse in ambito scientifico e ben oltre. Il Poly-PEDAL Lab, ad esempio, ha risolto il mistero millenario di come facciano i gechi ad aderire ai muri: si servono delle forze di Van der Waals, forze attrattive o repulsive che si instaurano tra le molecole, dette anche forze intermolecolari. Ha capito perché gli scarafaggi possano rovesciarsi così velocemente e continuare a muoversi capovolti: le zampe posteriori hanno dei peli adesivi che si agganciano alle superfici e consentono loro di praticare un rapido «ribaltamento». E ha scoperto in che modo il ragno tessitore si sposta efficientemente su superfici reticolari costituite solo per il dieci per cento di materiale solido: grazie a una sorta di «spina dorsale» pieghevole che gli consente di distribuire il contatto su segmenti diversi delle zampe. Il laboratorio si è posto l'obiettivo di rispondere a domande che, a posteriori, si sono rivelate estremamente importanti, domande sui più inspiegabili fenomeni della biomeccanica naturale, e ha anche trovato le risposte, che sono non soltanto interessanti di per sé, ma mostrano tutta l'utilità derivante dall'adozione pratica di un principio essenziale.

L'obiettivo di Full non si limita a voler spiegare questi misteri. Come recitano le «linee guida» del laboratorio in merito alla costruzione di modelli meccanici ispirati ad animali: «Non li studiamo perché ci piacciono. Alcuni di loro sono in effetti disgustosi, però ci svelano segreti della natura che non si ritrovano in altre specie, come quella umana». Full intende applicare questi «segreti architettonici» alla robotica e lo fa attraverso il processo dell'ingegneria inversa, utilizzando cioè alcune caratteristiche degli animali di cui studiano il tipo di locomozione per produrre dispositivi che abbiano un funzionamento analogo. Ha conseguito un successo incredibile in questa sua impresa, sfociato nella creazione di una nuova area di studi nonché una nuova filosofia di progettazione, l'*ispirazione biologica*, in aggiunta a svariate sotto-aree quali la *terradinamica* (il modo in cui gli oggetti si muovono sulle superfici, in contrapposizione all'aerodinamica) e la *robustezza* (il modo in cui le strutture ottengono la loro forma più robusta). Una delle innovazioni uscite dal suo laboratorio è RHex, un robot ispirato alla biomeccanica dello scarafaggio che riesce a muoversi anche nei terreni più impervi, meglio di ogni precedente esperimento bionico. Benché se ne stiano ancora testando le possibilità di applicazione, sta già iniziando a rendersi utile nelle zone di conflitto. L'esercito statunitense lo utilizza in Afghanistan come avanguardia robotica, vale a dire per effettuare ricognizioni e controlli di sicurezza al posto dei soldati.

Malgrado la serie di invenzioni epocali prodotte dal Poly-PEDAL Lab, Full è un uomo modesto e schivo, per il quale lo spirito di collaborazione conta più dell'ego e l'indagine scientifica più del prestigio. Con una folta chioma di capelli grigi e un carismatico paio di baffi spioventi, non è mosso dalle solite ambizioni accademiche. Ha l'aspetto di uno zio buono e intelligente, tanto gentile quanto geniale. Dato che era stato uno dei miei supervisori quando studiavo a Berkeley, molti anni fa, lo conosco di persona. «Tutto sta nell'essere curiosi», ama sottolineare.

Nella sua veste di direttore del laboratorio, secondo me, il compito di Full non è quello, come si concepiva un tempo la leadership, di avere tutte le risposte, ma di avere piuttosto le domande giuste. Perciò il suo obiettivo principale in quanto leader è quello di suscitare nei suoi collaboratori un forte senso di interesse (spesso attraverso un'ammirazione per i prodigi naturali che si traduce in ispirazione – ma ci sono anche altri modi per farlo), dato che, se non ci sentiamo coinvolti in ciò che stiamo facendo, non avremo la spinta necessaria per affrontare l'incertezza e la forza inerziale degli stati attrattori neurologici e culturali discussi in precedenza. Secondariamente, il suo compito è quello di chiedere Perché? in merito agli assunti giusti (che spesso sono celati alla vista), e poi Come? oppure E se invece?... e poi osservare... e infine condividere... e quindi ripetere da capo questo processo più e più volte. Evidentemente Full è molto bravo in questo. Tuttavia, porre domande che producano dissesto non basta. Un leader abile deve anche saper creare uno spazio tale da consentire agli altri di affrontare l'incertezza e trarne vantaggio, dato che capisce che il successo del sistema è determinato da coloro che guida e dal modo in cui li guida. È per questo motivo che Full ha scelto di lavorare con persone che si sentano a proprio agio con il suo metodo, che prevede la rottura di schemi di pensiero convenzionali per creare nuove opportunità. (E non si mette sulla difensiva se qualcun altro cerca di mettere in discussione le sue idee, anzi, tutto il contrario). Di tanto in tanto, chiede al suo gruppo di fermarsi. Appunto per questo, ha basato il suo laboratorio sulla **soluzione che l'evoluzione stessa ci ha dato per affrontare l'incertezza**.

Qual è questa soluzione?

Risposta: è un *modo di essere* che può cambiare profondamente il nostro modo di vivere, un modo di essere che vale per la maggior parte delle cose innovative che segnano una strada, un modo di essere che è definito da cinque principi che formano l'ossatura di questo intero libro:

I. Celebrare l'incertezza: considerare il fatto di «fermarsi», e tutte le domande che ne discendono, da una prospettiva di utilità, non di perdita.

II. Apertura alla possibilità: incoraggiare la diversità in seno all'esperienza, che è il motore del cambiamento, dalle trasformazioni sociali all'evoluzione stessa.

III. Cooperazione: attribuire valore alla diversità e alimentare lo spirito di condivisione all'interno di un gruppo o di un sistema, perché questo espande il suo spazio del possibile – idealmente, unendo freschezza ed esperienza.

IV. Motivazione intrinseca: lasciare che il processo della creatività costituisca di per sé una gratificazione, perché così si riuscirà a persistere di fronte alle peggiori avversità.

V. Azione intenzionale: infine, agire con consapevolezza... impegnarsi con volontà, dalla prospettiva del perché.

Tengo a sottolineare che i primi quattro principi sono definiti da un'unica parola: **GIOCO**. Per «gioco» non intendo un'attività ricreativa quanto piuttosto un'attitudine. Si tratta di incarnare caratteristiche giocose nella maniera di affrontare un problema o una situazione o un conflitto.

La primatologa e filosofa della natura Isabel Behncke, della University of Oxford, è una specialista della scienza del gioco, in particolare del gioco adulto, e ancora più in particolare per quanto concerne i bonobo. Ha vissuto per lunghi periodi a stretto contatto con queste scimmie antropomorfe nelle giungle del Congo, osservandone da vicino le abitudini e i comportamenti. I bonobo, insieme agli scimpanzé, sono i nostri parenti più prossimi ancora viventi. Però, a differenza degli scimpanzé, presentano un'altissima promiscuità sessuale (che comprende rapporti maschio-maschio, femmina-femmina, adulto-infante ecc.) Sono tratti molto utili che hanno contribuito all'adattamento della specie; il sesso, infatti, viene utilizzato come un linguaggio nella gestione dei conflitti. Ma se i bonobo sono famosi per la loro promiscuità sessuale, Behncke ha scoperto che un tratto ancora più frequente nelle comunità di questi primati è il gioco.

Gli umani sono molto simili ai bonobo. Il gioco ci ha permesso di confrontarci con il mondo e di apprendere *perché nel gioco l'incertezza è fondamentale*. Se lo si spoglia di questo elemento, cessa di essere «divertente». Però divertente non significa «facile». Giocare bene è difficile (come qualunque olimpionico può confermare).

Inoltre, diversamente dalla maggior parte delle attività nelle quali gli umani e altre specie come i bonobo spendono le proprie energie e calorie conquistate a caro prezzo, il gioco non ha, come Behncke e altri ricercatori hanno mostrato, un carattere post hoc (*post hoc* significa che a contare sono i risultati prodotti da una certa attività, non il processo di per sé). Tra le attività post hoc si annoverano la caccia (risultato: cibo), il lavoro (risultato: capacità di pagare per nutrimento e riparo) e l'accoppiamento (risultato: sesso e/o amore). Il gioco invece è un'occupazione unica nel suo genere in quanto *intrinsecamente motivato*. *Giochiamo per il piacere di giocare*, così come ci dedichiamo alla scienza per il piacere di dedicarci alla scienza. È qualcosa di meravigliosamente semplice: **la ricompensa sta tutta nel processo**.

Un ulteriore aspetto cruciale del gioco è che spesso lo facciamo con altri, non da soli. Quando gioco con qualcuno, emerge in misura notevole chi sono io e chi è l'altro, che si tratti di tennis, poker, o sesso. Certo, potrei giocare con una persona in maniera diversa da come gioco con un'altra. Però, se giocassi con una certa persona come se lei/lui fosse qualcun altro, o soltanto con un'idea generalizzata di ciò che è il gioco, questo distorcerebbe le cose che potremmo realmente fare insieme. Eppure molti marchi commerciali, gestiti male, si rivolgono a tutti i clienti come se fossero un unico cliente medio, così che alla fin fine non si rivolgono a nessuno. Trattare l'altro come se fosse il compagno di gioco medio, perciò, vuol dire ignorare la devianza. Alcuni studi hanno mostrato che il gioco è un mezzo per imparare a conoscere in sicurezza la devianza degli altri. È un modo di strutturare esperienze che rivelano assunti che poi mettiamo in discussione, permettendo il manifestarsi di risultati imprevedibili. La premessa che sta alla base del lavoro di Behncke è che il gioco rende più complessi i nostri sistemi, incrementando la probabilità di avere delle ispirazioni.

Sebbene consenta di addentrarsi nell'incertezza e trarne vantaggio, il gioco da solo non è uno strumento completo, non più di quanto un approccio infantile alla vita possa essere generativo per il cervello. Per sopravvivere nel corso dell'evoluzione, l'innovatività richiede qualcosa in più della mera creazione. Abbiamo bisogno anche del quinto principio: deviare *intenzionalmente* – non solo per il gusto di farlo (benché possa essere utile anche questo, in termini di strategia di ricerca casuale). È un aspetto essenziale, e abbiamo un chiaro esempio del suo significato. Che cosa otteniamo se aggiungiamo l'intenzionalità al gioco?

LA SCIENZA.

Questa parola evocherà in voi tutta una serie di assunti, la maggior parte dei quali, temo, non precisamente positivi. È probabile che pensiate che scienza voglia dire sterili camici da laboratorio e fatti privi di immaginazione. Oppure potreste pensare che sia una metodologia basata sulle misurazioni, quindi il *non plus ultra* per la raccolta di informazioni. Ma non è questo che definisce la scienza. Ne lo è il «metodo scientifico», che è soltanto *una* delle espressioni di un modo di percepire e di agire che di fatto è molto più profondo. Le competenze necessarie per progettare e condurre *un buon esperimento*, siatene certi, possono essere molto difficili da imparare e da mettere in pratica efficacemente: secondo me, poche cose sono eleganti o avvincenti come un esperimento ben progettato, nello stesso senso in cui poche cose sono irresistibili come un dipinto, una canzone o una danza eseguite superbamente. Tuttavia, ciò che vale per l'arte vale anche per la scienza: la maestria del mezzo non necessariamente la definisce.

La dimostrazione del fatto che questo modo di essere ha applicazione pratica ce la offre una classe di bambini di dieci anni (tra cui mio figlio Misha), che nel 2011 sono diventati gli scienziati più giovani della storia a pubblicare un articolo, dopo aver condotto uno studio sulla percezione delle api. Applicando questi principi scientifici («gioco-con-intenzione»), il Blackawton Project, com'è stato chiamato, ha sfidato il mondo della scienza, dato che i direttori di numerosissime riviste scientifiche si sono rifiutati di pubblicare il lavoro dei bambini (anche la più grande istituzione per il sostegno alla scienza del Regno Unito, il Wellcome Trust, ha rifiutato di finanziare il progetto, presumendo che non potesse avere sufficiente impatto). Invece il programma (che abbiamo chiamato iScientist, ideato dal brillante pedagogista britannico David Strudwick) ha creato uno spazio del possibile totalmente inedito che non era mai stato esplorato prima in circostanze analoghe... il processo di innovazione che *unisce* creatività ed efficienza anziché inseguirle separatamente.

Insieme, creatività ed efficienza *definiscono* l'innovazione. L'innovazione è questa dialettica, presente in tutta la natura ed evocata in una serie di altre tensioni dualistiche che attraversano questo libro: realtà *versus* percezione, utilità passata *versus* utilità futura, certezza *versus* incertezza, libero arbitrio *versus* determinismo, e vedere una cosa ben sapendo che non corrisponde alla verità fisica. Questo dialogo basilare tra creatività ed efficienza è incarnato dal cervello stesso, che è forse la più innovativa struttura esistente.

Il cervello umano è in costante equilibrio fra eccitazione e inibizione. È un fatto essenziale, dato che così si mantiene in una posizione dalla quale può massimizzare la sua capacità di rispondere: troppa inibizione, e gli stimoli non vengono diffusi adeguatamente, se però è insufficiente, lo stimolo crea un ciclo continuo di feedback che può sfociare in un attacco epilettico.[1] Se qualcosa altera, incrementandolo, il sistema neurale dell'eccitazione, ne consegue che le connessioni inibitorie devono crescere per poter mantenere l'equilibrio (e viceversa). Questo consente al cervello di essere sempre pronto in qualunque ambiente, di essere in grado di rispondere ai cambiamenti nei contesti incerti, ed è così che adegua la propria complessità al contesto in cui si ritrova. Il cervello si è adattato per ridefinire continuamente la normalità, per essere costantemente alla ricerca di un equilibrio *dinamico*. Genera un processo incessante di crescita e potatura, crescita e potatura, che rispecchia il suo andare avanti e indietro fra creatività ed efficienza, e fra l'incremento e il decremento delle dimensioni del suo spazio di ricerca. In anni recenti, le neuroscienze hanno scoperto due ampi sistemi complementari di attività neurale. Uno è la «rete di default», che è più attiva quando l'altra rete (da cui dipende lo stato di vigilanza su un compito) riposa oppure «pensa liberamente». La connettività della rete di default è più vasta e distribuita su più regioni cerebrali. L'altra rete è più diretta ed efficiente, e tende ad attivarsi durante comportamenti che implicano la focalizzazione dell'attenzione.

Per semplificare le cose con una regola generale, vedetela in questi termini: in un'ecologia di innovazione possiamo concepire la creatività come un dire sì a una quantità maggiore di nuove idee. Ripensiamo a Chevreul e a come risolse il mistero dei tessuti Gobelins. Se il re gli avesse dato soltanto un mese, o anche un anno, per capire il problema, il chimico avrebbe fallito. L'imposizione dell'efficienza avrebbe delimitato le sue lunghissime tuttavia necessarie indagini. Ma dato che Chevreul aveva una scadenza che gli consentì di eliminare le spiegazioni erronee (ad esempio, riguardo alla qualità dei filati) e di passare al vaglio spiegazioni più controintuitive, questo alla fine ha prodotto un prodigioso balzo in avanti nella comprensione della percezione umana.

Per quanto amiamo osannare i «geni» come Chevreul, Steve Jobs e simili, a volte è essenziale anche l'efficienza del dire no. Di per sé l'efficienza non è qualcosa di negativo. La capacità di dire no, senza però giungere a cristallizzare una Fisica del No, è anch'essa un'arte creativa. Le persone che sanno come lavorare con le menti creative sono fondamentali, ad esempio gli editor, che stabiliscono delle scadenze per gli autori e li aiutano a scrivere nella forma più accattivante possibile (come ha fatto Aaron Shulman con me per questo libro). In fin dei conti, certe volte l'efficienza ci salva, ben più della creatività. Se un autobus sta per investirvi, pensate a quanto vi è utile in quel momento una risposta del tipo «combatti o fuggi». Non vi metterete certo a domandarvi: «Mhmm, lo potrei vedere in maniera differente?» Perché la risposta sarebbe sì, ma non è il caso di verificarla. La decisione più saggia è levarvi di mezzo nel modo più efficiente possibile. Sarà questo a darvi la migliore chance di sopravvivenza, che è sempre l'obiettivo primario.

A parità di condizioni, un sistema che per portare a termine un determinato compito consuma meno energia (letteralmente o economicamente) ha la meglio su uno che ne consuma di più, che si tratti di un contesto di evoluzione biologica, di affari economici, o di sviluppo personale. Per questo motivo, il focus sull'efficienza è da sempre l'approccio scelto dalla maggior parte delle industrie.

Persino le scuole e le università, i luoghi che per eccellenza sono concepiti con l'obiettivo di ispirare modi diversi di vedere, a livello individuale, culturale, sociale, hanno iniziato a diventare incubatori di efficienza. Ovviamente, questo è profondamente ironico: gli «affari» esistono esplicitamente (e anche legalmente) per se stessi, non per le persone che ne sono la manifestazione umana, e le aziende sono (perlopiù) oneste nel dichiararlo. Quindi noi – fino a un certo punto – lo accettiamo (tranne in situazioni in cui sentiamo dell'ipocrisia: il cervello è molto sensibile all'autenticità). Ma di certo lo scopo di scuole e università è quello di essere terreni di coltura per le grandi questioni dell'umanità. E le grandi questioni non si possono «produrre» alla catena di montaggio. Non posso dire a un mio studente di Ph.D o postdottorato: «Gradirei questa scoperta entro martedì, per favore!» Né il valore di una scoperta può essere quantificato in denaro (almeno non nell'immediato futuro), rendendo totalmente sbagliato il tentativo di massimizzare la creatività agganciandola a un incremento di efficienza. Eppure è precisamente ciò che accade nel settore dell'istruzione: la creatività viene soffocata da un modello economico competitivo. È come il mal di mare: una contraddizione dei sensi, che ha dei costi non soltanto intellettuali ma anche umani. Nel 2014 un professore dell'Imperial College di Londra si è suicidato, perché la sua università aveva minacciato di rimuoverlo dall'incarico se non avesse procurato una certa somma di denaro sotto forma di sovvenzioni.[2] Se in questo caso non possiamo sapere quali altri problemi personali stessero tormentando quell'uomo, sta di fatto che le università stanno facendo sempre più pressioni sul corpo docenti per raggiungere obiettivi che poco hanno a che fare con le vere finalità dell'istruzione: insegnare e allargare il nostro universo umanistico e scientifico. Di sicuro deve esistere al mondo un posto dove si va in deficit di proposito, per il semplice fatto che la creatività è inefficiente sul breve termine (ma non sul lungo). Invece quel tipo di disavanzo di spesa sembra essere riservato alle meno creative fra le nostre istituzioni (i governi). Il perseguimento del modello economico basato sull'efficienza (anche senza l'infrastruttura finanziaria delle grandi aziende) ridurrà la creatività che tipicamente si genera nelle accademie. Come conseguenza, il lavoro si sposterà verso la ricerca traslazionale, con sempre meno scoperte teoriche che sul lungo termine potrebbero dare grandi frutti. Interessante, a tale riguardo, è che si stia registrando uno slittamento di paradigma tra università e aziende, che vede una quantità sempre maggiore di lavoro creativo provenire da queste ultime, che si chiamino Google, Facebook, Apple o via dicendo.

(*fine del lamento*).

Considerata questa tendenza così diffusa a voler massimizzare l'efficienza, vale la pena chiedersi se ci sia un ambiente ideale per questa pratica, al di fuori degli scenari di vita-o-morte. La biologia – inclusa la neurobiologia – ci offre una risposta: *un ambiente competitivo*. La competizione rappresenta una forte spinta motivazionale, nonché un processo per l'eliminazione del «grasso»... del superfluo, del ridondante, dell'obsoleto. Tuttavia, in un'ottica evoluzionistica, nella competizione capita molto spesso di soccombere. Come modello economico, competizione significa che un'azienda avrà una cultura di tagli selvaggi al personale, in cui i lavoratori verranno licenziati per non aver raggiunto i risultati previsti entro una data scadenza. Se un approccio del genere, con le pressioni che esercita, può garantire intensi sforzi produttivi, è la maniera meno indicata per favorire la creatività, non solo perché l'esplorazione di nuove strade non è ritenuta una priorità, ma perché i livelli di stress dei dipendenti ridurranno i loro spazi del possibile.

Anche per quanto concerne il cervello si può osservare la massimizzazione dell'efficienza attraverso la competizione. Come ricorderete, il venti per cento dell'energia consumata dal nostro corpo è riservata (o dovrebbe esserlo) a questo organo che rappresenta il due per cento della massa corporea. Quindi i neuroni sono molto costosi in termini di materiale biologico necessario a generare le migliaia di miliardi di connessioni, nonché l'attività elettrica lungo queste connessioni, a cominciare dall'energia richiesta dal semplice atto di *pensare* (che non necessariamente significa pensare in maniera creativa). È per questa ragione che il cervello cerca di ridurre al minimo la quantità delle sue cellule nervose e la frequenza delle loro attivazioni. Il processo può svolgersi così: o ci sono molti neuroni e ciascuno di essi si attiva solo una volta nell'arco della nostra vita, oppure c'è un solo neurone che si attiva ripetutamente per tutta la vita. È appurato che il cervello utilizza *entrambe le strategie*. Mantiene in equilibrio la quantità di cellule nervose la cui attività è necessaria producendo dei fattori di crescita che si contendono le risorse energetiche limitate. I neuroni più attivi, o meglio, i più attivi che si connettono con neuroni che lo sono altrettanto, hanno maggiori probabilità di sopravvivere. Comunque sia, la quantità di risorse disponibili non è limitata al punto da dover eliminare del tutto la ridondanza nei circuiti neurali, che è essenziale per la creatività e la resilienza.

Pensiamo al cervelletto di un uccello paragonato ai circuiti elettrici di un aeroplano. Il primo controlla i comportamenti motori dell'animale, come avviene anche nei mammiferi. Nel caso degli uccelli, consente i movimenti coordinati delle ali che sono essenziali per sconfiggere le leggi di gravità. Mentre le creature terrestri come noi, se la loro coordinazione dei movimenti non funziona, cadono da poche decine di centimetri d'altezza, rischiando al massimo qualche livido o piccola ferita, il mancato funzionamento del cervelletto di un uccello avrebbe esiti catastrofici. Quindi è facile presumere che debba essere davvero molto efficiente. E infatti lo è. Ciò nonostante, possiede anche un livello altissimo di ridondanza quanto a connessioni: teoricamente è possibile rimuoverne oltre la metà senza che l'uccello cada a terra![3] Confrontiamolo ora con i più sofisticati aerei da combattimento, che sono forse tra gli oggetti più efficienti prodotti dagli esseri umani: è sufficiente tagliare un paio di fili del sistema di controllo, o causare un danno anche molto lieve a una delle ali, oppure che un uccello finisca in uno dei motori a reazione, per fare schiantare al suolo centinaia di milioni di dollari. Il sistema, come la maggior parte di quelli economici (anzi, come praticamente ogni cosa del mondo d'oggi, dallo sport all'istruzione), è altamente efficiente ma niente affatto creativo, e in quanto tale non adattabile – vale a dire, **non innovativo!**

Per creare una prospera ecologia di innovazione dobbiamo guardare alla nostra biologia e alla nostra stessa natura neurale, che sa bilanciare efficienza e creatività. È per questo motivo che la via migliore per il successo non si trova mai nell'essere soltanto creativi *o* soltanto efficienti. Le due qualità devono coesistere in un equilibrio dinamico. E per giunta, il sistema si deve sviluppare.

Il processo di sviluppo consiste nell'accrescere la dimensionalità, ciò che si definisce *complessificazione*, un fenomeno che il mio laboratorio e altri studiano da molti anni. È un percorso molto intuitivo: si parte dal semplice (poche dimensioni), si aggiunge complessità (più dimensioni), si affina (taglio di dimensioni) mediante tentativi ed errori, e poi si ripete. Lo sviluppo è il processo tramite il quale l'innovazione si concreta.

Nel 2003, quando la Apple aveva iniziato a lavorare sul suo smartphone rivoluzionario, i progettisti erano certi di voler impiegare per lo schermo una nuova tecnologia «multi-touch», che avrebbe radicalmente cambiato l'interfaccia utente, però il design del telefono non era ancora chiaro. Uno degli approcci si chiamava «Extrudo», con il case in alluminio estruso, la parte centrale più spessa e i laterali affusolati. Non del tutto soddisfatto da questo design, Jony Ive sviluppò anche un altro approccio, il «Sandwich», che combinava due schermi di un vetro particolare. Ive e il suo team stavano complessificando, cioè considerando simultaneamente la possibilità che entrambi gli assunti fossero validi, e adatti a consentire un'ulteriore elaborazione creativa. Invece non andò così. Alla fine, entrambe le soluzioni vennero abbandonate. Ive optò per un prototipo precedente che avevano a disposizione fin dall'inizio, un terzo assunto che i designer non avrebbero scelto se non avessero prima complessificato progettando gli altri due.[4]

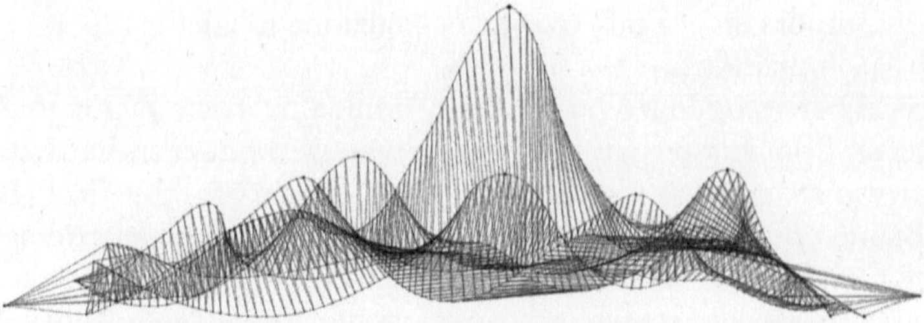

Il modello della complessificazione è a tutti gli effetti il modello adottato dalla Silicon Valley, anche se affonda le sue radici nella biologia, dato che sviluppo, apprendimento ed evoluzione sono per antonomasia *i* processi iterativi. Dunque le aziende «innovative» della Silicon Valley non fanno in realtà niente di nuovo. In sostanza fanno ciò che i sistemi naturali, dai funghi mucillaginosi al cervello, fanno continuamente da sempre. Ci sono tuttavia alcuni importanti accorgimenti e strategie per garantire che la complessificazione abbia successo, come ha rivelato la brillante ricerca di Ph.D. condotta nel mio laboratorio da David Malkin e Udi Schlessinger.

Come ricorderete, parlando del fatto che gli assunti costituiscono qualcosa di simile a una rete, abbiamo visto che, più questa rete è complessa, più è probabile che nel nostro spazio di ricerca delle possibilità esista la soluzione «migliore», per il semplice fatto che un maggior numero di interconnessioni incrementa il numero delle potenziali soluzioni (come mostra il secondo diagramma della figura sopra), al contrario di ciò che accade nei sistemi molto semplici, che hanno poche soluzioni possibili (come mostra il primo diagramma). Il problema è che le reti complesse non si adattano bene (ciò che si definisce *bassa evolvibilità*). Per cui, se nello spazio delle possibilità di un sistema complesso è maggiormente probabile che si ritrovino picchi più alti, è invece improbabile trovarvi un processo evoluzionistico, e questo determina una contraddizione non da poco: i sistemi complessi possono contribuire al nostro adattamento, ma di per sé non sono molto adattabili.

Quindi come si può trovare la soluzione migliore?

Sviluppandosi.

Si parte con una o poche dimensioni, e poi se ne aggiungono altre. L'immagine in questa pagina mostra la progressione dello stesso sistema via via che si sviluppa. David Malkin e io l'abbiamo chiamato «uber-landscape», una sorta di super-paesaggio, cioè una nozione nuova che aggiunge l'elemento tempo a uno spazio di ricerca (che solitamente viene rappresentato come statico). Si noti come il sistema inizi molto semplicemente, con un unico picco. Ma via via che il tempo avanza lungo l'asse delle *z*, la quantità di picchi si incrementa costantemente, a mano a mano che ulteriori elementi vengono aggiunti al sistema, finché il sistema raggiunge il suo stato più complesso all'altra estremità del grafico, dove ci sono grossomodo cinque picchi. A sorprenderci è stato il fatto che, quando si faceva crescere il sistema in questo modo, gradualmente, la soluzione migliore nel suo stato più complesso era anche quella

che aveva la maggior probabilità di essere scoperta, quando il sistema in corso di complessificazione cercava a ogni stadio di minimizzare il proprio «stato energetico». Si verificava l'opposto rispetto a quando cercavamo la stessa soluzione con un sistema che partiva fin da subito nel suo stato più complesso. Era come se, iniziando da uno stato semplice, fossimo in grado di camminare su un crinale passando da uno spazio a dimensionalità inferiore a uno a dimensionalità superiore. In questo modo, potevamo oltrepassare gli avvallamenti di un sistema a bassa dimensionalità aggiungendovi un'ulteriore dimensione, un processo che si chiama *bypass extra-dimensionale*. Questi risultati suggeriscono un principio controintuitivo, ma essenziale, anche se soltanto ipotetico: aggiungere a un sistema quello che chiamiamo «rumore» (cioè un elemento a caso) può incrementare l'adattabilità di quel sistema stesso. Se fosse davvero così, potrebbero esistere dei geni che non servono a codificare alcun particolare fenotipo, bensì a incrementare la dimensionalità dello spazio di ricerca *tout court*, e potrebbero disperdersi (o silenziarsi) una volta che il sistema si stabilisce su un nuovo picco. Immaginate che cosa vorrebbe dire in un'organizzazione nella quale l'unica funzione di una determinata persona fosse quella di incrementare la dimensionalità dello spazio, superando in questo modo le soluzioni meno buone... a suggerire che a volte...

...in un sistema il rumore è positivo!

Detto questo, è molto importante, quando si aggiungono nuove dimensioni, mantenere in equilibrio il tasso di successo periodico con il tasso di complessificazione, mentre si minimizza lo stato energetico del sistema a ogni livello di complessità. In altre parole, non si possono inserire aggiornamenti in un telefono cellulare che sia da gettare; lo si può fare solo se il suo hardware è in grado di sostenerli. Questo rispecchia il modo in cui si sviluppa il cervello. Quando cresce, aggiunge connessioni, cioè **complessifica se stesso**: aggiungendo dimensioni allo spazio delle possibilità e generando nuove vie di connettività neuroelettrica. Ma lo fa in base ai feedback relativi a ciò che in precedenza ha funzionato o non ha funzionato. Gli schemi di attività neurale che si sono rivelati positivi (gli assunti utili) vengono rinforzati, e quelli che si sono rivelati negativi (gli assunti non più utili) vengono eliminati. Come ricorderete dal capitolo 3, è la stessa cosa che fanno le cellule della giunzione neuromuscolare, creando ridondanze che in seguito il sistema poterà, solo per poi complessificare nuovamente, con il risultato che la quantità delle connessioni diventa maggiore nel suo complesso, però organizzata in maniera utile. Inoltre, Udi Schlessinger ha anche dimostrato, in laboratorio, che il processo di complessificazione, in un'ottica di utilità, deve seguire una certa progressione; anziché aggiungere una connessione a caso, appariva più utile duplicare il sistema (aggiungere ridondanza) con un piccolo passo aggiuntivo. Questo processo è qualcosa che gli individui «deviatori» incarnano non soltanto nelle loro cellule, ma nel modo in cui conducono la propria vita, complessificando la propria esistenza con nuove esperienze che complessificano i loro assunti, un piccolo passo alla volta, e di conseguenza alterano le percezioni, non solo nella propria mente ma anche nel mondo fisico, per poi fare seguire a questo processo di complessificazione un processo di consolidamento. Ogni aggiornamento, quindi, è un «riff» sull'ultima versione, non un ripensamento del tutto. Questo ciclo di incremento e decremento della complessità è il processo di innovazione endemico della vita medesima, nonché il percorso per risolvere i conflitti insiti in essa.

Perciò, che possediate un iPhone o un qualunque altro prodotto Apple, ci saranno sempre nuove modifiche, nuovi aggiornamenti, nuovi modelli. Non dipende soltanto da ragioni di mercato, è anche un risultato del processo di interrogazione che Ive ha pionieristicamente avviato nel gruppo di progettazione della Apple – l'idea dominante che, sebbene l'azienda abbia un prodotto indiscutibilmente di grande successo, tutti loro devono continuare a domandarsi: *perché non possiamo renderlo migliore?* In effetti possono, e lo fanno, continuando a rilasciare upgrade e nuove app, in un ciclo di iterazioni dell'iPhone che migliorano la versione precedente.

Oltre allo sviluppo del cervello, anche l'evoluzione costituisce un esempio di successo della tensione fra questi due poli (efficienza e creatività). Tutte le specie passano attraverso periodi di esplorazione (creativa), nei quali compaiono dei tratti inediti, come i piedi nei primi organismi che lasciarono l'acqua miliardi di anni fa, o il pollice opponibile sviluppato in alcuni primati, umani compresi. Ci sono state fasi di grande espansione della diversità delle specie (incremento della dimensionalità), seguite da fasi di sfruttamento (efficienza) in cui le specie con tratti nuovi rivelatisi utili sopravvivevano, mentre altre venivano eliminate dalla selezione (decremento della dimensionalità), lasciando solo gli organismi più robusti.

Possiamo anche riconoscere questo ciclo nel movimento della Terra in rapporto al Sole, e in come gli esseri umani si siano evoluti in sincronia con il proprio ambiente. Oppure nel ciclo sonno-veglia: se l'esistenza della nostra specie è di per sé un'ecologia di innovazione, allora in sostanza il sonno è creatività, considerato ciò che sappiamo sui processi neurali sottostanti, i quali, mentre noi dormiamo, incrementano la connettività; mentre la veglia è efficienza, perché è il momento in cui queste connessioni si consolidano. Lo stesso vale per lo sviluppo umano, prima come neonati e poi bambini. Nel periodo critico della giovane età, il cervello è plastico, poiché sta *generando* molti dei suoi futuri assunti e stati attrattori. È un enorme vantaggio per la nostra specie il fatto di nascere «troppo presto», come esserini per lunghi anni incapaci di sopravvivere da soli, con un cervello non ancora pienamente sviluppato: proprio grazie a questo, il cervello umano può adattarsi meglio all'ambiente in cui gli è capitato in sorte di trovarsi. È per questa ragione che il genere umano, più di qualunque altra specie, è stato capace di occupare una tale diversità di nicchie in natura. In seguito, con l'avanzare dell'età, la fase formativa rallenta e cambiare diventa più difficile, via via che le nostre esperienze reiterate formano stati di tipo attrattivo più solidi (anche se ovviamente possiamo ancora cambiare in senso creativo, che è il motivo per cui state leggendo questo libro!) Tuttavia, nel permetterci di essere creativi, queste «digressioni» ci consentono di camminare lungo i crinali situati intorno alle valli tra i differenti picchi di un «paesaggio della fitness». Una volta che finiamo sul picco più alto, possiamo scartare quella dimensione extra e tornare verso il versante dell'efficienza del paradigma. L'innovazione (l'adattamento) è dunque come una spirale: quando siamo nel ciclo traendone utilità, non ritorniamo mai al punto dov'eravamo prima, bensì a un punto simile ma più alto.

Una metafora che ben si presta è la scala tonale nella musica. Se partiamo dalla nota Do, via via che saliamo alle note Re, Mi e Fa, ci «allontaniamo» da Do, nel senso che il segnale passa a frequenze più alte. Questo è simile alla fase creativa. Ma se continuiamo a salire ulteriormente lungo la scala, alle note Sol, La, Si, iniziamo a muoverci *percettivamente* «all'indietro verso» il Do, ma un'ottava più in alto. Questo carattere a spirale dell'innovazione illustra come la creatività – ironicamente – sia un percorso cruciale verso l'efficienza, e come l'efficienza possa portare alla creatività. Come per tutte le cose in natura, è il movimento tra di esse che conta, al fine di creare un incessante processo di adattamento a un mondo che cambia in continuazione.

È per questo motivo che negli ambiti economici e in altre culture che cercano di promuovere l'adattamento (e fra queste dovrebbero esserci le università) è cruciale non trovarsi mai «bloccati» in una fase, cioè inseguire un'unica idea con la massima efficienza ma senza movimento. In natura, come in economia, sistemi del genere vengono presto eliminati dalla popolazione. La app chiamata Yo, rilasciata nel 2014, è un programma di messaggistica a singolo tocco e zero caratteri, altamente specializzato e molto efficiente, che riduce la comunicazione a un'unica parola: «YO!», una sorta di richiamo, un modo per dire «grande!», «ehi!», per congratularsi. Il significato del messaggio varia a seconda del contesto. All'ideatore erano bastate otto ore per scrivere il codice, e si è conquistato rapidamente centinaia di migliaia di utenti. Nulla poteva competere con un programma così ridotto all'osso. Era il *Bianco su bianco* di Malevič delle piattaforme di messaggistica, che portava il genere all'estremo della sintesi. Se però non fosse stato complessificato, è probabile che sarebbe scomparso presto o, ancora più probabilmente, sarebbe stato assorbito da un'altra piattaforma più generalista. In effetti, le aziende di maggior successo seguono quella che io chiamo *innovazione a cuneo*. Partono «di punta», con un prodotto altamente focalizzato che consente loro di sbaragliare la concorrenza nel loro spazio di mercato (cioè utilizzando con efficienza un'idea creativa originale da cui iniziare), ma poi allargano il loro caso d'uso e quindi la contestualizzazione dell'azienda stessa, potenziando ciò che fanno e il motivo per cui lo fanno. La Kodak è il classico esempio di un'azienda che non ha fatto questo ed è morta perché non ha ampliato il suo cuneo (l'idea pionieristica delle stampe fotografiche alla portata di tutti) così da poter imprimere un'ulteriore svolta alla sua spirale espandendosi nel settore della fotografia digitale prima della concorrenza, anche se avrebbe avuto l'opportunità di farlo. La Apple è un esempio opposto, un'azienda che spinge il pensiero in avanti, continuando a far crescere la sua spirale.

Via via che si ingrandisce, un'azienda (come pure la vita stessa) ha bisogno di avere in corso contemporaneamente più spirali differenti, con una varietà di prodotti e una varietà di tempistiche (frequenze). Ad esempio, quando Google raggiunge la fase di efficienza di uno dei suoi prodotti, cioè funziona bene, come il motore di ricerca o il pc portatile Chromebook, l'azienda sta già lavorando alle fasi iniziali di altre innovazioni, come le auto a guida autonoma. È anche la finalità portata avanti da Google X, la struttura semi-segreta gestita da Google che si occupa di sviluppare importanti innovazioni tecnologiche «che sanno di fantascienza», generando idee che altri renderanno poi efficienti (che è lo stesso tipo di attività portata avanti da un laboratorio scientifico, come abbiamo visto in precedenza con Bob Full). Il risultato è che alcune idee diventeranno innovative mentre altre moriranno, come i Google Glass, gli occhiali dotati di realtà aumentata, scomparsi dal mercato non per via della tecnologia, ma perché Google, in questo suo progetto, non sembra aver tenuto conto di un fattore fondamentale: la natura della percezione umana, l'importanza del guardarsi negli occhi quando si comunica. Muoviamo gli occhi non soltanto per ottenere informazioni ma anche per segnalare il nostro stato umorale e il tipo di relazione in cui si sentiamo implicati. Ad esempio, se io guardo una persona e lei guarda in basso, probabilmente mi sta segnalando un senso di sottomissione o di insicurezza; se invece guarda in alto, mi segnala l'opposto.

Il punto fondamentale, derivato dalla biologia, è sempre lo stesso: adattarsi o morire.

Si deve partire con la creatività e proseguire con l'efficienza... e poi ripetere.

Nel mondo economico come nella vita, dobbiamo sempre essere in un ciclo, e costantemente consapevoli di un'equazione usata da Bob Full per valutare l'interazione tra efficienza e creatività nel suo laboratorio. «La probabilità di successo del progetto», spiega, «è il valore del progetto diviso per il tempo che richiede. Devi tenere in equilibrio le due cose». Affinché questa equazione dia come risultato una probabilità elevata, c'è un semplice modello a cui riferirsi: si deve partire con la creatività e proseguire con l'efficienza... e poi ripetere, non in ordine inverso e non in contemporanea (a meno che non si tratti di progetti diversi portati avanti in parallelo, o che siano gruppi diversi a farlo).

Pensare a trecentosessanta gradi è molto importante all'inizio di un progetto, quando ancora nessuna scadenza si profila all'orizzonte, nello stesso modo in cui le mutazioni genetiche sono importanti per una specie prima che abbia luogo una lotta per le risorse con un potenziale esito di vita-o-morte, o nello stesso modo in cui Picasso ha eseguito centinaia di studi per il suo capolavoro *Guernica* prima di dipingere la tela definitiva. Se invece partiamo dall'efficienza, sbarriamo il nostro spazio del possibile prima ancora di aver avuto la quantità ottimale di tempo per ridefinirlo ripetutamente così da poter individuare le migliori idee disponibili. È per questo motivo che gli editor non revisionano le singole frasi via via che l'autore le scrive, ma leggono dei capitoli o l'intero libro *dopo* che l'autore ha concluso la sua fase di esplorazione. (I migliori editor aiutano gli scrittori a trovare un equilibrio fra creatività ed efficienza).

È per questo motivo che Goethe non avrebbe speso addirittura vent'anni dietro alla sua ossessione per i colori se si fosse imposto un limite di tempo per organizzare i suoi pensieri sull'argomento, anziché darsi a esplorazioni senza fine prima di scrivere il suo libro.

I sistemi viventi di maggior successo sono quelli che hanno messo in atto (e continuano a farlo) cicli alterni di creatività ed efficienza, ed è il processo che la cultura tecnologica della Silicon Valley ha efficacemente rivendicato come se fosse una sua invenzione. L'aspetto cruciale è capire *quando* analizzare i feedback che arrivano dall'ambiente. Le aziende con veloci iterazioni di feedback per quelle app che hanno delle potenzialità ma sono ancora lontane dall'essere perfette, come le prime versioni della app per incontri Tinder, della app per il traffico Waze, o della app per la ricerca immobiliare Redfin, hanno il vantaggio di poter rapidamente «invertire rotta» passando dall'efficienza alla creatività e viceversa, e quindi favorire il proprio prodotto e andare incontro alle esigenze dei consumatori. In questo modo cercano empiricamente le soluzioni migliori esplorando i picchi e le valli del loro «paesaggio della fitness» relativo alle idee. E una necessità collaterale di questo processo, di questo modo di concepire le cose, è il «fallimento». Il successo di certe startup che hanno abbracciato questa filosofia ha prodotto la popolarità sorta di recente intorno a slogan accattivanti del tipo *fail forward* o *fail better* (anche se fallisci, stai andando avanti; impara a fallire meglio). Ma la nozione che sta dietro a queste fortunate frasi fatte esiste da moltissimo tempo prima che i guru della *tech community* se ne appropriassero. Hanno scoperto la scienza.[5]

Tuttavia, non si verifica proprio nessun fallimento se si segue correttamente questo modello. Nella scienza e nel mondo economico – o meglio, come *dovrebbe* essere nel mondo economico, dato che la questione dei ricavi è sempre presente – il *fallimento* si ha quando non si impara niente, non quando si smentisce un'ipotesi (che significa avere imparato). Quindi, ad esempio, il motto della Silicon Valley *fail forward* o è sbagliato o è... be', *sbagliato*. Due le possibilità. O è sbagliato perché in un esperimento ben concepito non c'è fallimento, e quindi l'idea stessa di fallire è l'approccio sbagliato al fare scienza; oppure la Silicon Valley sbaglia nel suo concetto di fallire perché nella scienza andare avanti significa apprendere e quindi non è per niente un fallimento. Questa visione è alla base di qualsiasi ecologia di innovazione. Perciò forse la Silicon Valley ha bisogno di nuovi slogan: *Impara... Vai avanti... Sperimenta bene...* (certo, non sono accattivanti come i loro).

Quello che invece la moderna cultura tecnologica capisce molto bene è il fatto che il processo che produce vera innovazione, successo e gratificazione emotiva non è indolore. Ci sono conflitti, ci sono ritardi, ci sono errori gravidi di conseguenze, come tutte le volte che Ben Underwood cadeva ferendosi mentre stava imparando a «vedere» di nuovo. Queste batoste, questi momenti scoraggianti fanno sentire malissimo (e si dovrebbe ammettere che è così). Ma il conflitto può portare a un cambiamento positivo (se avviene nella giusta ecologia), dato che una vera ecologia di innovazione non deve necessariamente produrre risultati senza mai avere battute d'arresto, ed è ancora una volta il cervello stesso a dirci perché.

Il cervello umano non mira a conseguire a tutti i costi la perfezione. Siamo per natura predisposti per trovare la bellezza in ciò che è imperfetto. Il cervello è assetato non solamente di certezza, ma anche di «rumore» – le imperfezioni che generano differenza – e ovviamente ricorderete che i nostri cinque sensi hanno bisogno di contrasto per poter conferire significato a informazioni che di per sé sono insignificanti, e che diversamente rimarrebbero tali, mentre noi, come avete verificato voi stessi con l'auto-esperimento delle microsaccadi, diventeremmo ciechi! Pensiamo, ad esempio, al pianoforte. Qual è la principale differenza tra una macchina e un essere umano esperto che suonino il piano? Perché il brano eseguito dalla macchina è sgradevole all'ascolto? Suona freddo e «senz'anima» perché – ironicamente – è perfetto. Non ci sono errori, né esitazioni, niente che dia l'impressione di spontaneità e del bisogno/desiderio umano universale di essere in costante adattamento. In sostanza, il cervello si è evoluto per trovare il bello in natura, e ciò che è naturale è *im*perfetto. Per questa ragione il processo di innovazione non richiede di essere perfetto, né lo richiedono i risultati.

È il modo di essere imperfetti... il modo di essere DEVIANTI... che conta.

Il processo a spirale del muoversi fra creatività ed efficienza è intrinsecamente imperfetto perché gli «spazi di mezzo» sono per definizione zone di transizione, che in biologia vanno sotto il nome di *ecotoni* – ambienti di passaggio tra due ecosistemi, da un tipo di spazio a un altro, che sia tra una foresta e il prato confinante, tra il mare e la spiaggia, o tra i Neanderthal e gli umani. Gli ecotoni producono la massima innovazione biologica, ma sono anche i luoghi dove il rischio è maggiormente in agguato, dato che, come tutti sappiamo, le transizioni portano incertezza: il passaggio dall'adolescenza all'età adulta, da una casa che ci è familiare a una nuova, dalla vita da single al matrimonio (e spesso il contrario), dall'essere senza figli all'averne, dal lavoro alla pensione. La sfumatura sottile ma cruciale sta proprio nel fatto che l'innovazione si muove all'interno dello «spazio di mezzo». Questo stesso movimento è innovazione: essere innovativi non vuol dire vivere al confine del caos, bensì in «media» al confine del caos. In pratica significa che dobbiamo sempre sapere in quale fase ci troviamo. Questa consapevolezza dovrebbe anche estendersi oltre, cioè dovremmo essere certi di avere assegnato alle persone efficienti dei ruoli in cui è richiesta l'efficienza e alle persone creative dei ruoli in cui è richiesta la creatività. Se sbagliamo nel fare questo, è probabile che l'intero processo innovativo risulterà deludente. Ci vorrà un direttore generale a guidare la visione aziendale, non un direttore operativo, il cui compito è tradurre nella pratica quella visione. Inoltre, raramente i più grandi innovatori sono singoli individui, quanto piuttosto gruppi che incarnano la tensione fra creatività ed efficienza. In particolare, un abbinamento che offre grandi potenzialità all'interno di un'ecologia di innovazione è quello fra *il principiante e l'esperto*.

«Gli studenti non ancora laureati sono una specie di arma segreta, perché non sanno quello che non si può fare», dice Robert Full, riferendosi ai suoi giovani allievi, uomini e donne non ancora ventenni, ignari di ciò che normalmente si considera impossibile. «Potrei dire che le nostre conquiste più grandi sono davvero state compiute da studenti non ancora laureati. C'era una ragazza del secondo anno alla quale avevo detto: "Dobbiamo misurare la forza di un pelo di geco che non possiamo vedere né tenere in mano. Se riuscissimo a farlo, potremmo testare in che modo aderisce". E lei mi ha preso alla lettera!» Questa studentessa ha trovato un metodo ingegnoso per riuscire effettivamente a misurare il pelo di un geco, una cosa che Full non pensava fosse possibile. «Lo ha scoperto quand'era al secondo anno. In tutta coscienza non mi sarei sentito di mettere un dottorando a lavorare su questo. Invece lei un giorno se n'è arrivata e tranquillamente mi ha detto: "Ecco, l'ho misurato". E io, "Cosa?!"» L'ignoranza non è solo beata – può produrre risultati.

Nel mio laboratorio, dico agli studenti di astenersi, in un primo momento, dal leggere testi sulla loro disciplina. Preferisco che si limitino a *fare le cose che desiderano* con spontaneità, all'inizio del loro processo di ricerca, processo che in seguito inevitabilmente diventerà confuso e li obbligherà a passare a una modalità più efficiente, specialistica, che comunque alla fine sarà loro necessaria per portare a termine il Ph.D. Ma spero sempre che conservino il più a lungo possibile quel loro sguardo fresco, non specialistico, sulle cose, perché significa che avranno una serie di assunti totalmente diversa da quella dei loro professori «esperti» (come me), che in realtà finiscono per imparare da loro, come spesso mi succede. Tuttavia, benché in un'ecologia di innovazione la diversità all'interno dei gruppi sia un fattore essenziale per la creatività, non tutte le diversità sono uguali: alcune sono migliori di altre. Nel Lab of Misfits, noi cerchiamo di affiancare esperti e principianti (che non sono ignoranti, solo inesperti). Questo perché gli esperti sono spesso incapaci di formulare buone domande, dato che sanno quali sono le domande che nessuno si aspetta da loro. Eppure quasi tutte le scoperte interessanti nascono dal sollevare non l'interrogativo «giusto», bensì un interrogativo che a prima vista sembra «stupido». Per questa ragione gli esperti possono essere relativamente poco creativi, mentre sono invece efficienti. Il genere preferibile di esperto, tuttavia, uno che sappia aderire a un modo di essere definito dal gioco fatto con intenzione (cioè la scienza), è comunque in grado di riconoscere una buona domanda quando a porla è qualcun altro. Anche se a lui/lei non sarebbe mai venuta in mente, che è davvero una cosa notevole. Le persone inesperte, al contrario, possono tirar fuori domande disarmanti, ma buone, perché non sanno cosa non ci si aspetta da loro. Il rovescio della medaglia è che però non sanno cos'è che rende buona una domanda.

Il punto è che abbiamo bisogno di esperti *e* principianti che lavorino insieme perché formano una diade essenziale. Le persone di tipo creativo non sempre sanno dove stiano per dirigersi né cosa significherà (se sono dei veri creatori, cioè, se sono devianti). Spesso necessitano dell'aiuto di una persona «operativa», che sappia riconoscere quale idea è la migliore. Gli esperti, d'altro canto, sono più inclini alla «visione a tunnel», finché non arriva un principiante e solleva un interrogativo che all'improvviso trasforma il tunnel in un campo aperto. Forse l'esempio più celebre di un simile principiante è Einstein, che era una sorta di outsider rispetto al mondo accademico. Senza la guida di un insegnante, ha «ingenuamente» posto delle domande che nessuno si aspettava. Certo, è poi diventato *l*'esperto per antonomasia nella fisica, ma senza mai perdere la sua freschezza. E qui sta un altro punto chiave.

È possibile – come appunto fece Einstein – essere esperti mantenendo la spontaneità del principiante. Al Poly-PEDAL Lab, ad esempio, i biologi lavorano insieme ai fisici, e spesso non si capiscono molto bene fra di loro. Full sostiene che le persone provenienti da campi diversi «sono ingenue *nei confronti del campo altrui*». Quindi i ruoli si scambiano in continuazione, dato che lo stesso Full è l'esperto rispetto ai suoi studenti ma un principiante quando si trova, poniamo, con dei matematici. Riconoscere la pluralità degli individui, e quale ruolo possano svolgere in una determinata situazione, è fondamentale. «Una persona può essere brillante», dice ancora Full, «ma non per questo conoscere la biologia». Quindi, per innovare, abbiamo bisogno di diversità nel gruppo, che vale anche per il «gruppo» presente all'interno di ciascuno di noi. E ciascuno di noi deve nutrire il proprio collettivo interiore.

Questo genera un'ecologia di innovazione con dei contrasti già insiti in sé.

E i gruppi ci portano a parlare di leadership, che è un aspetto cruciale di qualunque ecologia dell'innovazione. Che cosa definisce un buon leader? La sua capacità di permettere ad altre persone di entrare nell'ignoto. Ma le paure che noi stessi abbiamo su ciò che può accaderci nell'incertezza spesso portano fuori strada noi per primi, e di conseguenza gli altri. La nostra natura protettiva può indurci a tenere la luce sempre accesa nella stanza dei nostri figli, anche in senso metaforico, perché pensiamo di dover illuminare lo spazio al posto loro. Invece dobbiamo guidare i bambini nell'oscurità affinché possano imparare a percorrerla da soli.

Nel periodo in cui i miei tre figli sono transitati nell'età dei due anni, facendo tutto quello che normalmente i bambini fanno a due anni, mi sono reso conto che, quando erano al buio, volevano scoprire dove fossero le pareti – spesso andandoci a sbattere contro a tutta velocità. Quando iniziarono a frequentare la scuola di Blackawton, nel Devon (Inghilterra), Dave Strudwick, il fantastico preside dell'epoca (che poi ebbe un ruolo fondamentale nel Blackawton Bee Project, il progetto con le api menzionato in precedenza), era solito dire ai genitori: «Qui, ai bambini è permesso arrampicarsi sugli alberi» (la cosa incredibile era che sentisse il bisogno di dirlo, poiché il fatto di dichiararlo esplicitamente presupponeva che alcuni genitori avrebbero mandato i figli in un'altra scuola, piuttosto che lasciarli arrampicare sugli alberi). Analogamente all'interpretazione di Dave del proprio ruolo di preside, come genitore il mio ruolo non è tanto quello di accendere la luce per i miei figli, quanto invece di lasciarli correre al buio (per esplorare), e al tempo stesso procurare loro delle pareti che gli impediscano di correre troppo lontano, dandogli la certezza che quando ci vanno a sbattere contro e cadono ci sarà sempre qualcuno che li rimette in piedi, dato che un bimbo di due anni vuole, sì, esplorare ma anche essere tenuto in braccio (come pure lo desidera un adolescente, e pure un adulto... tutti noi). In questo modo, sono *loro* che giungono a definire l'architettura del proprio spazio delle possibilità (e come questo spazio si sovrapponga a quelli delle persone che hanno intorno, in questo caso, io, il loro padre). Questo richiede di offrire ai bambini la libertà di andare, e la disciplina e il discernimento per sapere quando fermarsi, non perché le loro trasgressioni inneschino una delle nostre paure, ma perché stanno facendo qualcosa che potrebbe effettivamente essere dannoso per loro. Non diversamente dal movimento fra creatività ed efficienza, essere genitori consiste nel lasciare che i figli imparino a passare tra il vai e il fermati costruendosi il proprio repertorio di tentativi ed errori, e non adottando il nostro.

Questo significa che, in un mondo sempre più connesso e dunque imprevedibile, anche il concetto di leadership deve cambiare. Anziché mettersi alla testa del gruppo e guidarlo verso l'efficienza, fornendo *le* risposte, un buon leader è definito dalla sua capacità di guidare gli altri nell'oscurità – nell'incertezza. Questo mutamento di stile nella leadership è evidente nelle aziende di maggior successo, nei laboratori migliori, e anche nella migliore medicina.

Nick Evans è uno dei più eminenti chirurghi oculisti del Regno Unito. Ogni giorno lavora con pazienti che rischiano di cadere in un'oscurità perenne. E come succede a tutte le persone che soffrono di una patologia insorta nell'infanzia, l'incertezza di questa condizione produce uno stress terribile. Guidare questi pazienti nella maniera migliore non significa procurare loro una maggiore quantità di dati sulla malattia e sui sintomi – un approccio chiamato *modello del deficit di informazione*, nel quale lo scopo è quello di convincere fornendo più dati possibili derivanti da misurazioni. (È l'approccio razionale utilizzato da quasi tutti i climatologi – ma a loro detrimento – quando si trovano a confrontarsi con il pubblico). Anziché sommergere di informazioni i suoi pazienti, Nick affronta in maniera diretta le paure e lo stress derivanti dall'incertezza della loro situazione assumendo un atteggiamento di condivisione – trattandoli cioè come individui che hanno bisogno di capire il *perché* tanto quanto il *come*.

Una componente primaria di una buona leadership è la propensione a dare... *senza riserve*. Nel caso di Bob Full, è questo che guida il successo sia del suo laboratorio, sia delle singole persone che ne fanno parte, che ovviamente è il suo obiettivo. «Ogni giorno cedo le mie idee migliori», afferma Full, intendendo dire che condivide regolarmente le sue intuizioni sulla biomeccanica con studenti e collaboratori, invece di tenersele per sé. «Mi piace farlo, perché poi scelgo le persone che possono portarle avanti. Quando mi guardo intorno vedo la mia curiosità che trova le risposte». A volte queste risposte arrivano mentre gli studenti sono ancora nel suo laboratorio, altre volte molti anni dopo. Full considera tutto questo come un'unica impollinazione incrociata, solo diffusa nello spazio e nel tempo. La passione e le scoperte vanno al di là delle singole persone coinvolte.

Un laboratorio dovrebbe essere una famiglia. Come tutte le relazioni affettuose, funziona bene quando le persone si prendono cura degli altri *e* si sentono al sicuro mentre sperimentano. Per guidare altre persone nel buio è fondamentale la fiducia, perché consente di trasformare la paura in coraggio anziché in rabbia. Poiché la capacità di ispirare fiducia riposa sulla convinzione che tutto andrà bene **nell'incertezza**, a conti fatti il ruolo basilare del leader è quello di guidare se stesso. La ricerca ha mostrato che i leader di successo hanno in comune tre tratti comportamentali: guidano con l'esempio, ammettono i propri errori e vedono qualità positive negli altri. Tutti e tre sono riferibili a spazi di gioco. Se si guida con l'esempio si crea uno spazio in cui regna la fiducia – e senza fiducia, non c'è gioco. Ammettere i propri errori equivale a celebrare l'incertezza. Vedere delle qualità negli altri significa promuovere la diversità.

Vorrei spingermi ancora oltre e affermare che i più grandi leader, che ne siano consapevoli o lo facciano per semplice intuito, guidano gli altri dimostrando di aver compreso i meccanismi della percezione – sanno come lavorare con il cervello umano e le sue origini evoluzionistiche, anziché contrastarlo. E, naturalmente, sanno anche come comunicare tutto questo alle persone che guidano. Un buon leader pensa in sfumature di grigio... ma parla in bianco e nero.

Un buon leader pensa in sfumature di grigio... ma parla in bianco e nero.

I leader migliori posseggono una combinazione di caratteristiche divergenti: sono al tempo stesso esperti e ingenui, creativi ed efficienti, seri e giocosi, socievoli e introversi – o quanto meno si circondano di queste dinamiche. Un buon genitore vede la negatività di un comportamento ma senza perdere di vista la qualità complessiva di una persona. Un buon insegnante dà a suoi studenti la libertà di vedere (invece di limitarli in cosa vedere), ma crea anche le condizioni che possono determinare la riuscita scolastica. I leader migliori sono empatici, coraggiosi, compiono scelte, sono creativi, sanno condividere – e aggiungiamo una sesta qualità fondamentale: hanno a cuore la loro missione, cioè sono mossi da un'intenzione forte. Che si tratti di un rapporto genitore/figlio, di una relazione romantica, o di un rapporto d'affari, per creare un'ecologia di innovazione occorre conoscere il perché di una relazione, e anche il perché delle singole persone (il modo in cui si definiscono). Nel caso di un padre e una figlia, o di una coppia di partner, quel perché è l'amore (un amore che loro definiscono per se stessi), per un'azienda il perché può rinvenirsi nel «DNA del marchio». Questo è l'elemento che non viene messo in dubbio, a differenza di altri aspetti. Con ciò non voglio dire che *non si possa* mettere in dubbio, ma soltanto che per andare da A a non-A c'è pur sempre bisogno di un punto di appoggio, di una base. A questo si deve aggiungere la capacità di perdonare, e quindi la consapevolezza che le cose andranno bene anche se ci si addentra nell'oscurità e il cervello produce inavvertitamente una risposta tutto meno che utile, come nella vita è inevitabile che accada. Nuovi studi sul perdono hanno mostrato che fa bene non soltanto al cervello, stimolando la crescita cellulare e la connettività, ma anche al corpo nel suo insieme.[6] Un fattore chiave per praticare il perdono è, ovviamente, saper perdonare se stessi quando è necessario. In sostanza, perdonare significa dimenticare un vecchio significato. È l'atto di fermarsi, di andare da A a non-A… l'atto dell'«ecovi». È il motivo per cui i «fallimenti» possono portare al successo.

Ogni persona contiene in sé le dialettiche/movimenti/tensioni della percezione che abbiamo indagato in questo capitolo. Siamo tutti esperti e principianti, creativi ed efficienti, sappiamo guidare e veniamo guidati, e quindi racchiudiamo dentro di noi una comunità. Un processo di tale complessità crea inevitabilmente delle imperfezioni, per non dire dei pasticci belli e buoni. Ma l'errore più grave è non avere fiducia nel nostro cervello, che ci ricompenserà per esserci addentrati nelle tenebre dell'incertezza, soprattutto quando lo facciamo insieme ad altri, in un'ecologia di innovazione. È qui e qui solamente che possiamo vedere in maniera diversa e deviare, sia individualmente sia collettivamente. Anche i leader devono creare degli *spazi fisici* di deviazione, dato che i luoghi sono fattori essenziali per il benessere umano. In questa era tecnologica, sembriamo dimenticare che il cervello si è evoluto in un corpo, e il corpo nel mondo. Non sfuggiremo mai a questo dato di fatto fondamentale, e per fortuna!

Ho scritto gran parte di questo libro a casa mia: una stretta casa inglese a quattro piani rivestita di mattoni, vecchia di due secoli, nella città di Oxford, in Inghilterra, che Isabel e io chiamiamo The Cove (La Baia). L'abbiamo concepita come uno spazio protetto per pirati (e non pirati), un rifugio in cui poter sperimentare diverse versioni di se stessi in tutta la loro pluralità, anche se la nostra percezione assetata di certezza tenta di convincerci che siamo un insieme unitario. Abbiamo organizzato e arredato i differenti spazi della nostra Baia in maniera tale da rispecchiare il movimento del cervello fra i due poli della creatività e dell'efficienza, tenendo inoltre conto del fatto che gli spazi in cui viviamo influiscono profondamente sulle nostre percezioni. Ad esempio, la luce soffusa incrementa la creatività, mentre quella più intensa incrementa il pensiero analitico.[7] I soffitti alti favoriscono il pensiero astratto e razionale, mentre quelli più bassi fanno l'opposto.[8] La vista di scenari generativi stimola la generatività, e un esercizio fisico leggero aumenta temporaneamente la memoria e l'attenzione.[9] La Baia incorpora queste idee assegnando a ciascuna stanza un diverso «perché», che è un elemento essenziale per il design e l'architettura d'interni. Inoltre, in ogni spazio è anche molto importante avere del «rumore» – spazi non predefiniti, spazi ambigui che consentono al cervello di adattarsi. E poi casa nostra racchiude in sé l'intento di prendersi cura – il desiderio di creare concretamente un modo di essere che consenta a noi e agli altri di arricchirci, insieme ai nostri cervelli deviati. Dobbiamo tutti organizzare la nostra ecologia dell'innovazione, a casa e al lavoro, sia negli spazi che creiamo e sia attraverso le persone che vi introduciamo. Poiché il nostro cervello è definito dalla nostra ecologia, la «personalità» dello spazio che abitiamo necessariamente la rispecchierà.

Ora che sappiamo da cosa è costituita un'ecologia di innovazione, dipende da noi crearne una (o più d'una), dovunque riteniamo sia possibile. Il lavoro, la famiglia, l'amore, gli hobby, tutto può diventare un laboratorio. Persino le più banali routine quotidiane possono esserlo. Sono semplicemente tutte ecologie, nel senso che a definirle è l'interazione fra le loro diverse parti, una delle quali siamo noi stessi. Ma nessuno di questi spazi è di per sé necessariamente innovativo, soprattutto se è incline a ubbidire alla Fisica del No. Sta a noi renderli tali, e arrivati a questo punto mi auguro abbiate capito perché questo sia tanto essenziale per un'esistenza appagante: perché arricchisce il cervello, e apre nuove possibilità alle percezioni, rendendo così migliore la vita stessa.

Un inizio

Perché deviare?

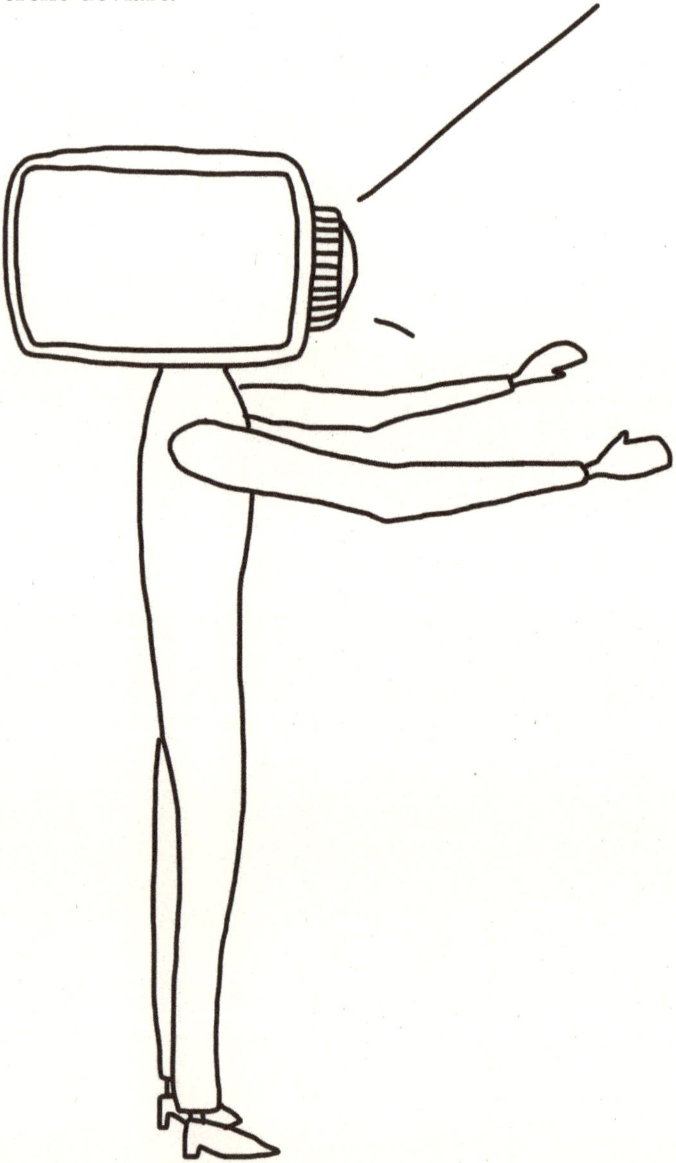

Con questo libro, il mio obiettivo era che, a fine lettura, sapeste meno di ciò che pensavate di sapere all'inizio. Volevo spingervi a dubitare al livello più profondo, il livello della vostra realtà percepita. Unendo lettore e autore nel medesimo processo di creazione di un nuovo passato percettivo, il mio intento era quello di generare nuove percezioni in futuro. Ora il mio cervello ha archi riflessi differenti rispetto a quando ho cominciato a scrivere il libro, e pure i vostri dovrebbero esserlo, adesso che avete finito di leggerlo (anche se non è detto che questi nuovi archi riflessi siano quelli che intendevo creare). Ciò che voi e io abbiamo in comune da questo momento in avanti è soltanto l'*inizio* di una comprensione, basata sul funzionamento del cervello, del perché facciamo quello che facciamo, e del perché siamo quelli che siamo. Questo non dovrebbe portare a un nuovo modo *prefissato* di essere. Il mondo è un continuo fluire, e ciò che un tempo era utile è molto probabile che cambi, magari già domani. Vorrei invece che portasse a un nuovo modo *plastico* di essere (plastico come il cervello) nel quale siate ora in grado di vedere *voi stessi nell'atto di vedere*. Grazie all'abilità apparentemente miracolosa del cervello che vi permette di tenere nella mente molteplici realtà, potete riplasmare la vostra percezione usando la percezione stessa. Aggiungendo a questo processo un'intenzionalità e una consapevolezza derivante dalle informazioni che ormai avete, potete vedere *voi stessi nell'atto di vedere in maniera differente*.

Perché ora sappiamo che la percezione ci consente di condurre la nostra esistenza là fuori nel mondo in maniera utile. È un dono preziosissimo, conquistato a prezzo di eoni di evoluzione, anni di sviluppo e momenti di apprendimento attraverso tentativi e – in particolare – **errori**. Il fatto che la percezione sia incarnata nel nostro cervello e nel modo in cui esperiamo gli oggetti che sono là fuori nel mondo è la ragione per cui abbiamo l'impressione di vedere la realtà, benché le nostre percezioni, come adesso sappiamo, non corrispondano affatto alla realtà. Tutto quel che vedete – *tutto* – esiste unicamente in un posto: dentro la vostra testa. Tutte le vostre esperienze hanno luogo nel vostro cervello *e* nel vostro corpo, costruite nello «spazio di mezzo», emergenti dall'ecologia dell'interazione fra voi e il mondo degli altri, e nello spazio fra voi e il mondo di voi stessi.

Non si ha la sensazione che sia così perché *proiettiamo* le percezioni che abbiamo creato nello «spazio di mezzo» (cioè quelle che scaturiscono dalle interazioni fra le cose) su tutto ciò che ci circonda. Perciò può sembrarvi che una superficie rossa sia a un metro di distanza davanti a voi, ma di fatto è vicina come più non potrebbe essere, il rosso di quella superficie è *dentro* di voi. È come se i nostri occhi e tutti gli altri sensi si combinassero con il resto del cervello per generare un videoproiettore. Il mondo esterno è davvero solamente il nostro schermo tridimensionale. I nostri recettori prendono le informazioni prive di significato che ricevono; poi il cervello, attraverso la sua interazione con il mondo, codifica il significato storico di quelle informazioni, e proietta sulle cose le nostre versioni soggettive di colore, forma, distanza. In questo senso, gli antichi greci si erano avvicinati alla verità fisica con la teoria avanzata da Platone e altri secondo cui la visione avviene per emissione da parte dell'occhio di un effluvio di raggi luminosi che, fondendosi con la luce del giorno, raggiunge l'oggetto e lo cattura.

Le nostre percezioni sono feedback delle nostre stesse percezioni, che vanno così a creare una narrativa autorinforzante, che anzitutto è efficace ai fini della nostra sopravvivenza, e ci consente di esperire l'esistenza nella sua pienezza. Quel che state percependo in questo preciso istante è una conseguenza della storia delle vostre percezioni che vi ha portati a questo punto. Nel momento in cui la vivete, anche questa percezione entra a far parte del passato del vostro futuro, in tal modo contribuendo a ciò che vedrete in futuro. È questo il motivo per cui il libero arbitrio risiede non tanto nel presente quanto nella ri-attribuzione di significato a percezioni del passato, che ha la finalità di modificare le nostre percezioni riflessive, automatiche, nel futuro. Tutti questi significati, compreso il significato che diamo a noi stessi e agli altri, vengono proiettati *nel mondo circostante*, nello stesso modo in cui proiettiamo attributi sull'acqua, sulle superfici e su qualsiasi altro oggetto, che dal nostro punto di vista assumono significati differenti a seconda dei contesti. Ovviamente, quando l'oggetto è un altro essere umano, questo processo è molto più complesso, se non il più complesso che esista in natura. Il nostro cervello può rilevare solamente gli stimoli che derivano da quella persona (i suoi suoni, la luce che riflette, i suoi movimenti), *non* il significato che attribuisce al proprio sé, né i significati che percepisce riguardo a noi, dato che non potremo mai essere nella testa di un altro.

Proiettiamo *tutto* ciò che percepiamo sul mondo che ci circonda, incluso il mondo degli altri: la loro bellezza, le loro emozioni, personalità, speranze e paure. Non si tratta di una posizione filosofica, bensì di una spiegazione scientifica che mi auguro cambi profondamente il modo in cui considerate i vostri pensieri e i vostri comportamenti, e i pensieri e comportamenti altrui. Anche se ciò che percepiamo di un'altra persona si forma in riferimento alle nostre interazioni con lei, le nostre percezioni avvengono comunque internamente, benché scaturiscano dallo *spazio dialettico fra* noi e quella persona. Questo significa che la sua personalità è, in un'accezione molto letterale, la nostra personalità trasposta. Certo, gli altri hanno oggettivamente una propria esistenza, ma non per noi, mai. E le percezioni che gli altri hanno riguardo a noi sono esattamente la stessa cosa. Anche noi siamo creati in funzione loro. Conteniamo tutte le loro personalità, paure, colori.

Ci sentiamo così profondamente connessi ad altri esseri umani – e *lo siamo* – che può sembrare inquietante, forse in un certo senso persino riduttivo, il fatto di sapere che sono solamente frutti dell'immaginazione del nostro cervello e del nostro corpo. Quindi, se mi innamoro o mi capita di vivere un'esperienza profonda o significativa con qualcuno vuol dire che è come un sogno alla *Matrix* che ha luogo nel mio cervello? In un certo senso sì, anche se, quando ci troviamo davanti a un'altra persona, o davanti a qualunque cosa fisica come una superficie, c'è sempre una costante oggettiva che trascende le ambiguità che il cervello deve interpretare.

Quella costante oggettiva è il suo perché.

Nella nostra ricerca di certezza in un'esistenza che è intrinsecamente incerta, spesso tentiamo di trovare quella *costante* negli altri individui, e anche in noi stessi. In maniera simile, andiamo in cerca degli aspetti invarianti di un oggetto, come le sue proprietà di riflettenza, ciò che nella visione a colori si definisce *costanza del colore*. In effetti anche nelle persone ricerchiamo una *costanza di carattere*, così da poterne prevedere il comportamento. Grazie alla previsione avvertiamo familiarità, e nella familiarità ci sentiamo al sicuro, poiché durante l'evoluzione prevedere significava sopravvivere. Sentendoci al sicuro, siamo in grado di confrontarci attivamente con quella vulnerabilità che crea fiducia e ci permette di provare *amore* ed *essere amati*. È possibile che sia proprio questa costante, questo elemento sfuggevole che devia dalla media, ciò che cerchiamo di toccare negli altri, ciò che potremmo chiamare anima. Ma questa costante che gli altri posseggono non è una cosa normativa, è la *loro personale deviazione*.

I legami che sentiamo nei confronti di altre persone sono il modo di interagire delle nostre proiezioni. Per cui dobbiamo insegnare ai nostri figli, e a ciascuno di noi reciprocamente, la capacità di «fermarsi» quando si ascolta, non solo durante i conflitti ma sempre – così da poter ascoltare *in maniera differente*. **L'atto di ascoltare è un modo di sminuire le risposte che**

proiettiamo sul mondo. Ci offre la possibilità di interrogarci, la possibilità che, attraverso le domande, i nostri assunti possano arrivare a coincidere con gli assunti dell'altro, che è quello che accade quando ci sentiamo «connessi». Oppure, in alternativa, ci rivela il punto in cui i nostri assunti confliggono, dandoci l'opportunità di essere influenzati e arricchiti da spazi del possibile divergenti dai nostri. La barriera che ci impedisce di accettare la piena umanità dell'altro è spesso una mancanza di consapevolezza della nostra stessa umanità, a causa della nostra impressione dominante di vedere, sentire, conoscere il mondo *come realmente è*. Ma non è così, e il fatto di esserne consapevoli mi auguro che ispiri un sentimento di comprensione, di vicinanza. In effetti è stata proprio questa la principale motivazione che mi ha indotto a scrivere il libro, ispirare un sentimento di questo tipo grazie alla condivisione di fatti scientifici e, di conseguenza, creare le condizioni affinché possano scaturirne grandi cose, come accade quando lo spirito di partecipazione (e l'umiltà) si uniscono al coraggio.

Una volta che si sia compreso come i pensieri, i sentimenti, le credenze siano intrinsecamente relativi alla propria ecologia fisica, sociale e culturale, è più facile identificare le origini della coerenza e del conflitto all'interno degli individui e fra di essi. Nel ri-vedere il processo attraverso il quale siamo plasmati dalle nostre comunità, e nel ri-attribuire significato alle nostre passate esperienze, proviamo una più intensa sensazione di scetticismo e, grazie a questo, anche un senso di appartenenza e congiunzione, e quindi coraggio e rispetto per noi stessi e per tutte le cose e le persone che ci stanno intorno. Questa concezione di comunità ci spinge a essere ancora più umili, in quanto dimostra come tutti noi siamo definiti da un'ecologia collettiva. Quindi sceglietela con cura, quell'ecologia, perché il vostro cervello si adatterà a essa.

In effetti, ora che sapete perché vedete quello che vedete, *non* affrontare il conflitto con il dubbio significherebbe affrontarlo con ignoranza, dato che intelligenza vuol dire non continuare a ripetere lo stesso comportamento sperando in un risultato diverso. Alla base del «vedere noi stessi nell'atto di vedere in maniera diversa» c'è la motivazione razionale del coraggio, il coraggio di occupare spazi di incertezza. Quando mia figlia Zanna era piccola e mi diceva di avere paura di salire sul palcoscenico per danzare, o quando i miei figli Misha e Theo vanno a giocare con una squadra nuova, o Isabel studiava i bonobo nelle giungle del Congo, o mia madre si era iscritta alla scuola per infermieri con cinque figli da accudire, o mio padre si era messo a lavorare in proprio con pochissime garanzie, o la mia bisnonna sorda aveva attraversato da sola l'oceano verso un mondo sconosciuto, santo cielo, che razza di «pessime» idee tutte insieme! Quindi sono totalmente d'accordo con loro. *Fa* paura, ed è giusto che sia così. Anche scrivere questo libro mi faceva paura. Qualsiasi cosa che possa sfociare in un clamoroso fallimento fa paura, e più quel fallimento è pubblico, maggiore è la paura, poiché abbiamo evoluto un «cervello sociale» che ci fa sentire il bisogno di appartenenza. Perciò, imbarcarsi in un'impresa dagli esisti incerti è oggettivamente una cattiva idea. Se intorno a noi tutto fila liscio, perché mai dovremmo avere il desiderio di vedere cosa c'è dall'altra parte della collina? È davvero un'idea pessima, perché – non lo dimentichiamo – nel mondo ci sono molte più possibilità di morire che di sopravvivere. Eppure ricordate quel pesce patologicamente coraggioso che lascia la sicurezza del banco, rischia il tutto per tutto, ma riesce a trovare del cibo?

Ciascuno di noi ha dentro di sé pesci di ogni tipo. Per cui, sentire le storie di Isabel sulla giungla o vedere i miei figli intraprendere esperienze nuove malgrado il rischio, sempre in agguato, di fallire… mi è d'ispirazione. Possiamo anche sentirci molto ispirati da persone anziane che hanno mantenuto una grande apertura mentale. Che un giovane faccia qualcosa che può tradursi in un fallimento, che un ventenne fallisca rincorrendo gli slogan della Silicon Valley, è un conto. In termini relativi, non c'è poi tanto da perdere (anche se gli interessati potrebbero obiettare). Se invece una persona ha alle spalle l'esperienza di tutta una vita, di fallimenti veri, di responsabilità per molti altri individui, e dunque conosce a sue spese il significato tangibile del fallimento, e decide comunque di addentrarsi nell'incertezza, questo sì che è notevole. È l'ispirazione fatta persona. Tutti noi conosciamo gente così. Per quanto riguarda me, un chiaro esempio è rappresentato da un uomo di nome Yossi Vardi, uno dei massimi investitori tecnologici di Israele, che però è molto più di questo. Basti pensare agli incontri Kinnernet, di sua ideazione, che radunano ogni anno le menti più brillanti del mondo tech, e incarnano un'ecologia dell'innovazione che mette in discussione gli assunti esistenti; o alle sue scuole per bambini svantaggiati, che sfidano lo status quo dei governi, e anche gli assunti sull'età. Prova ne è che, pur con i suoi settantacinque anni, è uno dei nostri ospiti favoriti al Burning Man. Eppure troppo spesso prendiamo le distanze dalle persone della sua età, a volte perché ci rivelano i nostri stessi assunti e preconcetti, o forse la nostra umanità. Tuttavia sovente sono proprio loro a poterci consentire di deviare nella maniera più efficace, se solo *volessimo ascoltarli*.

La ricerca ha mostrato che, per quanto concerne la sensazione dello star bene, è difficile superare gli effetti neurologici prodotti dal donare. Questo non per dire che i nostri comportamenti non siano egoistici. Lo sono, in quanto mirano direttamente (quasi sempre) ad accrescere il senso del nostro valore, che è un bisogno profondo a livello neurale. In questo libro ho sostenuto che praticamente tutte le nostre percezioni, concezioni e comportamenti sono, in un senso o nell'altro, legati all'incertezza, che ci spingano verso di essa, o che, come più spesso avviene, ce ne allontanino. La domanda più pregnante, dunque, è quanto valore si aggiunge agli altri nel generare il proprio. Forse è in questo che abbiamo la possibilità di scegliere? Se non possiamo esercitare il libero arbitrio nel qui e ora, dato che ciò che sappiamo è un riflesso radicato in una storia di significati, allora vuol dire che la sua funzione non è quella di avere influenza sul presente, bensì sulla creazione di un nuovo passato per il futuro. Scegliendo di attribuire nuovi significati a un'esperienza precedente, alteriamo la statistica dei nostri significati passati, che a sua volta altera le *future* risposte riflessive. E quindi siamo *noi* a cambiare ciò di cui siamo capaci.

La scienza della percezione ci permette di diventare osservatori delle nostre stesse percezioni, e di conseguenza ci fa anche sentire il bisogno di deviare consapevolmente, più e più volte, al fine di scoprire le domande che meritano di essere poste e che potrebbero cambiare il nostro mondo... o magari no.

Benvenuti nel laboratorio dei devianti.

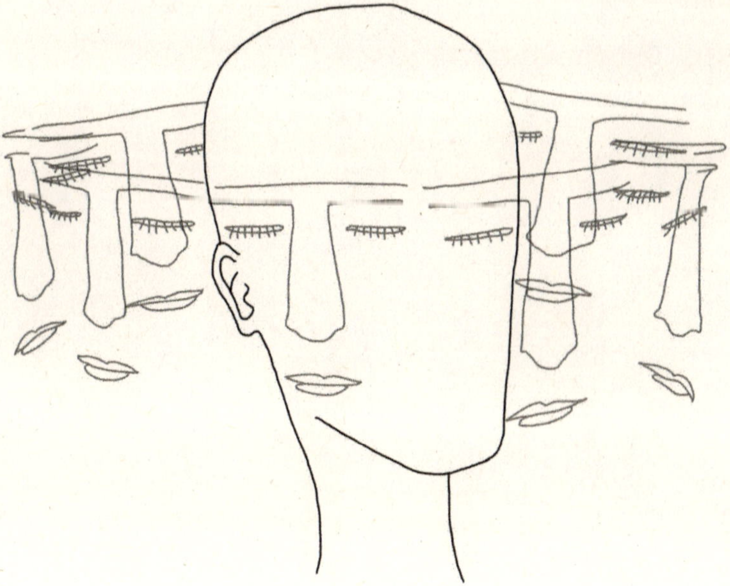

Note

Capitolo primo

1. Rishi Iyengar, *The Dress That Broke the Internet, and the Woman Who Started It All*, «Time Magazine», 27 febbraio 2015, consultato 3 marzo 2015, http://time.com/3725628/the-dress-caitlin-mcneill-post-tumblr-viral/
2. Terrence McCoy, *The Inside Story of the «White Dress, Blue Dress» Drama That Divided a Planet*, «The Washington Post», 27 febbraio 2015, consultato 3 marzo 2015, http://www.washingtonpost.com/news/morning-mix/wp/2015/02/27/the-inside-story-of-thewhite-dress-blue-dress-drama-that-divided-a-nation/
3. Karl R. Gegenfurtner et al., *The Many Colours of «The Dress»*, «Current Biology» 25 (2015), pp. 543-44; Rosa Lafer-Sousa et al., *Striking Individual Differences in Color Perception Uncovered by «The Dress» Photograph*, «Current Biology» 25 (2015), pp. 545-46; Alissa D. Winkler et al., *Asymmetries in Blue-Yellow Color Perception and in the Color of «The Dress»*, «Current Biology» 25 (2015), pp. 547-48.
4. Questa e le altre citazioni sono tratte da George Henry Lewes, *The Life of Goethe*, Smith, Elder, and Co., London 1864, pp. 98, 37, 33, 281 [trad. it. *La vita di Volfango Goethe*, Cooperativa editrice italiana, Milano 1891, pp. 101, 32, 29, 296].
5. Dennis L. Sepper, *Goethe and the Poetics of Science*, «Janus Head» 8 (2005), pp. 207-27.
6. Dennis L. Sepper, *Goethe Contra Newton: Polemics and the Project for a New Science of Color*, Cambridge University Press, Cambridge 2003.
7. Dennis Sepper, messaggi email, 11-14 novembre 2014.
8. Johann Wolfgang von Goethe, *Theory of Colors*, John Murray, London 1840, p. 196 [trad. it. *La teoria dei colori*, il Saggiatore, Milano 2008, p. 128].
9. Johann Wolfgang von Goethe, *Faust*, P. F. Collier & Son, New York 1909, verso 1717 [trad. it. *Faust*, Einaudi, Torino 1965, p. 55].

Capitolo secondo

1. Questa e le altre citazioni sono tratte da: George Berkeley, *A Treatise Concerning the Principles of Human Knowledge*, Project Gutenberg, 2003), edizione Kindle [trad. it. *Trattato sui principi della conoscenza umana*, Mondadori, Milano 2009, pp. 198, 200, 201].
2. A. A. Luce, *Life of George Berkeley, Bishop of Cloyne*, Greenwood Press, San Francisco 1949, pp. 189-90.
3. Christopher Hogg et al., *Arctic Reindeer Extend Their Visual Range into the Ultraviolet*, «Journal of Experimental Biology» 214 (2011), pp. 2014-19.
4. Tsyr-Huei Chiou et al., *Circular Polarization Vision in a Stomatopod Crustacean*, «Current Biology» 18 (2008), pp. 429-34.

Capitolo terzo

1. Aquanetta Gordon, conversazione telefonica, 17 dicembre 2014.
2. Richard Held e Alan Hein, *Movement-Produced Stimulation in the Development of Visually Guided Behavior*, «Journal of Comparative and Physiological Psychology» 56 (1953), pp. 872-76.
3. Richard Held, Archivio online della Society for Neuroscience, consultato 19 dicembre 2014, http://www.sfn.org/ž/media/SfN/Documents/TheHistoryofNeuroscience/Volume%206/c5.ashx.
4. Peter König et al., *The Experience of New Sensorimotor Contingencies by Sensory Augmentation*, «Consciousness and Cognition» 28 (2014), pp. 47-63.
5. Peter König, conversazione Skype, 14 dicembre 2014.
6. Nagel et al., *Beyond Sensory Substitution-Learning the Sixth Sense*, «Journal of Neural Engineering» 2 (2005), pp. 13-26.
7. Brian T. Gold et al., *Lifelong Bilingualism Maintains Neural Efficiency for Cognitive Control in Aging*, «The Journal of Neuroscience» 33 (2013), pp. 387-96.
8. Dale Purves, *Body and Brain: A Trophic Theory of Neural Connection*, Harvard University Press, Harvard 1988.
9. David J. Price e R. Beau Lotto, *Influences of the Thalamus on the Survival of Subplate and Cortical Plate Cells in Cultured Embryonic Mouse Brain*, «The Journal of Neuroscience» 16 (1996), pp. 3247-55.
10. Marian C. Diamond, *Response of the Brain to Enrichment*, «Anais da Academia Brasileira de Ciencias» 73, n. 2 (2001).
11. Seth D. Pollak et al., *Neurodevelopmental Effects of Early Deprivation in Post-Institutionalized Children*, «Child Development» 81 (2010), pp. 224-36.

12. Peter Hill, *Stravinsky: The Rite of Spring*, Cambridge University Press, Cambridge 2000, pp. 30, 93, 95.
13. Jonathan Winawar et al., *Russian Blues Reveal Effects of Language On Color Discrimination*, «Proceedings of the National Academy of Sciences of the United States of America» 104 (2007), pp. 7780-85.
14. Abby d'Arcy, *The blind breast cancer detectors*, «BBC News Magazine», 23 febbraio 2015, consultato 27 febbraio 2015, http://www.bbc.com/news/magazine-31552562.

Capitolo quarto

1. Mary Hollingsworth, *Art in World History*, Giunti, Florence 2003, p. 314 [ed. orig. *L'arte nella storia dell'uomo*, Giunti, Firenze 1989, p. 321].
2. Theresa Levitt, *The Shadow of Enlightenment: Optical and Political Transparency in France*, Oxford University Press, Oxford 2009, p. 64.
3. Henry Marshall Leicester e Herbert S. Klickstein (a cura di), *A Source Book in Chemistry*, McGraw-Hill, New York 1952, p. 287
4. E. L. e W. J. Youmans, *The Popular Science Monthly*, D. Appleton and Company, New York 1885, pp. 548-52.
5. Michel Eugène Chevreul, *The Laws of Contrast of Color*, G. Routledge and Co., London 1857.
6. https://www.youtube.com/watch?v=WlEzvdlYRes.

Capitolo quinto

1. Michael Brenson, *Malevich's Search for a New Reality*, «The New York Times», 17 settembre 1990, consultato 14 novembre 2014, http://www.nytimes.com/1990/09/17/arts/review-art-malevich-s-searchfor-a-new-reality.html.
2. Aleksandra Shatskikh, *Black Square: Malevich and the Origin of Suprematism*, Yale University Press, Yale 2012.
3. Herschel B. Chipp, *Theories of Modern Art: A Source Book by Artists and Critics*, University of California Press, Berkeley 1968, p. 341.
4. Daniel J. Sherman e Irit Rogoff (a cura di), *Museum Culture: Histories, Discourses, Spectacles*, University of Minnesota Press, Minneapolis 1994, p. 149.
5. Angelica B. Ortiz de Gortari e Mark D. Griffiths, *Auditory Experiences in Game Transfer Phenomena: An Empirical Self-Report Study*, «International Journal of Cyber Behavior, Psychology and Learning» 4 (2014), pp. 59-75.

6. Christian Collet et al., *Measuring Motor Imagery Using Psychometric, Behavioral, and Psychophysiological Tools*, «Exercise and Sports Sciences Review» 39 (2011), pp. 85-92.
7. Sjoerd de Vries e Theo Mulder, *Motor Imagery and Stroke Rehabilitation: A Critical Discussion*, «Journal of Rehabilitation Medicine» 39 (2007), pp. 5-13.
8. Ciro Conversano et al., *Optimism and Its Impact on Mental and Physical Well-Being*, «Clinical Practice and Epidemioly in Mental Health» 6 (2010), pp. 25-29.
9. Richard Wiseman, *The Luck Factor*, Hyperion, New York 2003, p. 192 [trad. it. *Fattore fortuna*, Sonzogno, Milano 2003, pp. 211-12].
10. Jennifer A. Silvers et al., *Age-Related Differences in Emotional Reactivity, Regulation, and Rejection Sensitivity in Adolescence*, «Emotion» 12 (2012), pp. 1235-47.
11. Cordelia Fine, *Delusions of Gender*, W.W. Norton, New York 2010, p. xxiii [trad. it. *Maschi = Femmine. Contro i pregiudizi sulla differenza tra i sessi*, Ponte alle Grazie, Milano 2011, p. 31].
12. Nicholas Epley e David Dunning, *Feeling «Holier Than Thou»: Are Self-Serving Assessments Produced by Errors in Self- Or Social Prediction?*, «Journal of Personality and Social Psychology» 79 (2000), pp. 861-75.
13. Hajo Adam e Adam D. Galinsky, *Enclothed Cognition*, «Journal of Experimental Social Psychology» 48 (2012), pp. 918-25.
14. Árni Kristjánsson e Gianluca Campana, *Where Perception Meets Memory: A Review of Repetition Priming in Visual Search Tasks*, «Attention, Perception, & Psychophysics» 72 (2010), pp. 5-18.
15. Hauke Egermann et al., *Is There an Effect of Subliminal Messages in Music on Choice Behavior?*, «Journal of Articles in Support of the Null Hypothesis» 4 (2006), pp. 29-46.
16. Michael Mendl et al., *An integrative and functional framework for the study of animal emotion and mood*, «Proceedings of the Royal Society: Biological Sciences» 277 (2010), pp. 2895-904.

Capitolo sesto

1. Wolfgang Schleidt et al., *The Hawk/Goose Story: The Classical Ethological Experiments of Lorenz and Tinbergen, Revisited*, «Journal of Comparative Psychology» 125 (2011), pp. 121-33.
2. Vanessa LoBue e Judy S. DeLoache, *Detecting the Snake in the Grass: Attention to Fear Relevant Stimuli by Adults and Young Children*, «Psychological Science» 19 (2008), pp. 284-89.
3. Karen E. Adolph et al., *Fear of Heights in Infants?*, «Current Directions in Psychological Science» 23 (2014), pp. 60-66.

4. Frank J. Sulloway, *Born to Rebel*, Pantheon, New York 1996, p. XIV [trad. it. *Fratelli maggiori, fratelli minori. Come la competizione tra fratelli determina la personalità*, Mondadori, Milano 1998, p. 6].
5. Una serie di studi di Gustavo Deco et al. hanno mostrato che l'attività di base svolta dalle reti neurali quando il cervello è in una condizione cosiddetta «di riposo» può considerarsi una dinamica attrattiva.
6. Steve Connor, *Intelligent People's Brains Wired Differently to Those with Fewer Intellectual Abilities*, «Independent», 28 settembre 2005, consultato 29 settembre 2015, http://www.independent.co.uk/news/science/intelligent-peoples-brains-wired-diff erently-to-thosewith-fewer-intellectual-abilities-says-study-a6670441.html.
7. Suzana Herculano-Houzel e Roberto Lent, *Isotropic Fractionator: A Simple, Rapid Method for the Quantification of Total Cell and Neuron Numbers in the Brain*, «The Journal of Neuroscience» 25 (2005), pp. 2518-21.
8. Colin Freeman, *Did This Doctor Save Nigeria from Ebola?*, «The Telegraph», 20 ottobre 2015, consultato 27 novembre 2015, http://www.telegraph.co.uk/news/worldnews/11174750/Did-this-doctorsave-Nigeria-from-Ebola.html.
9. Klucharev et al., *Reinforcement Learning Signal Predicts Social Conformity*, «Neuron» 61 (2009), pp. 140-51.
10. Questo è ciò che Robert Sapolsky ha affermato in numerose occasioni.

Capitolo settimo

1. Benjamin Libet et al., *Time of Conscious Intention to Act in Relation to Onset of Cerebral Activity (Readiness-Potential): The Unconscious Initiation of a Freely Voluntary Act*, «Brain» 106 (1983), pp. 623-42.
2. Questa e le citazioni seguenti sono tratte da Milan Kundera, *The Joke*, HarperCollins, New York 1992 (ed. orig. 1967), pp. 31, 34, 317, 288 [trad. it. *Lo scherzo*, Adelphi, Milano 1986, pp. 41, 46, 357, 324].
3. Christian Salmon, *Milan Kundera, The Art of Fiction No. 81*, «The Paris Review», consultato 21 agosto 2014, http://www.theparisreview.org/interviews/2977/the-art-of-fiction-no-81-milan-kundera.
4. George Orwell, *Funny, But Not Vulgar*, «Leader», 28 luglio 1945.
5. Questo resoconto sulla stele di Rosetta è tratto da Andrew Robinson, *Cracking the Egyptian Code: The Revolutionary Life of Jean-Francois Champollion*, Oxford University Press, New York 2012, edizione Kindle; Simon Singh, *The Code Book*, Anchor, New York 2000, pp. 205-14 [trad. it. *Codici & segreti. La storia affascinante dei messaggi cifrati dall'antico Egitto a Internet*, Rizzoli, Milano 2006, pp. 225-34]; e Roy e Lesley Adkins, messaggi email, 27 gennaio 2015.

Capitolo ottavo

1. Bruce Hood, *The Self Illusion*, Oxford University Press, New York 2012, p. XI.
2. Robb B. Rutledge et al., *A Computational and Neural Model of Momentary Subjective Well-being*, «Proceedings of the National Academy of Sciences» 111 (2014), pp. 12252-57.
3. Ian McGregor et al., *Compensatory Conviction in the Face of Personal Uncertainty: Going to Extremes and Being Oneself*, «Journal of Personality and Social Psychology» 80 (2001), pp. 472-88.
4. Katherine W. Phillips, *How Diversity Makes Us Smarter*, «Scientific American, 1° ottobre 2014, consultato 20 ottobre 2015, http://www.scientificamerican.com/article/how-diversity-makes-us-smarter/.
5. Frédéric C. Godart et al., *Fashion with a Foreign Flair: Professional Experiences Abroad Facilitate the Creative Innovations of Organizations*, «Academy of Management Journal» 58 (2015), pp. 195-220.
6. Paul Theroux, *The Tao of Travel: Enlightenments from Lives on the Road*, Houghton Mifflin Harcourt, New York 2011, p. ix [trad. it. *Il Tao del viaggio. Quando la saggezza viene dalla strada*, Dalai, Milano 2012, p. 13].
7. Paul Theroux, *Ghost Train to the Eastern Star*, Houghton Mifflin Harcourt, New York 2008, p. 88 [trad. it. *Un treno fantasma verso la stella dell'Est*, Baldini Castoldi Dalai, Milano 2010, p. 112].

Capitolo nono

1. Robert Sapolsky, *A Primate's Memoir: A Neuroscientist's Unconventional Life among the Baboons*, Touchstone, New York 2001, p. 104 [trad. it. *Diario di un uomo scimmia*, Frassinelli, Milano 2001, p. 125].
2. Michael David et al., *Phasic vs. Sustained Fear in Rats and Humans: Role of the Extended Amygdala in Fear vs. Anxiety*, «Neuropsychopharmacology» 35 (2010), pp. 105-35.
3. Jennifer Lerner et al., *Fear, Anger, and Risk*, «Journal of Personality and Social Psychology» 81 (2001), pp. 146-59.
4. Rachel Nuwer, *Will Religion Ever Disappear?*, BBC, 19 dicembre 2014, consultato 20 dicembre 2014, http://www.bbc.com/future/story/20141219-will-religion-ever-disappear.
5. John M. Gottman e Nan Silver, *The Seven Principles for Making Marriage Work*, Random House, New York 1999 [trad. it. *Intelligenza emotiva per la coppia*, Rizzoli, Milano 1999].
6. Sara Lazar et al., *Mindfulness Practice Leads to Increases in Regional Brain Gray Matter Density*, «Psychiatry Research: Neuroimaging» 191 (2011), pp. 36-43.

Capitolo decimo

1. M. Xue et al., *Equalizing Excitation-Inhibition Ratios across Visual Cortical Neurons*, «Nature» 511 (2014), pp. 596-600.
2. Chris Parr, *Imperial College London to «Review Procedures» after Death of Academic*, «Times Higher Education», 27 novembre 2014, consultato 28 febbraio 2014, http://www.timeshighereducation.co.uk/news/imperial-college-london-to-review-procedures-afterdeath-of-academic/2017188.article.
3. Harry Jerison, *Evolution of the Brain and Intelligence*, Academic Press, New York 1973, p. 158.
4. Leander Kahney, *Jony Ive: The Genius behind Apple's Greatest Products*, Penguin, New York 2013 [trad. it. *Jony Ive. Il genio che ha dato forma ai sogni Apple*, Sperling & Kupfer, Milano 2014].
5. Wendy Joung et al., *Using « War Stories » to Train for Adaptive Performance: Is It Better to Learn from Error or Success?*, «Applied Psychology» 55 (2006), pp. 282-302.
6. Megan Feldman Bettencourt, *The Science of Forgiveness*, «Salon», 23 ago sto 2015, consultato 24 luglio 2015, http://www.salon.com/2015/08/24/the_science_of_forgiveness_when_you_dont_forgive_you_release_all_the_chemicals_of_the_stress_response/.
7. Anna Steidle e Lioba Werth, *Freedom from Constraints: Darkness and Dim Illumination Promote Creativity*, «Journal of Environmental Psychology» 35 (2013), pp. 67-80.
8. Joan Meyers-Levy e Zhu Rui, *The Influence of Ceiling Height: The Effect of Priming on the Type of Processing That People Use*, «Journal of Consumer Research» 34 (2007), pp. 174-86.
9. Marc Roig et al., *A Single Bout of Exercise Improves Motor Memory*, «PLoS One» 7 (2012), p. e44594.

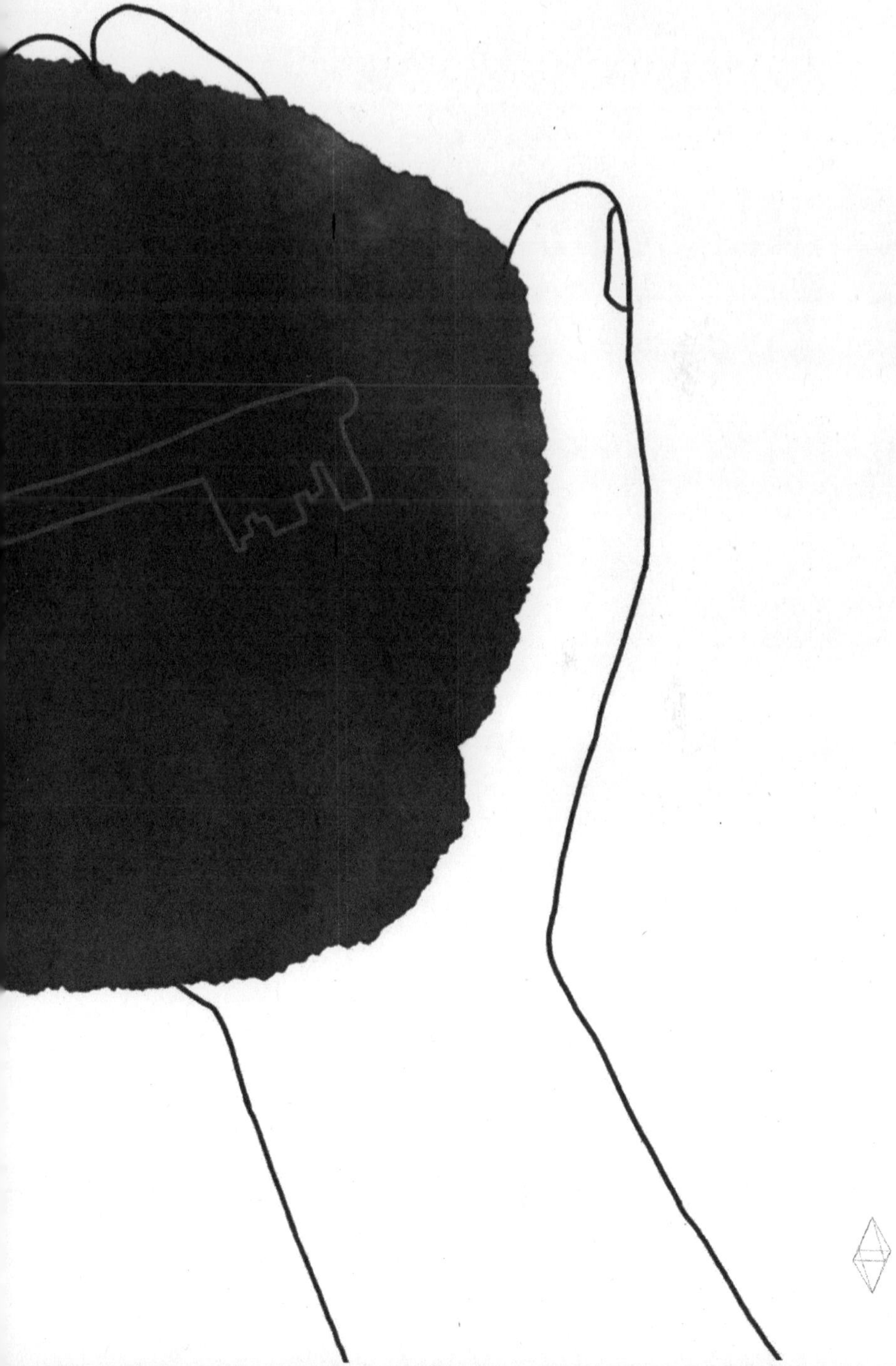

Essere è essere percepiti.
George Berkeley

Indice dei nomi e delle opere

Nuovi Saggi Bollati Boringhieri

Richard Wingate

Storia del cervello in 10 cellule e mezzo

Il cervello è composto da più di cento miliardi di cellule cerebrali con le loro innumerevoli connessioni. A scuola viene insegnata la loro forma peculiare: un corpo centrale che contiene il nucleo, dei brevi filamenti, detti dendriti, e un lungo prolungamento, che si chiama assone e che connette la cellula con luoghi lontani.
Solo che non è così. O meglio, si tratta di una semplificazione didattica, che a sua volta ha una storia precisa, ben raccontata in questo libro. Il «neurone tipo» è un'astrazione, utile a capire come funzionano a grandi linee le cellule del nostro cervello, ma i neuroni, quelli veri, sono molto più affascinanti di così.
Nella realtà le cellule del cervello hanno molte forme differenti, funzionali a scopi diversi. Richard Wingate ne analizza dieci (e mezzo), come fossero altrettante specie di alberi in una foresta. Ognuna di loro svolge un ruolo particolare e per ciascuna di esse il libro racconta le storie degli scienziati che l'hanno studiata e delle scoperte che sono state fatte per via.
In questo viaggio affascinante, fatto di microscopi e fantasiose colorazioni istologiche, di molti disegni e di non poche ipotesi ardite, incontriamo anche molta Italia. A partire da Camillo Golgi e la sua «macchia nera» – la reazione chimica che per prima permise di visualizzare i neuroni, fino a quel momento inafferrabili al microscopio –, per approdare a più riprese sul Golfo di Napoli, in quella Stazione Zoologica che per molto tempo fu uno dei centri mondiali più avanzati dello studio del cervello, grazie a scienziati di primo piano come Eduardo Caianiello ed Enrico Sereni, e ai molti ospiti internazionali che frequentarono quelle stanze.
Ma soprattutto, questo libro celebra la figura ineludibile di Santiago Ramón y Cajal, il vero pioniere delle neuroscienze, l'uomo al quale si deve la svolta fondamentale che ha spianato la strada alla risoluzione di molti (benché non tutti) degli intricati misteri del cervello.

Bollati Boringhieri

Nuovi Saggi Bollati Boringhieri

Roma Agrawal

Dadi e bulloni

Sette piccole invenzioni
che hanno cambiato (parecchio) il mondo

Satelliti, grattacieli, turbine eoliche. A un primo sguardo, la tecnologia di oggi può apparire incredibilmente complessa. Spesso ignoriamo il funzionamento persino degli oggetti a noi più familiari, come aspirapolveri, frullatori e smartphone. Eppure, avventurandoci appena al di sotto della superficie, possiamo scoprire che anche il congegno più complicato è composto di elementi più piccoli, inaspettatamente semplici.
In *Dadi e bulloni* l'ingegnera Roma Agrawal ci accompagna in un viaggio che scompone le più straordinarie prodezze ingegneristiche in sette fondamentali invenzioni: il chiodo, la ruota, la molla, il magnete, la lente, la corda e la pompa. Ciascuno di questi oggetti è una meraviglia di design, il risultato di numerosi tentativi e perfezionamenti. Insieme, hanno permesso all'umanità di scorgere l'invisibile, costruire lo spettacolare, comunicare a distanze prima inimmaginabili e persino lasciare il nostro pianeta per esplorarne altri.
Delineando i viaggi sorprendenti e le evoluzioni spesso imprevedibili – quasi mai lineari – di ognuna di queste invenzioni attraverso i millenni, l'autrice ci rivela come senza i chiodi romani forgiati a mano non esisterebbe oggi lo Shard londinese, come il tornio da vasaio sia complice nella costruzione delle moderne stazioni spaziali e come modeste lenti abbiano reso possibile, contro ogni previsione, il concepimento di sua figlia.
Tenendo bene a mente che l'ingegneria è l'incontro tra progresso scientifico e vicenda storica, Agrawal ci invita non solo ad ammirare queste invenzioni straordinarie, ma anche ad ascoltare le storie, spesso sconosciute, delle scienziate e degli scienziati, delle ingegnere e degli ingegneri che hanno partecipato alla loro ideazione e al loro sviluppo.

CELVM STELLATVM

Bollati Boringhieri